M. BOURNIQUEL

ARCHITECTE-EXPERT

POUR CONSTRUIRE

SA MAISON

PARIS

LIBRAIRIE GARNIER FRÈRES

6, RUE DES SAINTS-PÈRES, 6

20

POUR CONSTRUIRE
SA MAISON

Pour Construire sa Maison

PAR

J. BOURNIQUEL, Architecte-Expert

DEUXIÈME ÉDITION

Revue et adaptée aux conditions nouvelles de construction.

POUR CONSTRUIRE
SA MAISON

PARIS
LIBRAIRIE GARNIER FRÈRES
6, RUE DES SAINTS-PÈRES, 6

1921

LA RESURRECTION
DU
FOYER
POUR
CONSTRUIRE
SA
MAISON
RECUEIL DE CONSTRUCTIONS
ÉDIFIÉES D'APRÈS
LES PLANS ET DEVIS
sous la direction
de
M. BOURNIQUEL
Architecte-Expert
GROUPE DE PETITS HOTELS
A JOINVILLE-LE-PONT

V.

LA CITÉ OUVRIÈRE

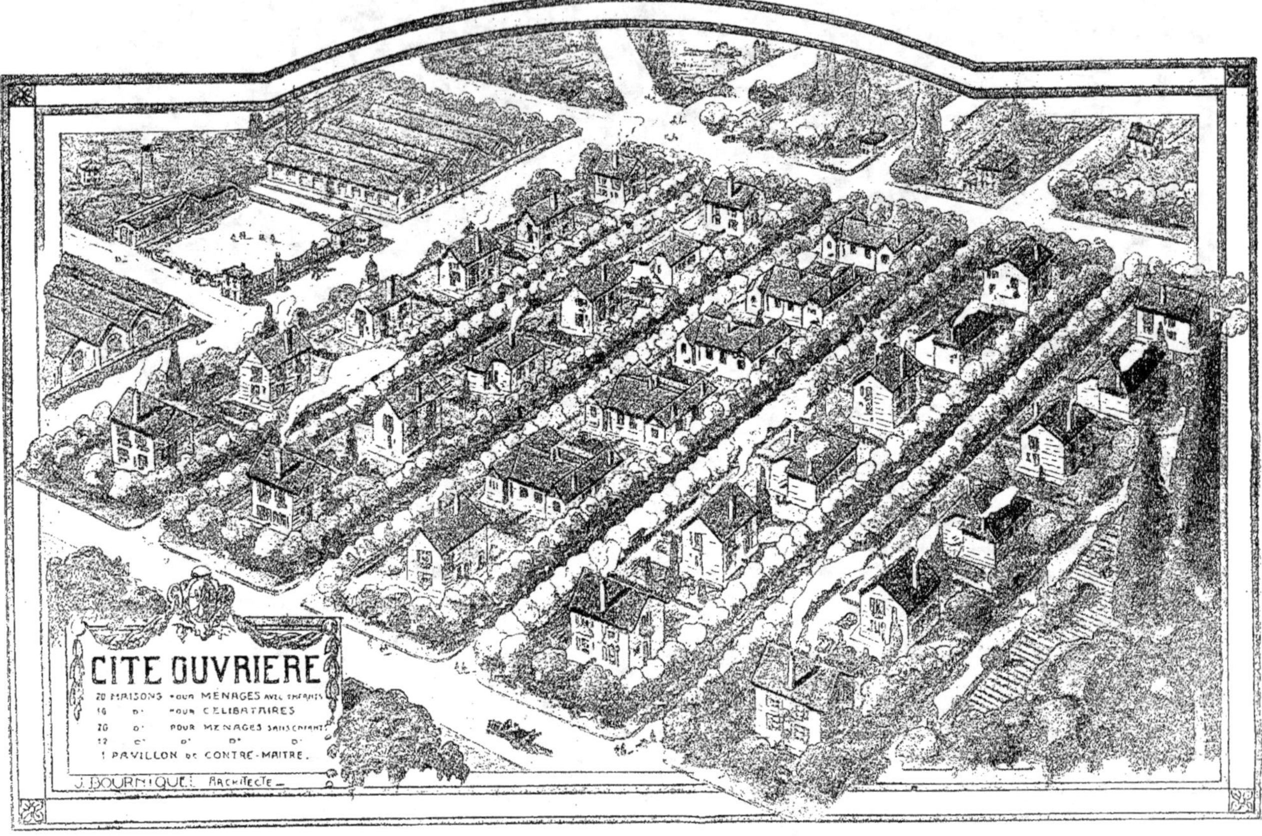

L'HABITATION

❊ ❊

L'un des rêves les plus complaisamment caressés par ceux qui ne sont pas nés propriétaires, est de le devenir. Peu y parviennent, et beaucoup, pourtant, le pourraient, et même le devraient. On peut dire que quiconque ne possède pas une maison, vit dans un état de constante insé-curité. Au contraire, celui qui possède un toit pour lui et sa famille, peut défier longtemps l'adversité, faire face honorablement aux périodes les plus diffi-ciles, et les surmonter beaucoup plus aisément. En même temps le chef de famille groupe ainsi les siens autour d'un véritable foyer, leur évite les promiscuités troublantes : la dignité, la va-leur morale, l'éducation même de chaque membre de la famille y gagnent. Or, tous ces avantages peuvent être aujourd'hui aisément achetés, par un peu d'épargne et de volonté.

Néanmoins, cette épargne et cette bonne volonté, quand elles se rencontrent, sont expo-sées à un grave danger, constitué par ce que nous appellerons les pièges des spéculateurs. Si nombreuses, si fortes, ont été, dans une foule de cas, les désillusions des petits épargnistes qui se sont adressés aux Sociétés d'Habitation à bon marché, qu'un sérieux discrédit s'est abattu sur ces entreprises, dont beaucoup pourtant, sont honnêtes et loyales, mais qui ne peuvent guère éviter un vice fondamental : c'est que les questions financières ne soient prédominantes, et la question construction purement accessoire. Et, cependant, pour justifier cette formule : *habitation à bon marché*, il faudrait, au contraire, que la question *bâti-*

ment soit absolument dominante, et, en quelque sorte, la seule préoccupation de telles entreprises. En effet, comment peut-on réaliser le bon marché dans l'habitation? Est-ce en employant les matériaux les moins chers possible? Est-ce en réduisant le paiement de la main-d'œuvre? On peut, ainsi, réaliser un prix de revient peu élevé : mais quelle est la valeur réelle d'une telle construction, si elle n'a ni stabilité, ni résistance, ni solidité? Combien de gens, ayant souscrit à diverses combinaisons, avantageuses en apparence, ont vu *leur maison* devenir inhabitable, tomber en ruine, avant même d'avoir fini d'effectuer les paiements périodiques qui doivent leur en assurer la propriété réelle et intégrale !

Il y avait donc, sans nul doute, quelque chose à faire dans cet ordre d'idées. C'est ce qu'a pensé l'*Editeur* du présent ouvrage en permettant à M. Bourniquel, l'architecte très spécialisé dans ces sortes de constructions, la publication de nombreuses MAISONNETTES, VILLAS, COTTAGES, MAISONS RURALES, FERMES, ÉCOLES, PETITS HOTELS, MAISONS OUVRIÈRES et de RAPPORT, et en mettant ainsi à la *portée de tous*, le moyen de bâtir soi-même *sa maison* et d'étudier des données d'autant plus sérieuses et réalisables que tous les documents contenus dans notre publication *Pour construire sa maison* sont le résultat de vingt années de pratique et d'études.

Pour se rendre compte que ces maisons ne sont pas hypothétiques, ni de simples projets, il suffit d'examiner les silhouettes photographiques qui accompagnent chaque plan très détaillé et l'on se rendra compte que la matérialisation du rêve de chacun peut et doit être facilement réalisée. A ceux qui ont la juste prétention de ne pas s'engager à la légère dans une si importante opération, l'examen attentif des documents que l'on verra par la suite permettra d'y trouver un plan et une maison s'adaptant aux besoins du foyer qu'ils rêvent de bâtir ou de reconstruire s'ils sont des pays dévastés.

L'ÉDITEUR.

X.

La Résurrection du Foyer

L'ACQUISITION du foyer a toujours été la préoccupation universelle : chacun veut posséder son « home » et cette question, surtout en cette période aiguë de la crise du logement et du bâtiment, constitue l'un des plus importants problèmes sociaux.

La propriété est, en effet, la première base de la fortune et c'est vers elle que tendent les désirs de ceux qui ont à cœur de se réserver un avenir paisible.

Malheureusement, les difficultés de la vie, de plus en plus coûteuse, rendent chaque jour plus ardue la réalisation de ce vœu primordial et d'ailleurs les prix élevés qu'atteignent maintenant ces constructions étant un obstacle pour beaucoup, le rêve s'en va non réalisé.

XI.

On a, naturellement, préconisé la solution des habitations à bon marché, et un trop grand nombre de combinaisons se sont échafaudées, réservant presque toutes des désillusions à ceux qui en furent les plus grands protagonistes.

La grande majorité, en effet, constitue des entreprises financières qui se parent de mots magiques (construction d'habitations économiques) mais

qui seraient fort embarrassées de définir le sens exact de leur flamboyante étiquette ou plutôt de prouver l'existence réelle d'habitations vraiment économiques édifiées par elles.

A cette heure, les diverses sociétés (exception faite pour les groupements en participation, lesquels n'ont jamais résolu la question) n'ont qu'une vitalité éphémère et lassent vite leurs pionniers les plus enflammés : ne traitent que par contrats renfermant uniquement une combinaison financière fort embrouillée dont le but est d'abuser de l'épargne en évitant surtout de construire.

Au surplus, les lois relatives aux prêts divers devant faciliter la construction ne sont pas suffisamment étudiées pour permettre leur emploi journalier et les formalités administratives révèlent de tels inconvénients que même les audacieux évitent de s'en servir.

La variété et l'originalité des nombreuses constructions publiées dans le présent ouvrage ont pour but de permettre l'accès facile à l'édifi-

XII.

cation ou reconstitution des nombreuses habitations dévastées.

Cette reconstitution du foyer devra se faire suivant les goûts, les besoins et les ressources de chacun, sans avoir à subir un type uniforme imposé de maisons toutes semblables ainsi qu'il a été fait dans certains centres usiniers.

Le home futur de chacun doit être personnel et adapté aux exigences nouvelles de la vie, être très accessible et très assaini, en tenant compte, par avance, du nombre de ceux qui devront vivre sous ce toit familial.

Édifié surtout avec les ressources de l'endroit, de façon à construire l'habitation avec le minimum de dépense, en obtenant le maximum de confort moderne.

Par leurs variétés, ces constructions à silhouettes riantes et coloriées rénoveront les gais villages d'autrefois. Le lecteur trouvera, dans cet ouvrage, de nombreux types de maisonnettes, villas, maisons d'habitations ouvrières, plans de ferme, etc., qui sont, non pas de simples études, mais bien des plans qui ont été tous exécutés et réalisés par l'auteur même, signataire du présent ouvrage, dans les diverses régions de la France.

La réalisation en est donc assurée dans toutes les contrées.

Les prix indiqués sont modifiables selon la région et le cours des matériaux ; ils ne sont donnés qu'à titre de renseignement.

J. BOURNIQUEL, *architecte.*

XIII.

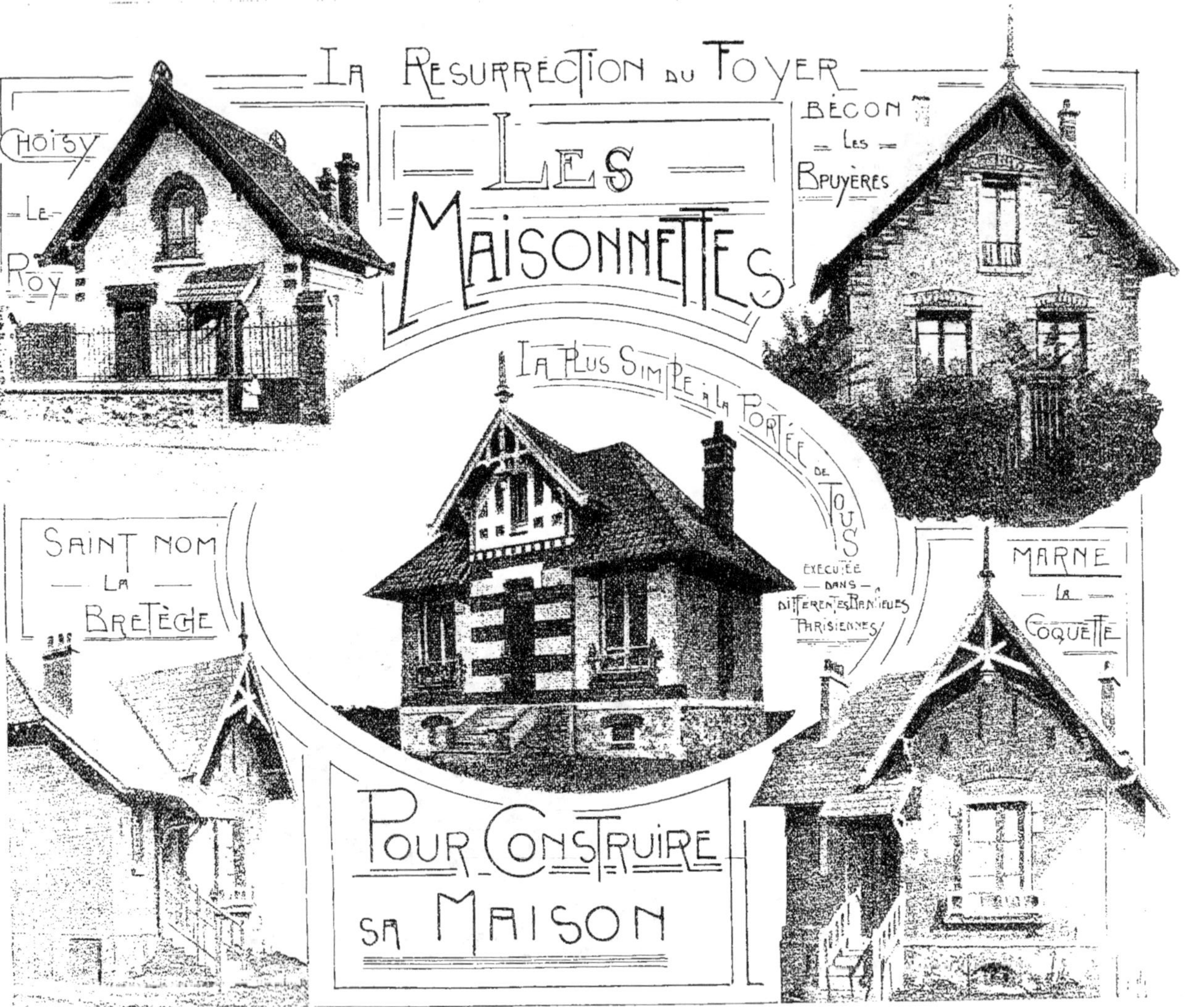

La Résurrection du Foyer
Les Maisonnettes
Choisy-Le-Roy
Bécon-Les-Bruyères
La plus simple à la portée de tous
Exécutée dans différentes banlieues parisiennes
Saint Nom La Bretèche
Marne La Coquette
Pour Construire sa Maison
XIV.

SARTROUVILLE
LES GRANDES VILLAS
ENGHIEN LES BAINS
ATELIER D'ARTISTE
FONTENAY AUX ROSES
HOTEL A TROYES AUBE
CONSULTEZ A L'INTERIEUR DE L'OUVRAGE LES DETAILS D'EXECUTION DE CES MONOGRAPHIES
XV.

POUR CONSTRUIRE SA MAISON
MAISON
AULNAY-sous-BOIS
VILLA POUR COMMERÇANTS AISÉS
AUX BORDS DE LA MARNE
LES VILLAS
A GRANDE SILHOUETTE
"MOUN" PARADOUS
VILLA D'ARTISTE
VILLA
A ENGHIEN-LES-BAINS

XVI.

La Pierre Reconstituée

L'AUGMENTATION énorme et toujours croissante du prix de la construction en France ne permettant plus à l'employé et à l'ouvrier de devenir propriétaires de leur coin de jardin et de leur maison, l'auteur de l'ouvrage, M. BOURNIQUEL, architecte, a étudié et résolu ce difficultueux problème par l'emploi de la Pierre reconstituée.

Ce matériau, composé d'éléments de première qualité : ciment Portland et sable de rivière, a été, par de longues et patientes expériences, porté à son maximum de perfectionnement.

L'aspect de cette pierre la fait confondre avec la pierre de taille et permet la confusion à cette dernière.

Quant à sa qualité, elle réunit un double avantage :

1° Elle est légère;

2° Elle offre une très grande résistance.

VUE DU CHANTIER LE PREMIER JOUR

VUE DU CHANTIER LE DEUXIÈME JOUR

Sans entrer dans de grands détails techniques, sa résistance à l'écrasement a été vérifiée à 360 kilos par centimètre carré, ce qui est l'équivalent de beaucoup de granits belges et supérieur à une très grande quantité de pierres de taille de nos pays (roche exceptée).

VUE DU CHANTIER LE TROISIÈME JOUR

VUE DU CHANTIER LE CINQUIÈME JOUR

VUE DU CHANTIER LE SEPTIÈME JOUR

tout le périmètre du bâtiment qui sert d'isolant.

Son incombustibilité, son inaltérabilité aux influences atmosphériques, sa grande résistance et son imperméabilité en font un matériau de choix qui, d'autre part, a l'avantage de permettre une économie appréciable sur les prix de revient de la maçonnerie ordinaire.

Ce matériau, adapté à des maisons types, a donné à l'auteur de l'ouvrage des résultats appréciables, ainsi qu'il en justifie par un type de construction qu'il a édifié en vingt jours à la Foire de Paris 1920, ce qui démontre d'une façon péremptoire la rapidité de son emploi, per-

L'évidement de chaque pierre a le grand avantage de rendre ce matériau isolant, avantage qui a sa grande valeur dans les pays soumis aux grandes variations de température (grandes chaleurs et grands froids), de remédier à l'inconvénient des murs pleins ou à double paroi par la circulation d'air qui se fait sur

VUE DU CHANTIER LE HUITIÈME JOUR

VUE DU CHANTIER LE DIXIÈME JOUR

VUE DU CHANTIER LE TREIZIÈME JOUR

met de construire très rapidement, d'où
économie de main-d'œuvre appréciable
en raison des salaires élevés du personnel
bâtiment. Les vues qui agrémentent ce
texte, prises jour par jour, permettent
de se rendre compte de la rapidité et de
la manière de construire.

UN COIN DU PORCHE D ENTRÉE

Suivent les différents types classés
par lettres alphabétiques, étudiés et exécutés avec la pierre reconstituée.

VUE DU CHANTIER LE QUINZIÈME JOUR

VUE DU CHANTIER LE DIX-SEPTIÈME JOUR

Il est rappelé que les prix indiqués ne sont donnés
qu'à titre de renseignement et sont variables, suivant
les régions et les cours des matériaux.

*(Voir, aux planches 41, 42, 43, 44, 45, la Cité
ouvrière édifiée en Pierre reconstituée.)*

LE DIX-HUITIÈME JOUR
les ouvriers posent le porche.

VUE LE 20e JOUR INAUGURATION DE LA FOIRE DE PARIS   VUE DU CHANTIER LE DIX-NEUVIÈME JOUR

VUE D'ENSEMBLE DES TROIS TYPES DE CONSTRUCTIONS A. B. C.

Plans du **TYPE B**. Prix : 30.000 francs.

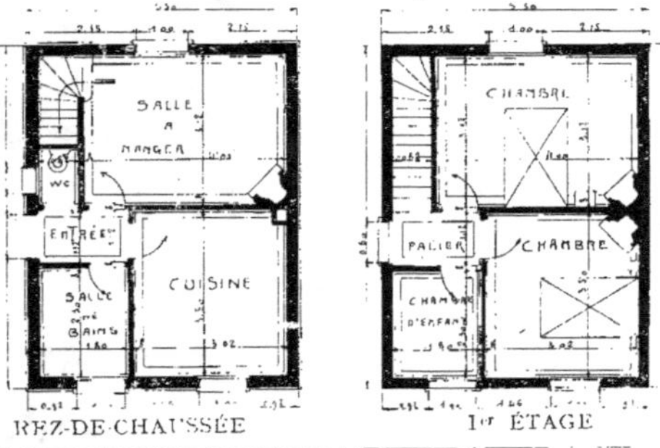

REZ-DE-CHAUSSÉE   1er ÉTAGE

Plans du **TYPE C**. Prix : 30.000 francs.

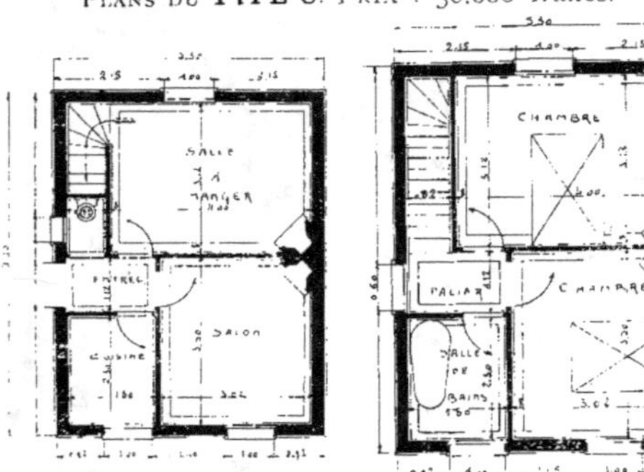

REZ-DE-CHAUSSÉE   1er ÉTAGE

VOIR AUX PLANCHES
de la
CITÉ OUVRIÈRE

LES TYPES **A** BIS
D
E

PLAN DU REZ-DE-CHAUSSÉE

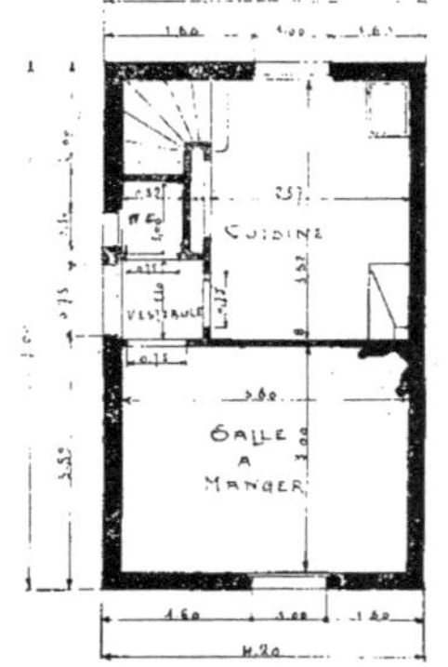

PLANS DU **TYPE A**
PRIX : 24.500 francs.

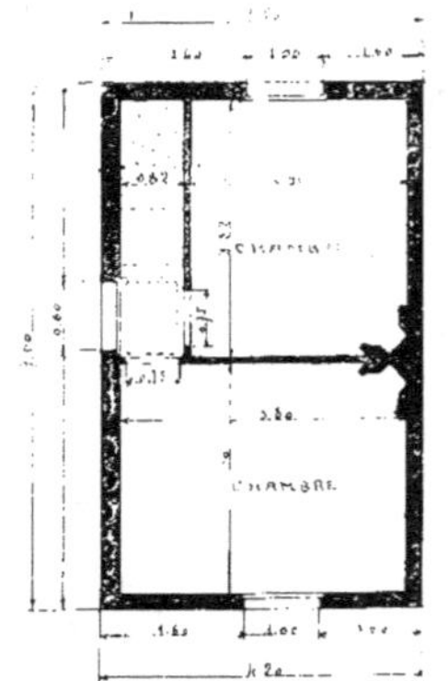

PLAN DU 1er ÉTAGE

TYPE F.   *Prix de revient :* 38.500 francs.

. TYPE G .
FAÇADE SUR SALLE À MANGER
FAÇADE D'ENTRÉE
COUPE
PLAN DU REZ DE CHAUSSÉE
PLAN DU 1er ÉTAGE
PLAN DU SOUS SOL
DORNICHEL
Architecte
ÉCHELLE 0.02 P.M.
. TYPE G .

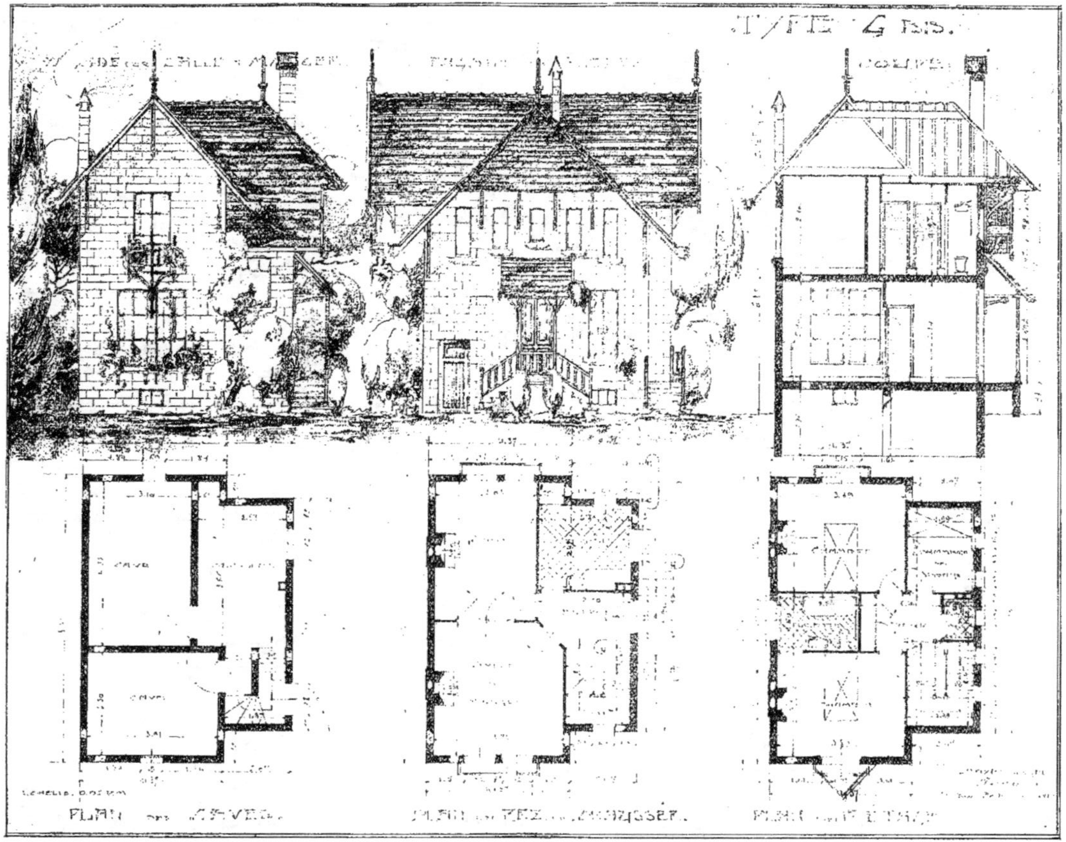

TYPE G bis. — *Prix de revient :* 55.000 francs.

TYPE H. — *Prix de revient : 50.000 francs.*

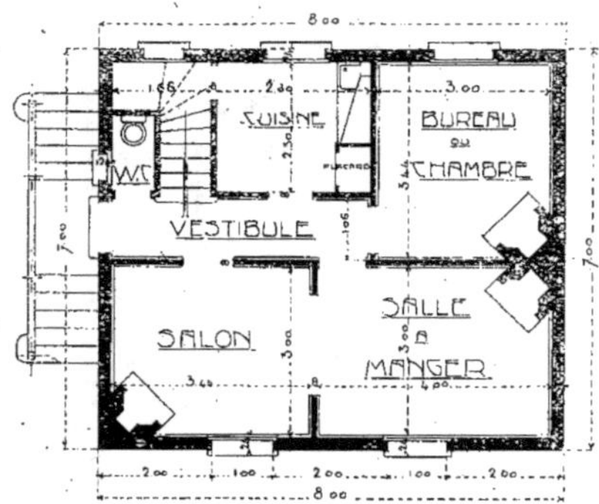

PLAN DU REZ-DE-CHAUSSÉE

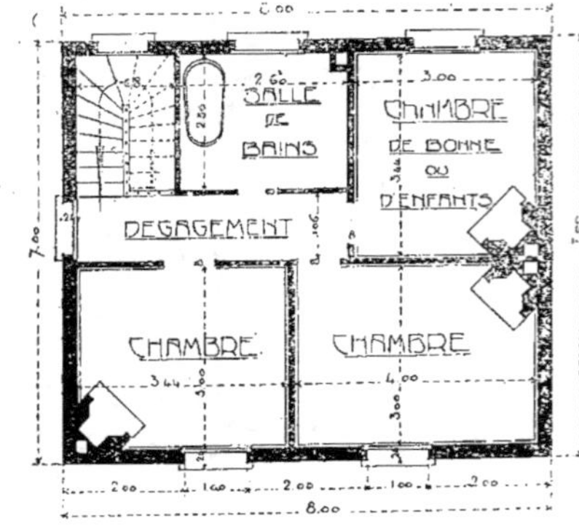

PLAN DU 1ᵉʳ ÉTAGE

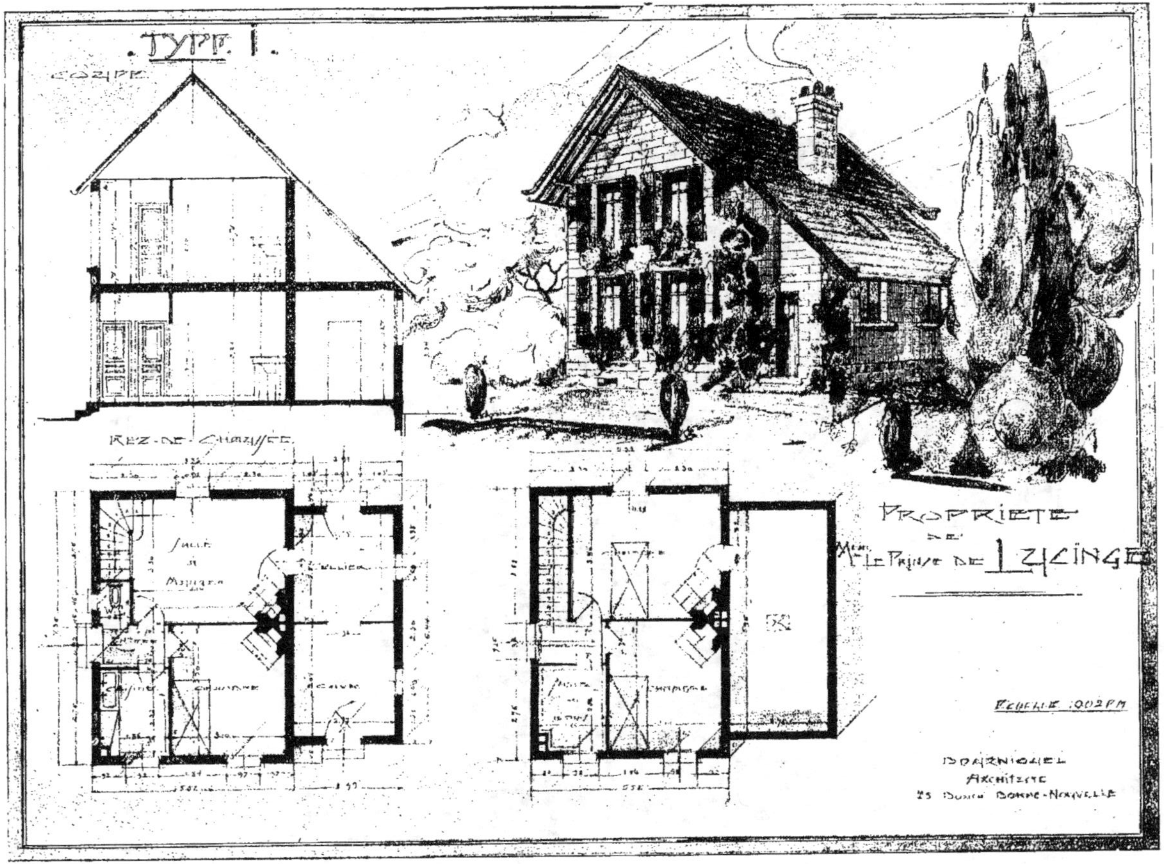

PAVILLONS DE GARDE D'UNE GRANDE PROPRIÉTÉ EXÉCUTÉS DANS LA SARTHE. — *Prix de revient* : 38.500 francs.

TYPE J EXÉCUTÉ A MONTBREHAIN (Aisne).   *Prix de revient : 42.500 francs.*

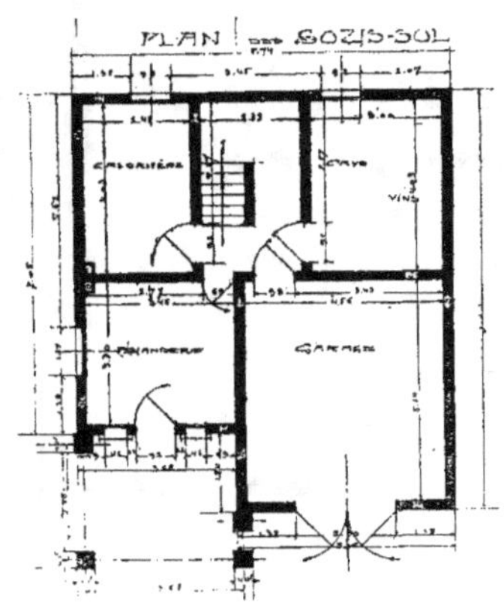

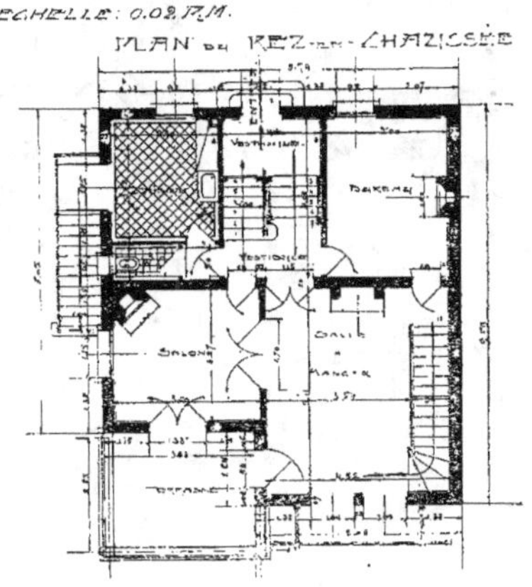

TYPE K.

Prix de revient :

125.000 francs.

Voir au verso
les façades et plans.

Suite du type K. de la pl. 13.

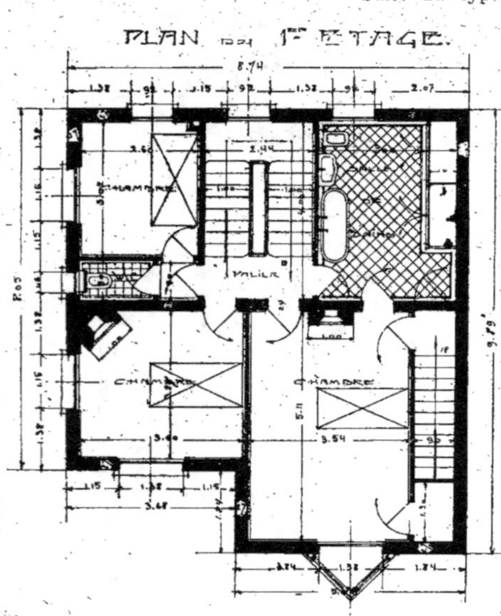

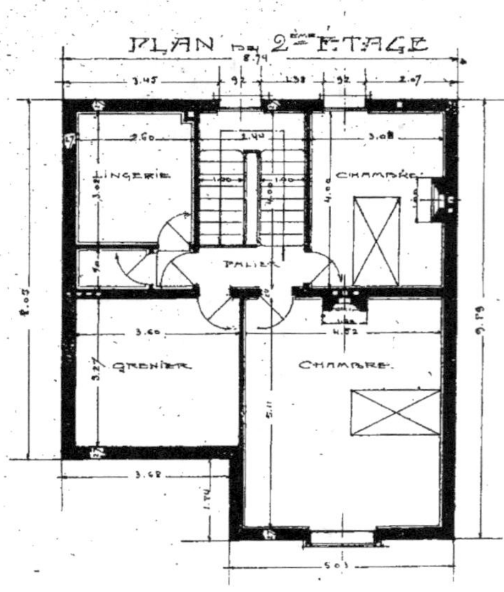

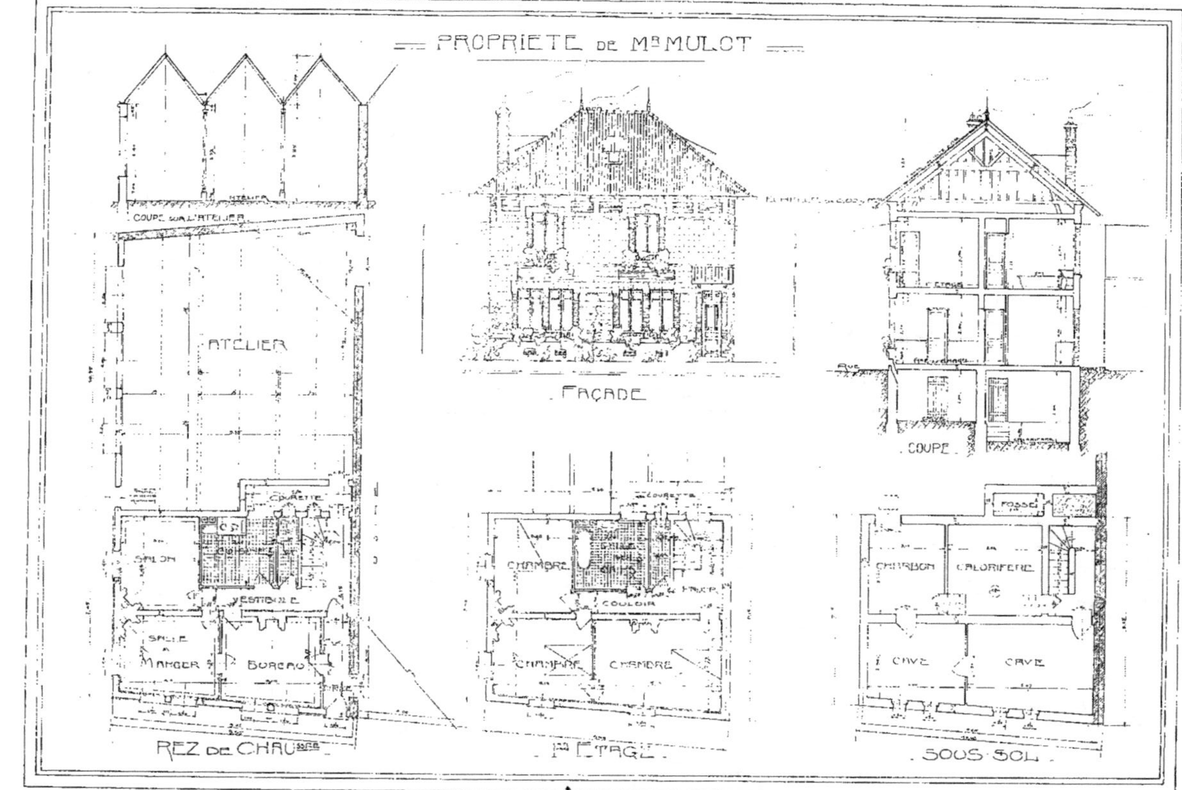

RECONSTRUCTION D'ATELIERS de BRODERIE et MAISON du DIRECTEUR avec BUREAUX, à MONTBREHAIN (Aisne).

(Voir à la planche nᵒ 291, les vues de chantiers en construction.)

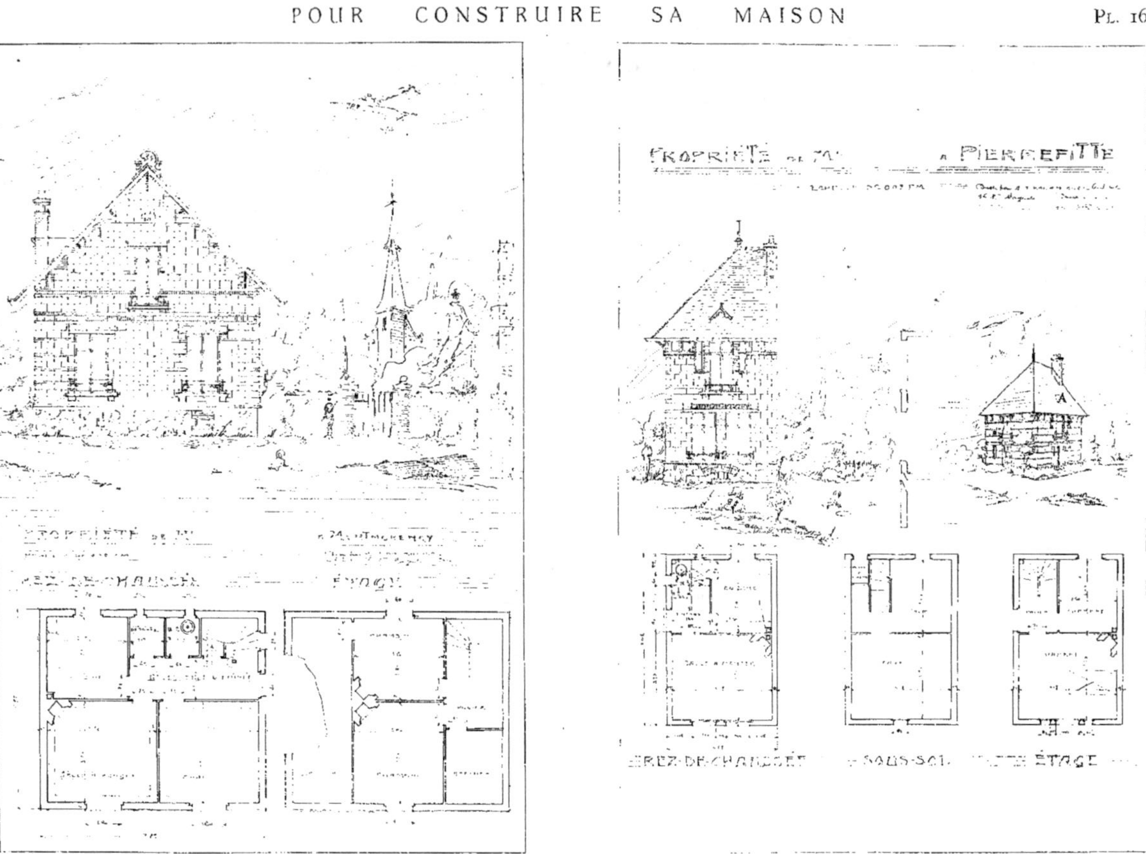

VILLA, A MONTMORENCY
Prix de revient : 42.000 francs.

PETITE VILLA, A PIERREFITTE
Prix de revient : 32.000 francs.

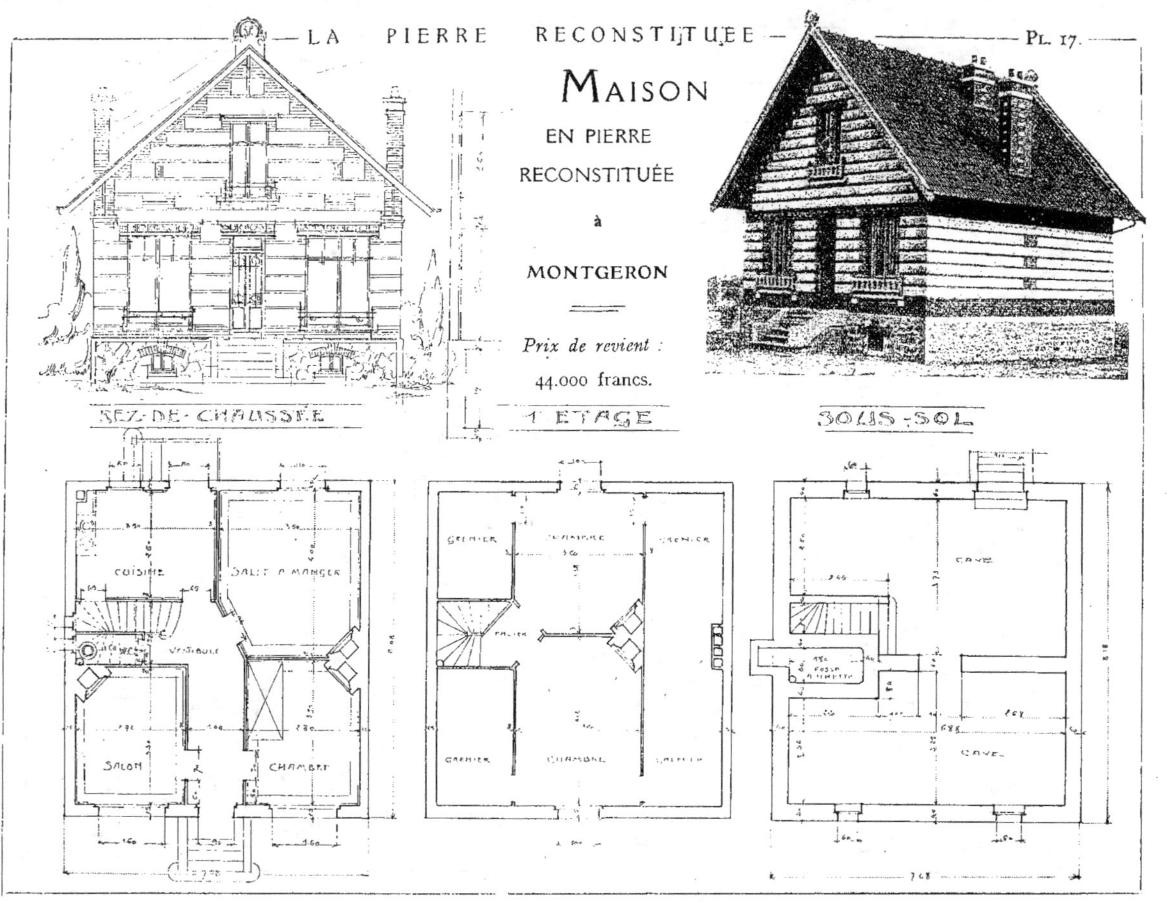
MAISON
EN PIERRE
RECONSTITUÉE
à
MONTGERON
Prix de revient :
44.000 francs.
REZ-DE-CHAUSSÉE
1 ETAGE
SOUS-SOL
CUISINE
SALLE A MANGER
VESTIBULE
WC
SALON
CHAMBRE
GRENIER
CHAMBRE
GRENIER
GRENIER
CHAMBRE
GRENIER
ESCALIER
CAVE
CAVE
FOSSE A LUMIÈRE

Simple Abri
La Résurrection du Foyer
A la Portée de Tous
Elégant Cottage
La Maisonnette
Le Pied à Terre
Pour Construire sa Maison
1918

SIMPLE ABRI A LOUVECIENNES

LES MAISONNETTES

EXECUTEES

DANS LA BANLIEUE PARISIENNE

PLANS, COUPES, ÉLÉVATIONS

AYANT SERVI A LEUR EXÉCUTION

ÉLÉGANT PIED-A-TERRE AUX ENVIRONS DE PARIS

Maisonnette a Vitry-sur-Seine

Prix de revient : 16.300 francs.

※ ※

Cette maisonnette, construite entièrement *en meulière*, est surélevée à 1 mètre au-dessus du niveau du jardin. Une cave creusée sur toute sa surface assure un rez-de-chaussée parfaitement sain. Se compose, d'une entrée, d'une salle à manger, d'une cuisine, d'une chambre. Les W.-C. isolés des pièces habitables se

dégagent sur l'entrée. Un grenier surélevé, auquel une trappe donne accès, recouvre cette construction et isole les chambres des intempéries, grandes chaleurs et grands froids. Chaque chambre est pourvue d'une cheminée, est parquetée, sauf l'entrée, la cuisine et les W.-C. qui, carrelés, permettent le nettoyage facile. Un escalier en ciment aggloméré conduit à l'entrée. Le petit porche d'entrée contigu aux W.-C., couvert en tuiles, souligne d'une note gaie l'élégante charpente qui couronne l'ensemble. Les briques rouges et blanches qui sont apparentes dans la façade viennent apporter leur part dans ce décor chatoyant qu'est la belle frondaison qui encadre cette habitation.

Tous les travaux, terrasse, maçonnerie, carrelage, plâtrerie, etc. nécessaires au parfait achèvement de ce bâtiment pour le rendre, en état d'habitation salubre, les clés à la main, exécutés conformément aux plans ci-annexés.

La terre des fouilles régalée dans le jardin.

Les rigoles remplies en béton de cailloux et mortier. Les murs en fondation jusqu'au niveau du rez-de-chaussée en meulière et cailloux du pays, hourdée en mortier de chaux hydraulique.

Les murs de façade en pierre meulière du pays.

Les parements extérieurs jointoyés en mortier de chaux, les joints en creux. Les appuis des fenêtres et les seuils des portes en ciment.

La cuisine, l'entrée et les W.-C. carrelés en carreaux rouges et ciment formant dessin au choix du propriétaire. Carreaux en faïence au-dessus de la pierre d'évier.

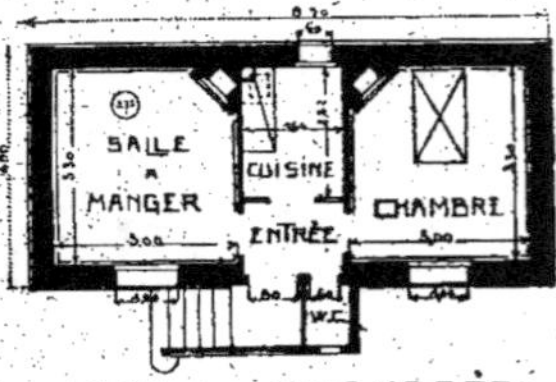

REZ-de-CHAUSSÉE

Les plafonds enduits en plâtre sur lattis chêne.

Une pierre à évier 50/40 avec gorge, trou d'écoulement, etc.

Les murs chaînés en tous sens.

La charpente, avec ou sans assemblage suivant besoin.

La couverture en tuile, les derrières de cheminées en zinc, gouttière. Un siège appareil ordinaire à tirage avec abattant mobile installé dans les W.-C. Les parquets en chêne; croisées et châssis en chêne.

Les portes intérieures en sapin à petits cadres, celles extérieures en chêne suivant dessins.

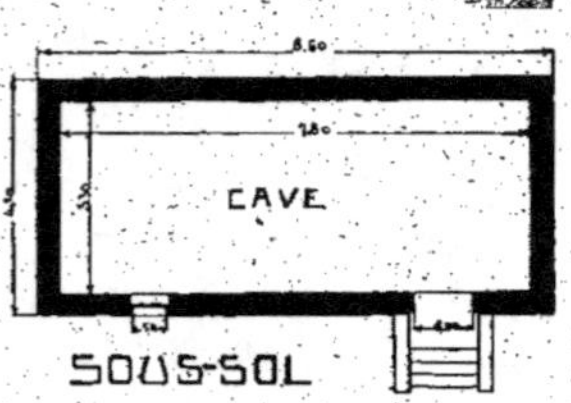

SOUS-SOL

Cimaises dans la salle à manger, tablettes dans la cuisine. Toutes les menuiseries peintes à l'huile ainsi que la charpente apparente à l'extérieur.

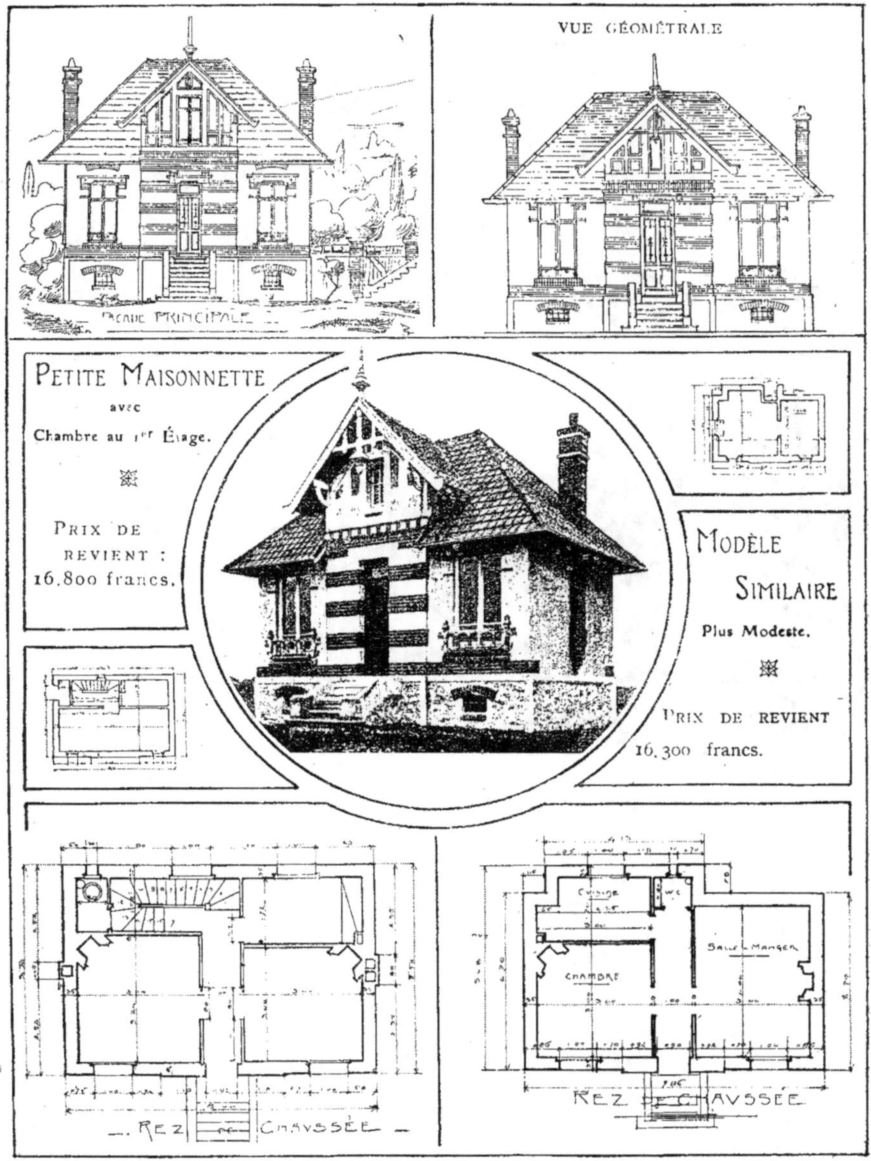
VUE GÉOMÉTRALE
FACE PRINCIPALE
PETITE MAISONNETTE
avec
Chambre au 1er Étage.
PRIX DE
REVIENT :
16.800 francs.
MODÈLE
SIMILAIRE
Plus Modeste.
PRIX DE REVIENT
16.300 francs.
CUISINE
WC
SALLE A MANGER
CHAMBRE
REZ DE CHAUSSÉE
REZ DE CHAUSSÉE

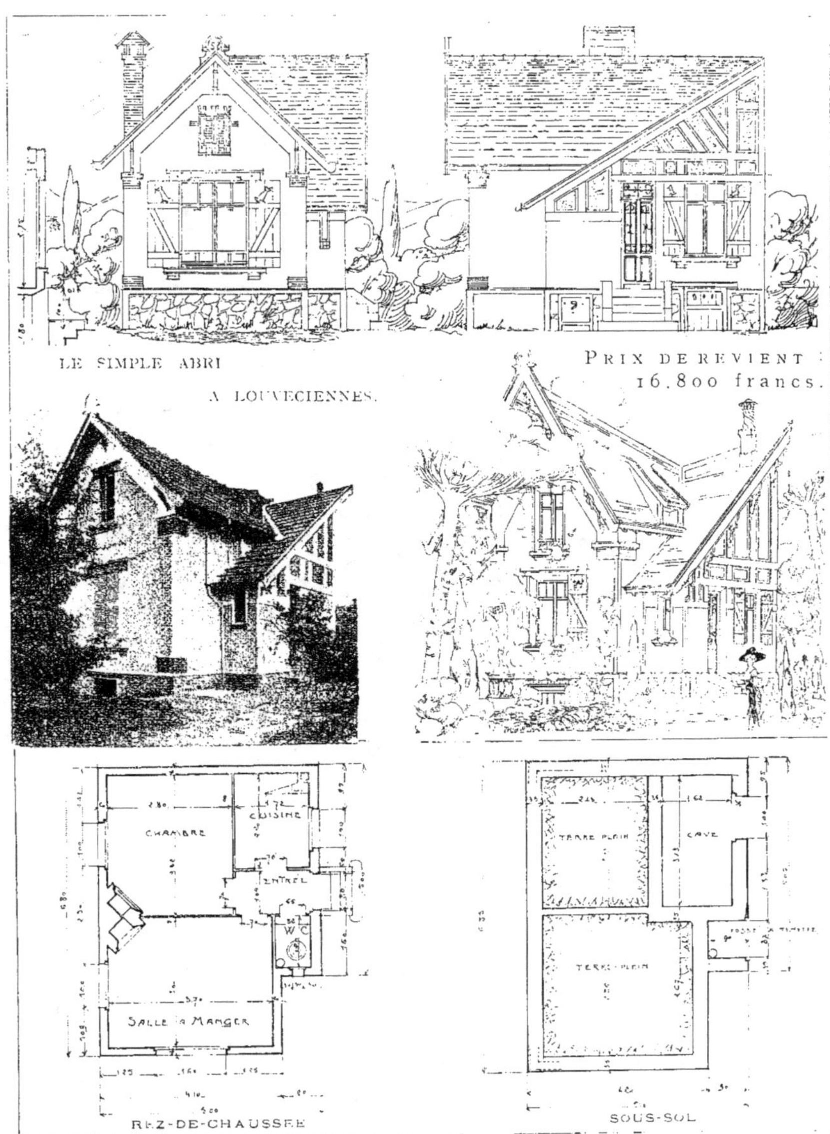

LE SIMPLE ABRI
PRIX DE REVIENT
16.800 francs.
A LOUVECIENNES.
CHAMBRE
CUISINE
ENTRÉE
W C
SALLE A MANGER
TERRE PLEIN
CAVE
TERRE PLEIN
REZ-DE-CHAUSSÉE
SOUS-SOL

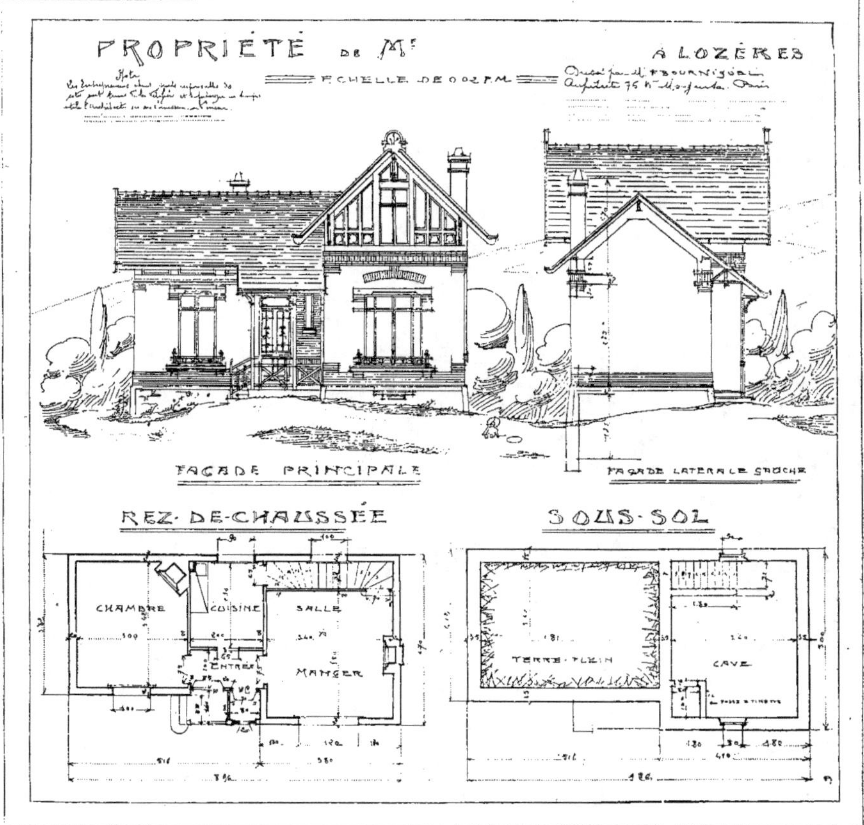

Sur le plan, en largeur de cette petite maisonnette, s'élève un rez-de-chaussée, comprenant : salle à manger, cuisine et chambre à coucher principale. Un escalier part en un angle de la salle, et donne accès à l'étage. Là, une chambre, bien que lambrissée sous le comble d'avant-corps, est fort habitable, avantagée qu'elle est d'un petit cabinet, indirectement éclairé par la fenêtre de la cage d'escalier (pignon postérieur).

De la cuisine, on descend au sous-sol par un escalier de cave éclairé par une petite fenêtre.

En un angle de la cave est la fosse ou cabinet à tinette recevant la chute (oblique) du cabinet (w.-cl.) disposé au rez-de-chaussée, et s'ouvrant sur l'entrée.

Pour cette maisonnette dont les murs de cave sont en meulière (0,35 d'ép.) et les murs hors de terre en brique (0,25), la dépense a été (à forfait) de *dix-sept mille francs*.

PETITE MAISON SUR LES COTEAUX DE SAINT-CLOUD
Prix de revient : 16.500 francs.

MAISONNETTE EN MEULIÈRE, à RIS-ORANGIS
Prix de revient : 19.500 francs.

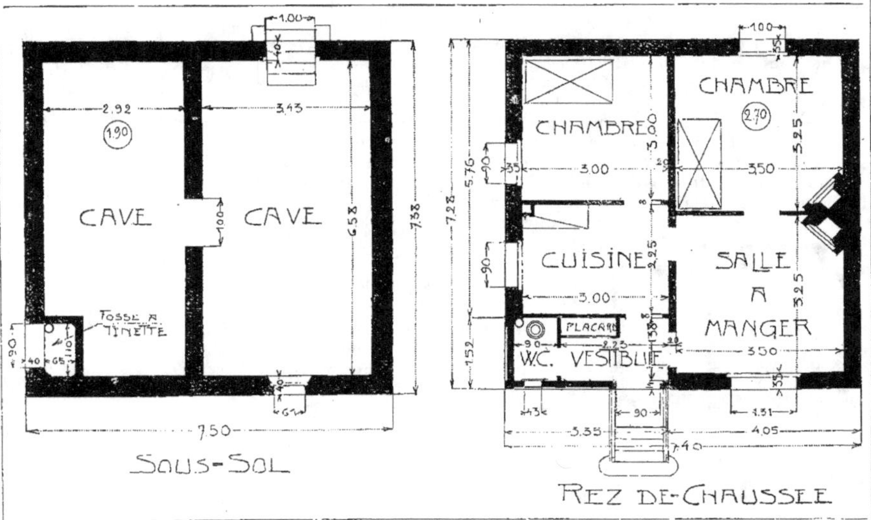

4

Maisonnette de 17.500 francs.

COMPRENANT :

1. Cave.
2. Perron d'entrée.
3. Vestibule.
4. W. C.
5. Salle à manger
6. Chambre.
7. Cuisine
8. Grenier

Ce genre de maisonnette est des plus recherchés, tant pour l'heureuse disposition de sa distribution que pour le confortable de ses pièces. Un petit perron de quelques marches surélève le rez-de-chaussée et permet aux caves de se ventiler et de s'éclairer largement. Ce perron conduit à un grand vestibule qui dessert toutes les pièces. A droite, une grande salle à manger avec grande cheminée au milieu du mur (coté pignon). A gauche, la chambre, dans l'angle gauche, la cheminée. Une grande cuisine et les W.-C. complète la maison. Le grenier surcouvre ces diverses pièces, une baie extérieure y donne accès et permet de motiver ce charmant pignon qui se décroche en avant-corps sur la façade. Pour l'édification de cette maisonnette, l'on devra prévoir les fouilles, en déblai et en rigoles, faites suivant les plans; la terre de ces fouilles étendue dans le jardin. Les rigoles remplies en béton de cailloux et mortier de chaux hydraulique. Les murs en fondations et jusqu'au niveau du plancher en moellons du pays hourdés en mortier de chaux hydraulique. Les façades au-dessus de la retraite en briques creuses modèle 8/16/30. Les parements extérieurs jointoyés en mortier, les joints en creux, les appuis des fenêtres et les seuils de portes jointoyés en ciment. La cuisine, l'entrée et les W.-C. carrelés en carreaux rouges et blancs. Les cloisons cotées 0,08 en carreaux de plâtre posés sur champ. Les plafonds enduits au plâtre sur lattis chêne. Les murs enduits en plâtre. Une pierre à évier avec gorge et trou d'écoulement. Tous les intérieurs de cheminées en briques, dallage en carreaux de terre cuite. Les cheminées en marbre à capucine, rouge pour la salle à manger et noir pour la chambre. Le plancher en fer au-dessus des caves. Les murs chaînés en tous sens, en fer plat avec ancres et tirants aux extrémités, tous les vantaux de portes ferrés ainsi que les croisées de trois paumelles doubles laminées. Les portes extérieures fermées par une serrure à tour et demi-bouton double et par un bec-de-cane. Barreaux en fer rond pour les soupiraux. Toute la charpente en sapin avec ou sans assemblage. Les balcons en bois. La couverture en tuile mécanique, faîtages, arêtiers, etc., etc. Les derrières des cheminées en zinc n° 10 avec ou sans soudures.

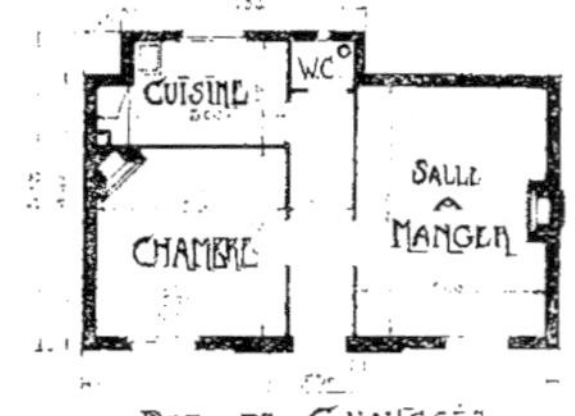

Les parquets en chêne, frises de 0,11 sur 0,27 à rainures et languettes pour la salle à manger, et sapin pour la chambre.

Les portes extérieures et les croisées en chêne, les portes intérieures en sapin. Placer dans la cuisine toutes les tablettes nécessaires, barre à casseroles, etc.

Peindre toutes les menuiseries à l'huile deux couches, rebouchées au mastic, les bois extérieurs, charpente, balcons, about

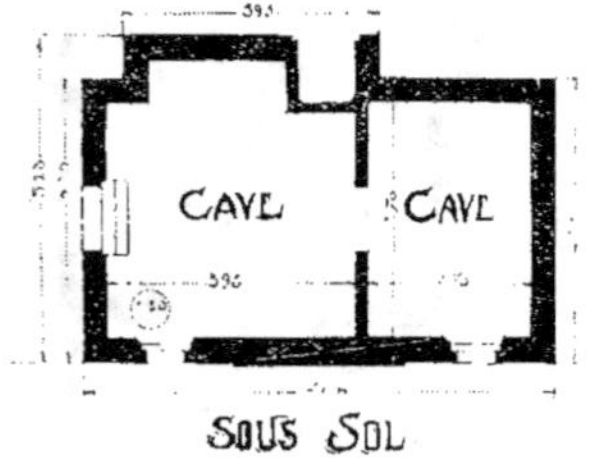

de pannes, etc., idem.

La vitrerie en verre simple. Le papier-tenture dans toutes les pièces, au choix du constructeur.

MAISONNETTE

EXÉCUTÉE

à ASNIÈRES

PRIX DE REVIENT :

19.500 francs.

AMUSANTE SILHOUETTE
DE LA MAISONNETTE D'ASNIÈRES

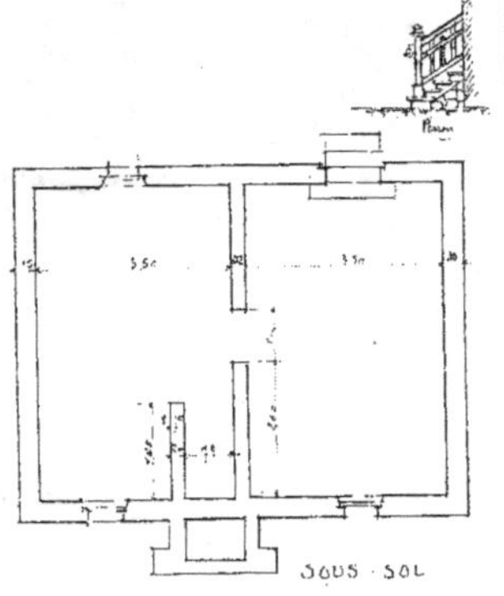

SOUS-SOL

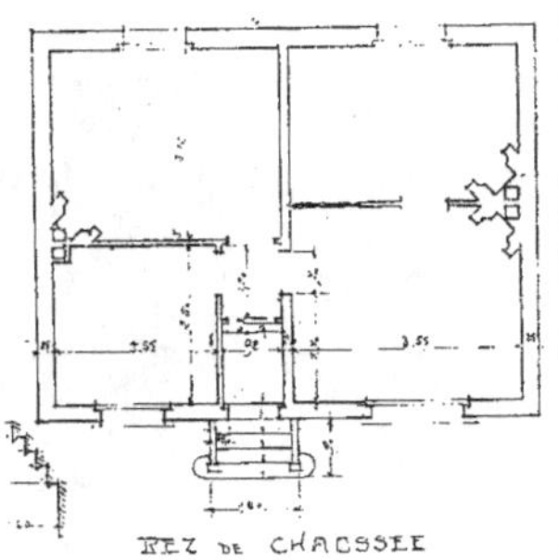

REZ DE CHAUSSÉE

Les Maisonnettes

LA RÉSURRECTION DU FOYER

PLANS, COUPES
ET VUES D'ENSEMBLE DE

PETITES VILLAS

VILLA, A PONT-DE-BUIS. — *Prix de revient : 40.000 francs.*

Maison de 21.300 francs.

COMPRENANT :

1. Cave.
2. Perron d'entrée.
3. Vestibule.
4. W.-C.
5. Salle à manger.
6. 2 chambres à coucher.
7. Cuisine.
8. Grenier.

ETTE petite villa, construite dans la riante banlieue parisienne, entourée d'une frondaison des plus chatoyantes, est très surélevée au-dessus du niveau des jardins. Les murs sont entièrement élevés en *meulière et brique de choix*.

Une cave sous toute la surface de la construction assure un rez-de-chaussée parfaitement sain. Un perron en ciment aggloméré donne accès dans le vestibule, ce dernier est pourvu d'un grand placard, servant de penderie à vêtements. Les W.-C., qui sont isolés des pièces habitables, se dégagent sur l'entrée. L'habitation se compose d'un vestibule, d'une salle à manger, de deux chambres, d'une cuisine et de W.-C. Un grenier surcouvre ces différentes pièces; à ce dernier une trappe donne accès; ce grenier isole les chambres des intempéries, grandes chaleurs et grands froids. Le petit porche d'entrée, contigu aux W.-C., souligne d'une note gaie l'élégante charpente qui couronne l'ensemble. Les briques rouges et blanches qui sont apparentes dans la façade viennent apporter leur part dans ce décor de fraîche verdure. Toutes les pièces sont parquetées, sauf le vestibule, les W.-C. et la cuisine, qui sont carrelés, permettant ainsi le nettoyage facile.

Pour l'édification de cette petite villa il faudra prévoir tous les travaux de maçonnerie, carrelage, plâtrerie, etc., nécessaires au parfait achèvement de ce bâtiment pour le rendre en état de bonne habitation, les clés à la main, exécutés conformément aux plans ci-annexés. La terre des fouilles régalée dans le jardin.

Les rigoles remplies en béton de cailloux et mortier jusqu'à 0,30 en contre-bas du sol de cave. Les murs en fondation jusqu'au niveau du rez-de-chaussée en meulière du pays, hourdée en mortier de chaux hydraulique. Les murs de façade en pierre meulière du pays. Les parements extérieurs jointoyés en mortier de chaux, les joints en creux. Les appuis des fenêtres et les seuils des portes en ciment. La cuisine et les W.-C. carrelés en carreaux rouges et blancs, le vestibule en carreaux de ciment formant dessins au choix du propriétaire. Carreaux en faïence au-dessus de la pierre à évier. Les plafonds enduits en plâtre sur lattis chêne. Une pierre à évier 50/40 avec gorge, trou d'écoulement, etc. Les murs chaînés en tous sens.

La charpente, avec ou sans assemblage suivant besoin. La couverture en tuile, les derrières de cheminées en zinc, gouttière à la demande du propriétaire. Un siège appareil à tirage avec abattant mobile est installé dans les W.-C. Les parquets en chêne; croisées et châssis en chêne. Volets fer.

Les portes intérieures en sapin, à petit cadre, celles extérieures en chêne, suivant les plans.

Cimaises dans la salle à manger, tablette dans la cuisine. Toutes les menuiseries sont peintes à l'huile; ainsi que la charpente apparente à l'extérieur.

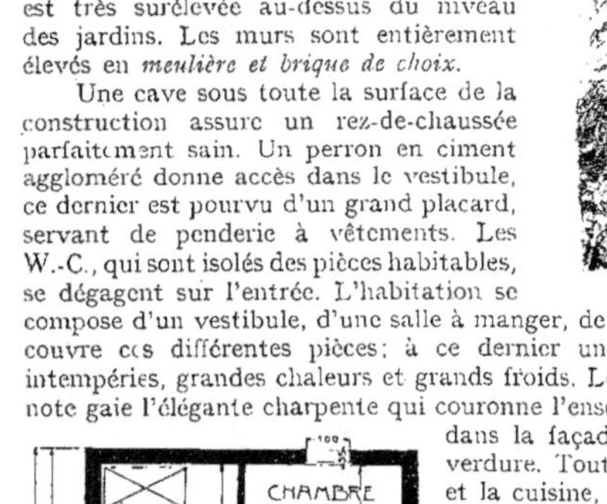

Petite Villa

Prix de revient : 28.500 francs.

COMPRENANT :

Sous-sol.........	1. Une buanderie. 2. Cave à vins. 3. Cave à bois et charbon. 4. Fosse système diviseur. 5. Escalier de cave.
Rez-de-chaussée..	6. Vestibule d'entrée. 7. Une grande salle à manger. 8. Une grande chambre. 9. Une chambre ordinaire. 10. W.-C. 11. Cuisine descente à la cave.
Étage............	12. Une grande chambre sur rue. 13. Greniers.

ENGUIRLANDÉE de roses, coiffée de mauves glycines qui drapent leurs tentacules dans le découpage des consoles, cette coquette villa vient jeter la gaieté de sa rouge tuile parmi les frondaisons qui l'entourent.

Une profusion de fleurs vous accueille dès l'entrée, un jardinet de midinette et une allée de sable fin invitent le visiteur à gravir le perron. Du vestibule, la cuisine vous attire, la propreté de son carrelage rouge et blanc nous fait penser à ces cuisines flamandes, où le dicton populaire fait dire *« que l'on mangerait par terre »*. Le brillant du fourneau de cuisine, ses cuivres reluisants, la blancheur de l'évier et la discrétion d'un petit placard sous cet évier font de cette pièce le séjour habituel de la bonne ménagère.

Dans un coin discret, une petite porte conduit dans les caves.

Les W.-C. côtoient un délicieux petit escalier que les soins des propriétaires entretiennent ciré. Au fond du vestibule, une chambrette, vrai nid de jeune fille, prend jour sur le jardin. — Tournons sur notre droite, nous pénétrons dans la grande chambre; nous ne savons si c'est le charme de toute cette poésie florale qui nous étreint, mais, malgré la sévérité de vieux meubles de famille, un clair rayon de soleil apporte son indiscrétion et nous fait quitter à regret cette chambre délicieuse dans sa modeste simplicité.

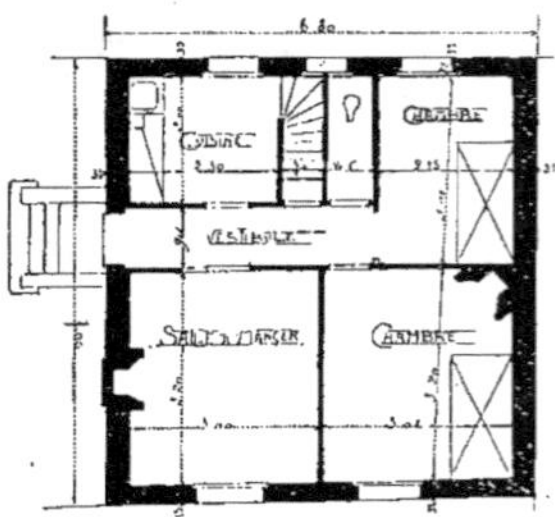

La salle à manger, large et spacieuse, est bien le complément d'une cuisine si bien aérée.

Quant à la chambre du premier étage, la bonne odeur bourgeonneuse des parquets fraîchement encaustiqués, la frise de fauvettes et de rossignols qui se poursuivent sur les murs suffit pour que nous restions ravis d'une aussi agréable visite.

Un simple coup d'œil sur le devis descriptif suivant permet au lecteur de se rendre compte des différents détails de l'exécution.

Les fouilles en rigoles et en déblai suivant les indications données en plan.

Les terres régalées dans le jardin. Les rigoles remplies en béton de cailloux et mortier de chaux hydraulique. Les murs de façade en meulière et mortier. Motifs de décoration en briques de choix. Les souches de cheminées en briques jointoyées. Le perron en aggloméré de ciment ainsi que les appuis et les seuils. La cuisine, les W.-C. et l'entrée en carreaux de Beauvais et d'Auneuil pour l'entrée. Les cloisons en carreaux de plâtre de 0,06 d'épaisseur. Ces cloisons sont enduites au plâtre aux deux faces. Les plafonds en augets sur lattis chêne. Évier de 0,40 × 0,45 en grès émaillé. Revêtement en faïence au-dessus de l'évier — Cheminée modillon rouge pour la salle à manger, capucines noires pour les chambres. Couverture en tuile du pays. Parquet chêne pour la salle à manger, sapin pour les autres pièces. Volets sapin sur le jardin, en fer sur la rue. — Toutes les menuiseries à l'huile, deux couches.

Villa

PRIX DE REVIENT : 24.500 francs.

COMPRENANT :

Sous-sol.......
  1. Cave à tonneaux.
  2. Cave à vins.
  3. Fosse système diviseur.

Rez-de-chaussée.
  4. Une entrée formant porche.
  5. W.-C.
  6. Une cuisine.
  7. Une chambre..
  8. Une grande chambre.
  9. Une grande salle à manger.
  10. Grand grenier.

CETTE villa, construite dans la grande banlieue, entourée d'une frondaison des plus chatoyantes, est très surélevée au-dessus du niveau des jardins.

Les murs jusqu'au niveau du plancher du rez-de-chaussée entièrement construits en meulière; le reste de l'élévation en brique de choix.

Un sous-sol sous toute la maison assure un rez-de-chaussée parfaitement sain.

Le perron en ciment aggloméré donne accès dans le vestibule. Les W.-C. isolés des pièces habitables, se dégagent sur l'entrée.

L'habitation se compose d'un vestibule, d'une grande salle à manger, de deux chambres, d'une cuisine et de W.-C. Un grenier surcouvre ces différentes pièces ; à ce dernier, une trappe donne accès ce grenier a l'énorme avantage d'isoler les chambres des intempéries, grandes chaleurs et grands froids

Le petit porche d'entrée, contigu aux W.-C., souligne d'une note gaie l'élégante charpente qui couronne l'ensemble. Les jeux de briques rouges et blanches, qui sont apparents dans les façades, viennent apporter leur part dans ce décor de fraîche verdure.

Toutes les pièces sont parquetées, sauf les W.-C., le vestibule et la cuisine qui sont carrelés, permettant ainsi le nettoyage facile. Cette maison, dont l'heureuse décoration flatte agréablement l'œil, réunit tous les avantages du confortable recherché par ceux que la perspective de monter un escalier désole. L'ensemble soigné de cette petite construction n'exclut pas la valeur des matériaux employés qui sont de première qualité et aucun des détails de l'exécution n'a été négligé en vue d'une bonne et parfaite exécution.

Le seul examen du devis descriptif suivant suffit pour édifier l'intéressé.

MAÇONNERIE. — Les murs en fondation et jusqu'au niveau du plancher du rez-de-chaussée en meulière hourdée en mortier de chaux hydraulique, le mur de refend de 0,16 d'épaisseur en brique. Les façades au-dessus de la retraite en brique suivant les indications des plans. Les parements extérieurs jointoyés en mortier, les joints en creux. Les appuis des fenêtres et les seuils des portes jointoyés en ciment bâtard. La cuisine, l'entrée et les W.-C. carrelés en carreaux de Beauvais. Les cloisons, cotées 0,08, en carreaux de plâtre posés sur champ. Les murs et cloisons enduits en plâtre. Une pierre d'évier de 0,40 × 0,45 avec gorge et trou d'écoulement. Les murs chaînés en tous sens, en fer plat avec ancres et tirants aux extrémités. Tous les vantaux des portes ou croisées ferrés de 3 paumelles doubles laminées de 0,11. Les portes extérieures fermées par une serrure de sûreté à gorges bouton double. Toute la charpente en sapin avec ou sans assemblages. Les parquets en chêne de 0,11, sur 0,027 à rainures et languettes pour la salle à manger et sapin pour les 2 chambres. Couverture en tuile mécanique. Un appareil de W.-C. Peinture à l'huile de toutes les menuiseries extérieures. Vitrerie de toutes les baies.

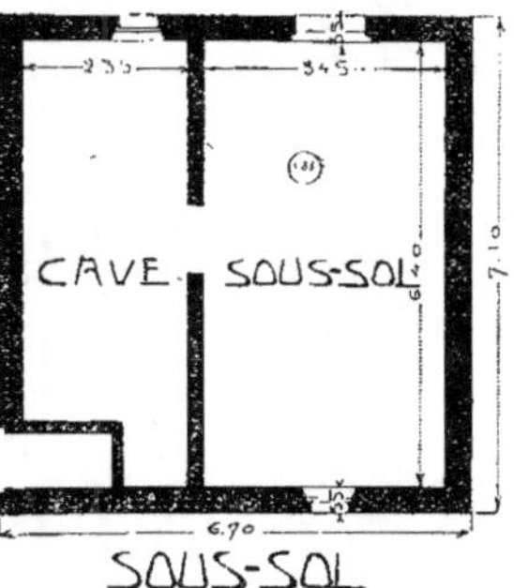

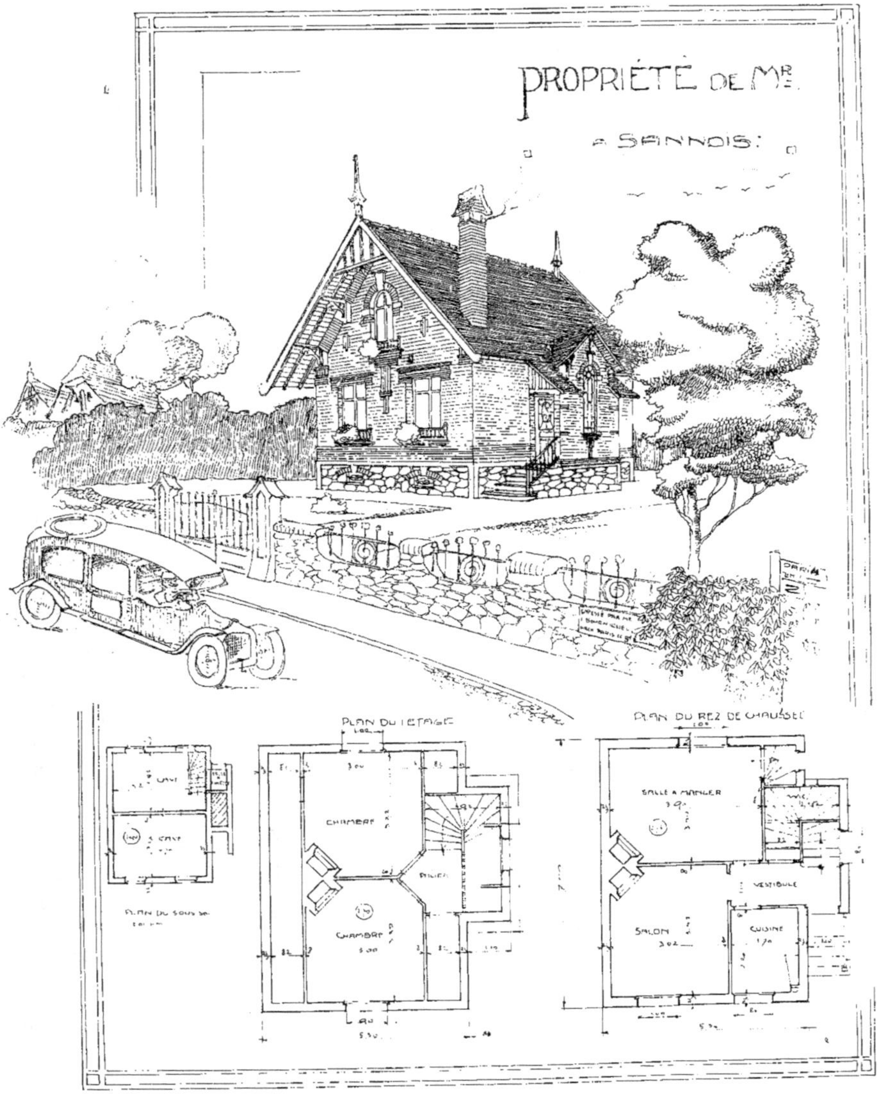

PETITE VILLA, A SANNOIS. — *Prix de revient : 29.500 francs.*

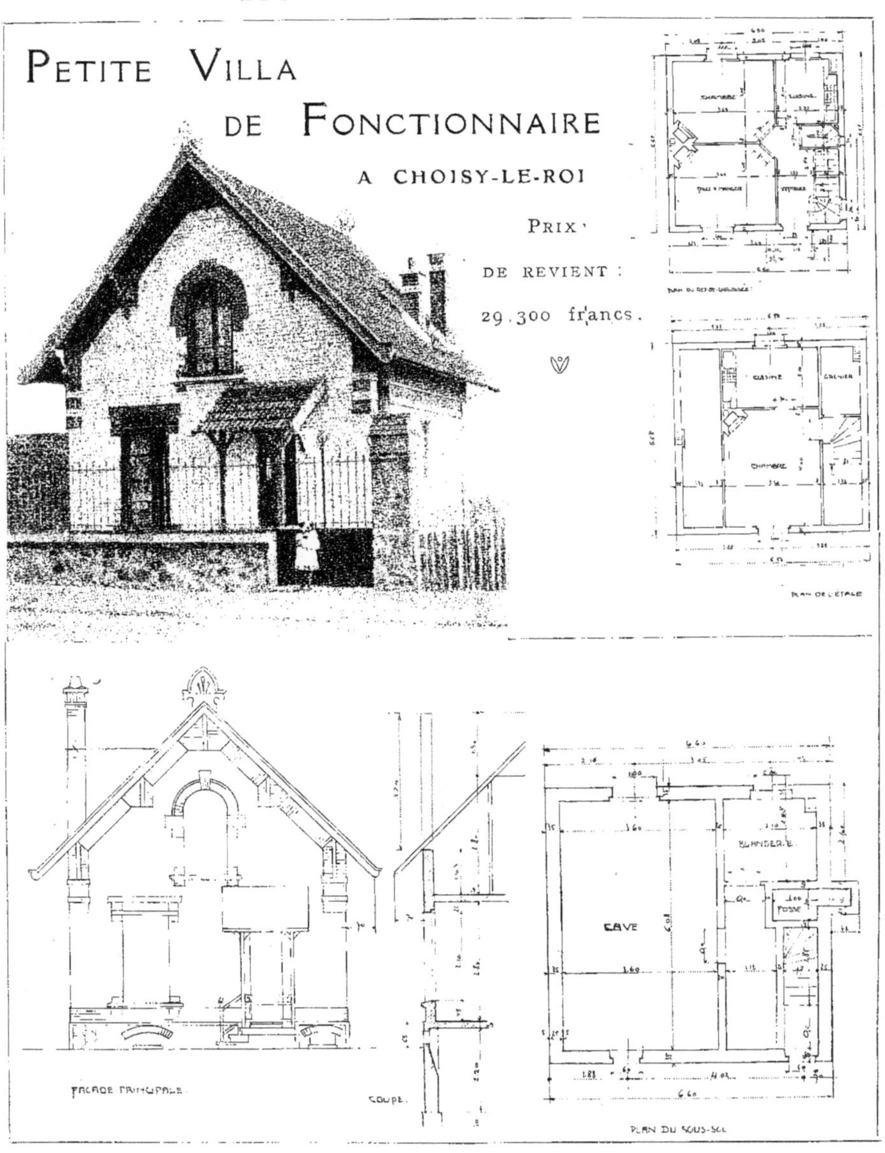

PETITE VILLA
DE FONCTIONNAIRE
A CHOISY-LE-ROI
PRIX
DE REVIENT :
29.300 francs.
PLAN DU REZ-DE-CHAUSSÉE
PLAN DE L'ÉTAGE
FACADE PRINCIPALE
COUPE
CAVE
BLANCHERIE
PLAN DU SOUS-SOL

VILLA, A GROSLAY. — *Prix de revient :* 28.500 francs.

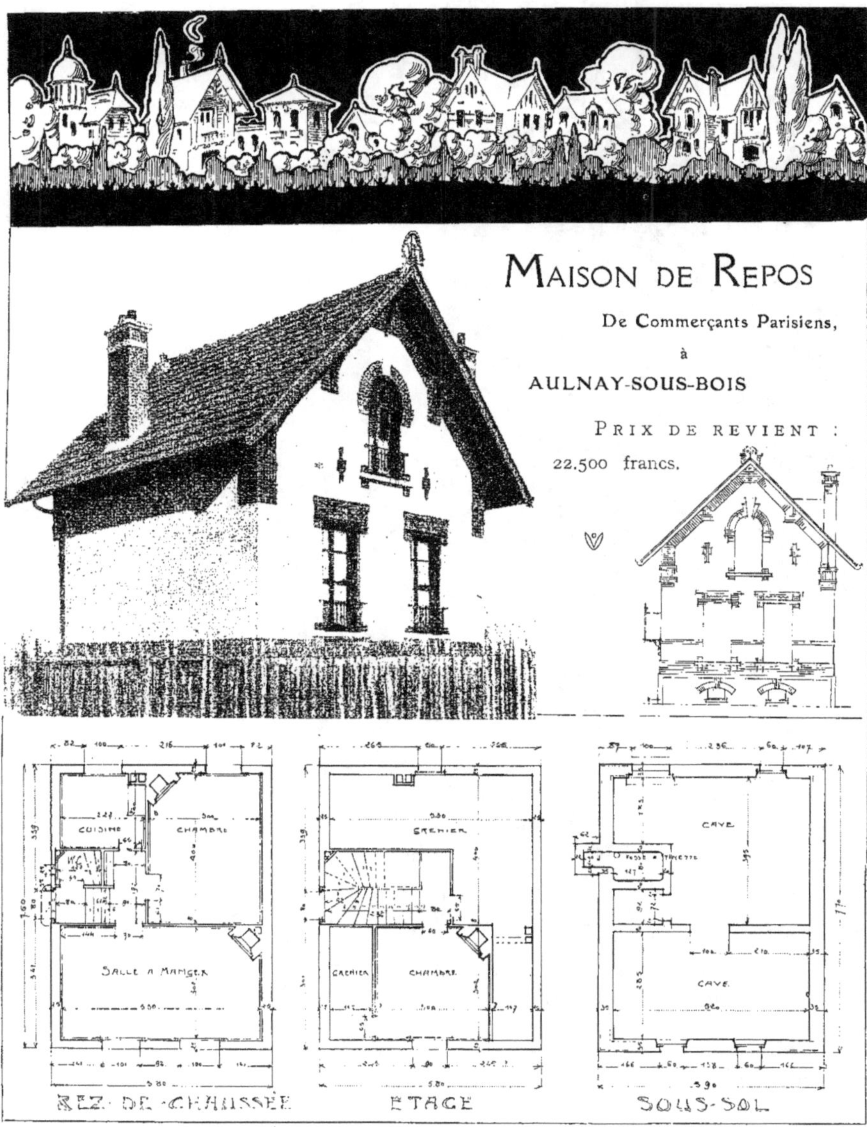

MAISON DE REPOS
De Commerçants Parisiens,
à
AULNAY-SOUS-BOIS
PRIX DE REVIENT :
22.500 francs.
CUISINE
CHAMBRE
SALLE A MANGER
GRENIER
CHAMBRE
CAVE
CAVE
REZ-DE-CHAUSSÉE
ETAGE
SOUS-SOL

RIANTE MAISON DE CAMPAGNE

POUR EMPLOYÉS

PRIX DE REVIENT :

24.500 francs.

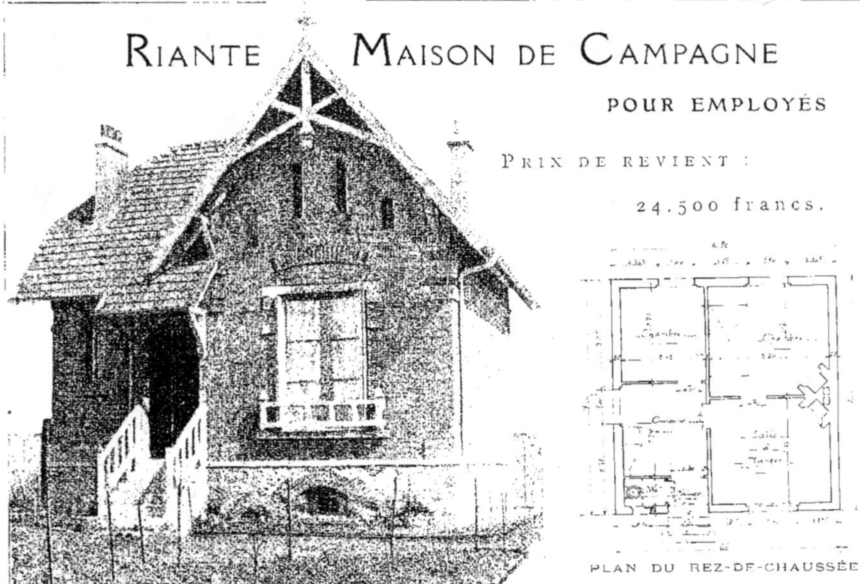

PLAN DU REZ-DE-CHAUSSÉE

PETITE VILLA, A EZANVILLE. — *Prix de revient* : 29.800 francs

PETITE VILLA, A SEZANNE. — *Prix de revient* : 24.500 francs.

PETITE VILLA, A DRANCY. — *Prix de revient* : 29.300 francs.

LES MAISONS ET LA CITÉ OUVRIÈRE

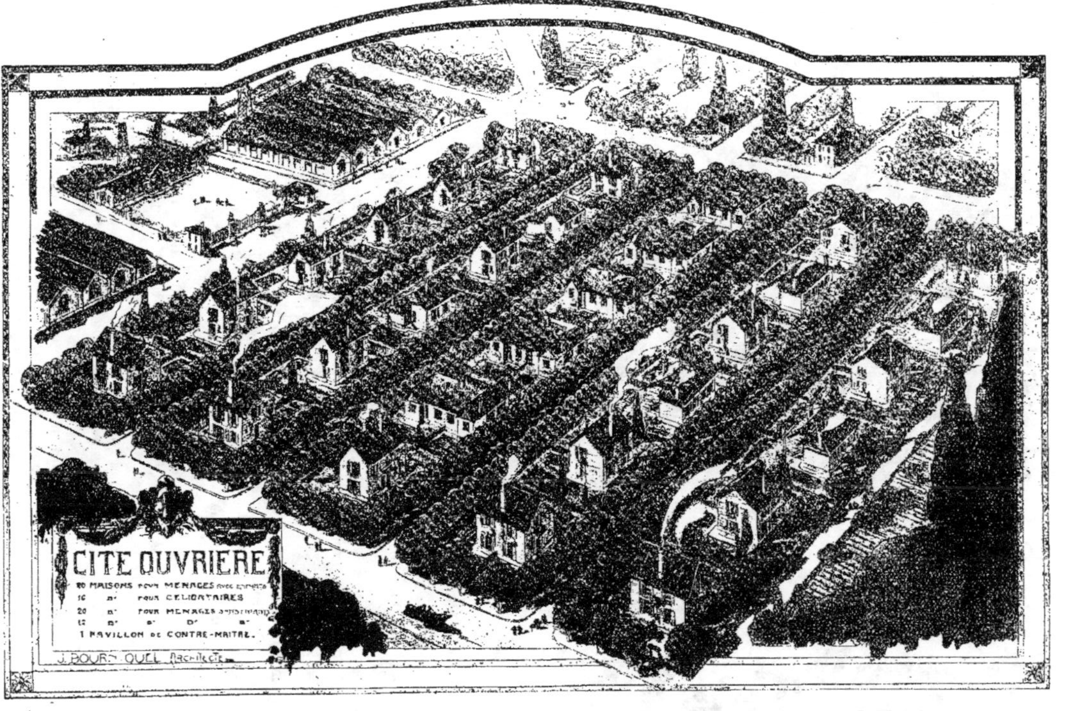

LA CITÉ OUVRIÈRE

Extrait du journal *Le Nord Industriel*, du 13 décembre 1919.

Retenir le personnel à l'usine, procurer à ce personnel le maximum d'hygiène et de confort, tel est le problème que pose à l'heure présente, pour nos régions sinistrées, l'œuvre de reconstitution industrielle. La situation à laquelle on semble s'être définitivement arrêté est celle qui permettra à l'employé et à l'ouvrier d'avoir son foyer, avec son coin de terre, à proximité de son travail.

Sollicités par de nombreux lecteurs d'étudier le moyen d'entreprendre dans les conditions les plus avantageuses la cité ouvrière répondant aux nécessités exposées plus haut, nous nous sommes informés auprès de M. J. Bourniquel, Architecte-Directeur de « l'Habitation », auteur de l'ouvrage *Pour construire sa maison*.

M. Bourniquel, qui est très spécialisé dans la question, a bien voulu nous faire le projet d'une cité ouvrière, aux types de maisons variés, évitant l'aspect désagréable des classiques corons, où les maisons uniformes sont groupées sans espace, sans jardin.

Aux jardins qui doivent occuper les ouvriers pendant leurs heures de loisir et les empêcher de rechercher, par désœuvrement, des distractions déprimantes, M. Bourniquel attache le plus grand prix.

Aussi s'ingénie-t-il, dans son étude, à disposer, intercaler, harmoniser les types divers de maisons, de façon à en faire un village gai et riant, où le personnel dans le bien-être ne se laissera plus séduire par l'appât d'offres alléchantes et n'abandonnera pas l'usine.

Les types prévus pour l'édification de la cité ouvrière se décomposent comme suit :

Type A *bis* (20 maisons pour ménages avec enfants = 40 personnes).
Type A *ter* (16 maisons pour célibataires = 32 personnes).
Type D (12 maisons pour ménages sans enfant = 24 personnes).
Type E (20 maisons — par groupes de 4 — pour ménages = 40 personnes).
Type B (Pavillon de contremaître = 1 personne).
Soit 69 maisons pouvant loger au minimum 137 personnes.

DEVIS des CONSTRUCTIONS de la CITÉ OUVRIÈRE.

Les murs en parpaings creux assurent une ventilation qui interdit toute humidité; cloisons, plafonds et murs enduits en plâtre; charpentes et planchers en bois de force suffisante. Parquets chêne rez-de-chaussée. Parquets sapin 1er étage. Carrelage du vestibule, cuisine, W.-C., salle de bains. Couvertures tuiles avec gouttières et tuyaux de descente en zinc. Hotte, évier, cheminées. Toutes les menuiseries en sapin, ferrées à la demande. Tous les bois apparents peints à l'huile, deux couches. Vitrerie verre simple, papiers de tenture.

L'avantage particulier de ces constructions est de rendre l'habitation clefs en mains, avec tout son confort et avec toute l'hygiène nécessaire, permettant au propriétaire de cette maison d'obtenir le maximum de confort et de propreté.

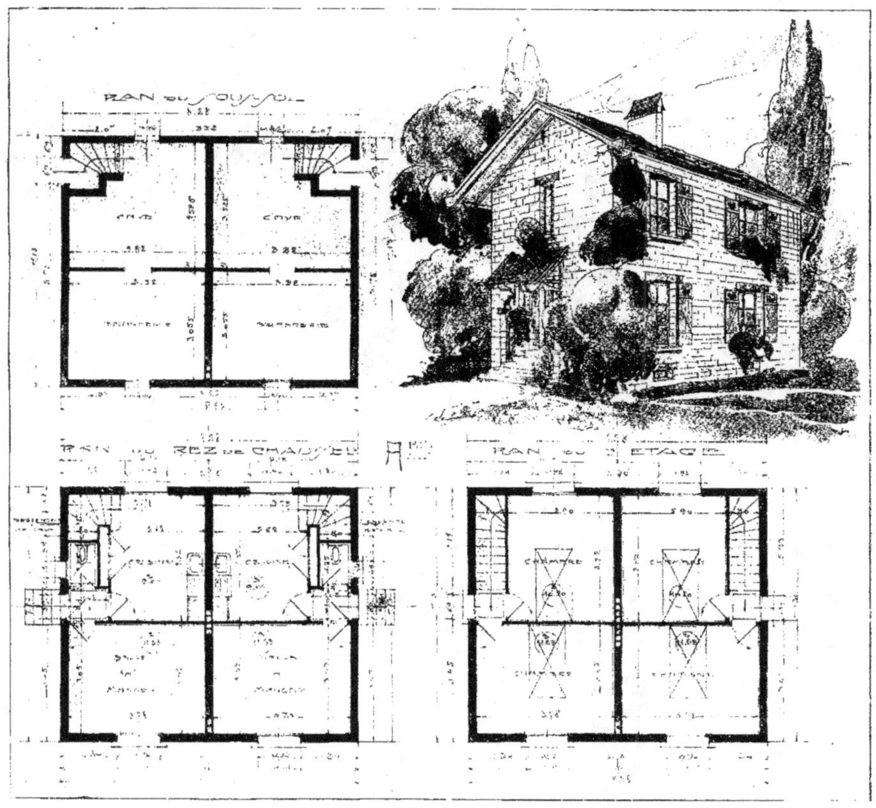

Type A *bis.* MAISONS OUVRIÈRES POUR MÉNAGES AVEC ENFANTS.
Prix des 2 maisons : 48.000 francs.
Prix par 100 groupes de 2 maisons : 45.000 francs.

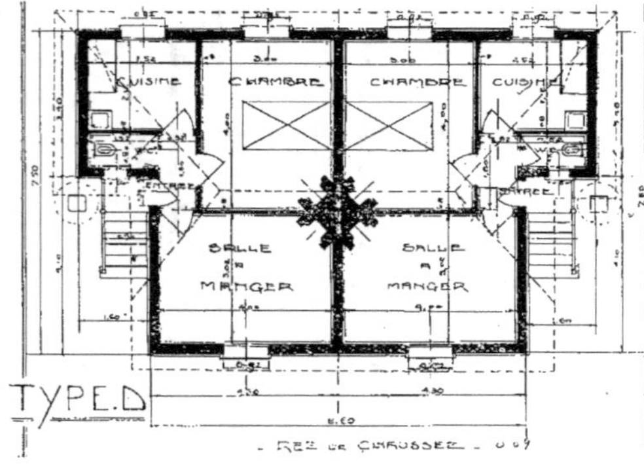

Type D compris dans la Cité ouvrière des planches nᵒˢ 41 et 42.

Maisons ouvrières en pierre reconstituée, pour ménage sans enfant ou pour con—tremaître.

Toutes les constructions de la Cité ouvrière sont édifiées sur caves.

———

Prix de revient d'un groupe de 2 maisons : 40.000 francs.

Par 100 groupes de 2 maisons, prix de revient : 37.500 francs.

Type E compris dans la Cité ouvrière des planches nᵒˢ 41 et 42.

Maisons groupées par 4. Prix de revient du groupe de 4 maisons : 75.000 francs.
Prix de revient par 100 groupes de 4 maisons : 70.000 francs.

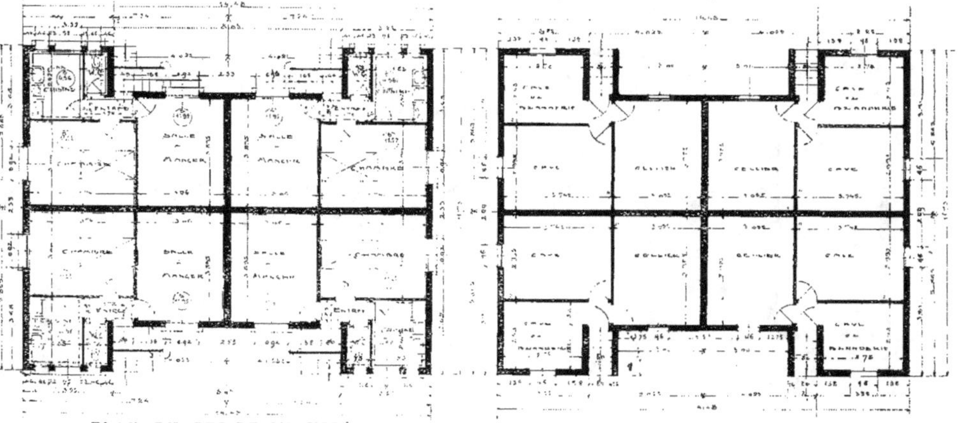

PLAN DU REZ-DE-CHAUSSÉE   PLAN DU SOUS-SOL

Maison Ouvrière.

COMPRENANT :

1. Cave.   4. Grande chambre.
2. Perron d'accès.   5. Cuisine.
3. Salle à manger.   6. Grenier.

Prix de revient : 16.500 francs.

Cette petite maison ouvrière est une variante du type précédent, la cuisine se trouve légèrement plus grande. Surélevée de six marches au-dessus du jardin. On entre directement dans une grande cuisine qui, au besoin, peut servir de salle commune.

Bien éclairée par une large fenêtre, munie de tous ses accessoires, hotte, placard sous évier, évier, barre à casseroles, etc., carrelée de carreaux rouges et blancs, elle supplée à un vestibule d'entrée d'autant plus largement qu'un porche bien abrité tient lieu et place de ce dernier.

La salle à manger proprement dite prend jour du côté de la route; dans un angle, se trouve la cheminée. La chambre à coucher s'éclaire sur le jardin, sa cheminée est également située dans un angle. Un grand grenier surcouvre toutes ces pièces, et les isole des intempéries, grandes chaleurs et grands froids.

La fouille en déblai nécessaire à cette construction. Fouilles en rigoles de 0 m. 40 de large sous les murs. Les rigoles de fondations remplies en moellon brut et mortier de chaux hydraulique, sable de plaine. Les murs du sous-sol sont en moellon brut de pays posé en *opus incertum* au mortier de chaux hydraulique, joints en creux au mortier de ciment. Le sol de cave nivelé. Les marches de cave sont en briques. Le plancher, sous la cuisine, en fer, hourdé en plâtre et plâtras. Les murs en élévation sont en briques décoratives de 0,22 d'épaisseur avec semis de briques blanches. Bandeau en plâtre sous les rampants du pignon. Toutes les façades jointoyées au mortier de chaux, les briques lavées. Les appuis en pierre ou en aggloméré de ciment. Le perron d'accès en roche ou en aggloméré de ciment suivant la contrée.

Plafond en plâtre sur lattis chêne. Les cloisons en carreaux de plâtre, enduites sur les deux faces. Dans le grenier, aire en plâtre sur bardeau. Le plancher haut du rez-de-chaussée en solives 6,5 /17,5 avec semelle sapin 8/23. Le comble composé d'une 1/2 ferme en sapin, faitages en sapin 7 /17, chevrons 6.5 /7 espacés de 0,33 d'axe en axe. Rampe du perron en sapin avec pilier de départ, main-courante, barreaux, etc. Couverture en tuile mécanique petit modèle sur liteaux sapin. Faîtières en tuiles, ruelles et solives en plâtre, gouttières en zinc n° 10 de 0,20 de développement sur crochets en fer ordinaires, tuyaux de descente en zinc de 0,08 de diamètre, dauphins en fonte.

Porte d'entrée de la cuisine en sapin avec tables saillantes, croisées en chêne ouvrant à noix et gueule de loup, jet d'eau et pièce d'appui, volets-persiennes. Armoire sous évier. Dans la chambre et la salle à manger, parquet en chêne, plinthes, stylobates, etc.

Moulures aux chambranles et autour des fenêtres. Peinture à l'huile trois couches, rebouchage au mastic de toutes les menuiseries.

Le panneau de la porte d'entrée en décor.

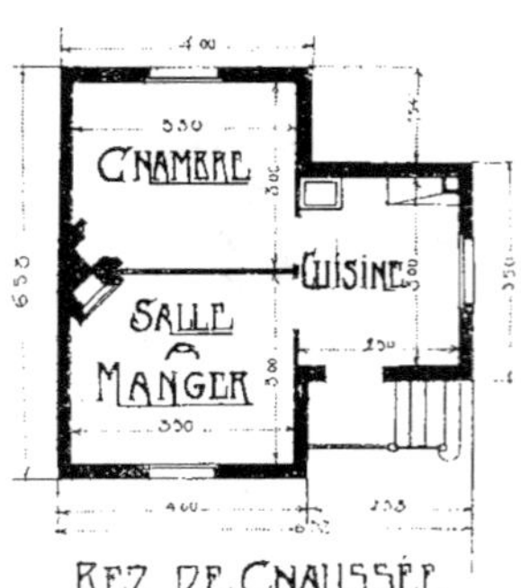

REZ DE CHAUSSÉE

SOUS SOL

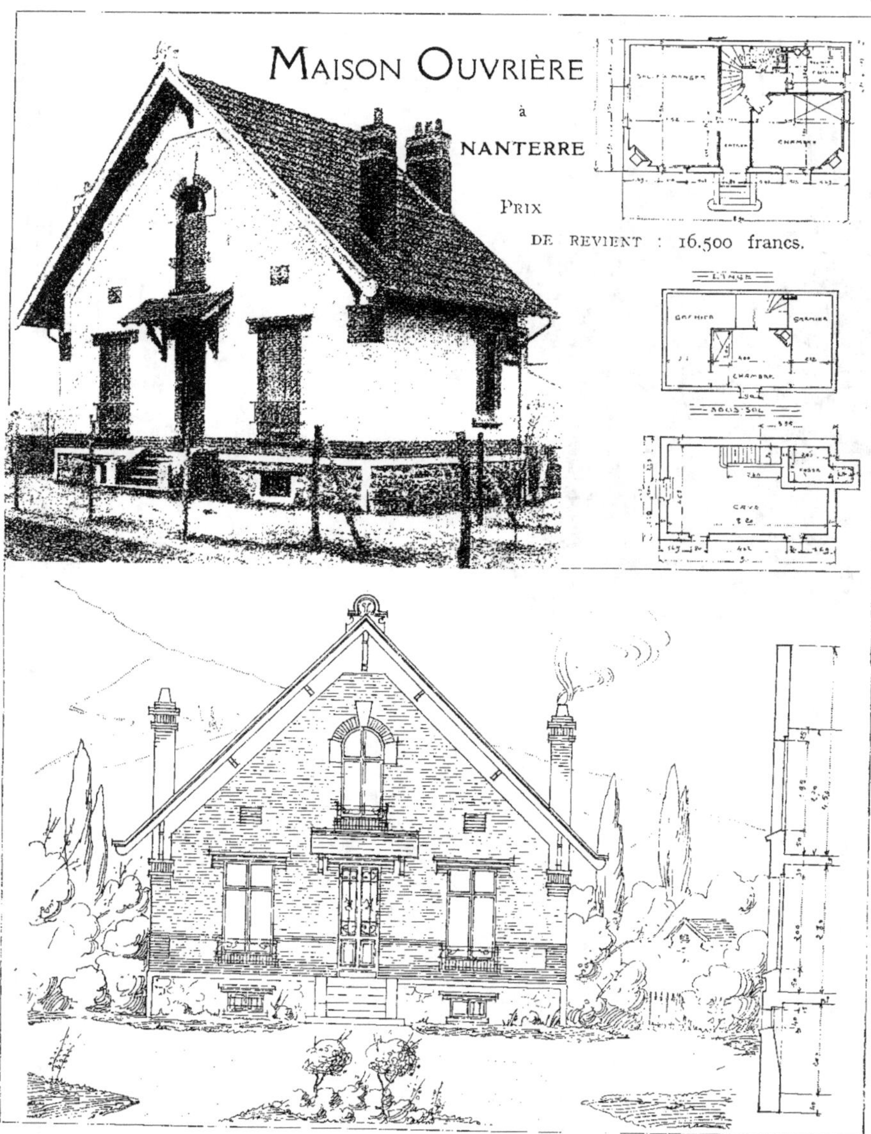
MAISON OUVRIÈRE
à
NANTERRE
PRIX
DE REVIENT : 16.500 francs.

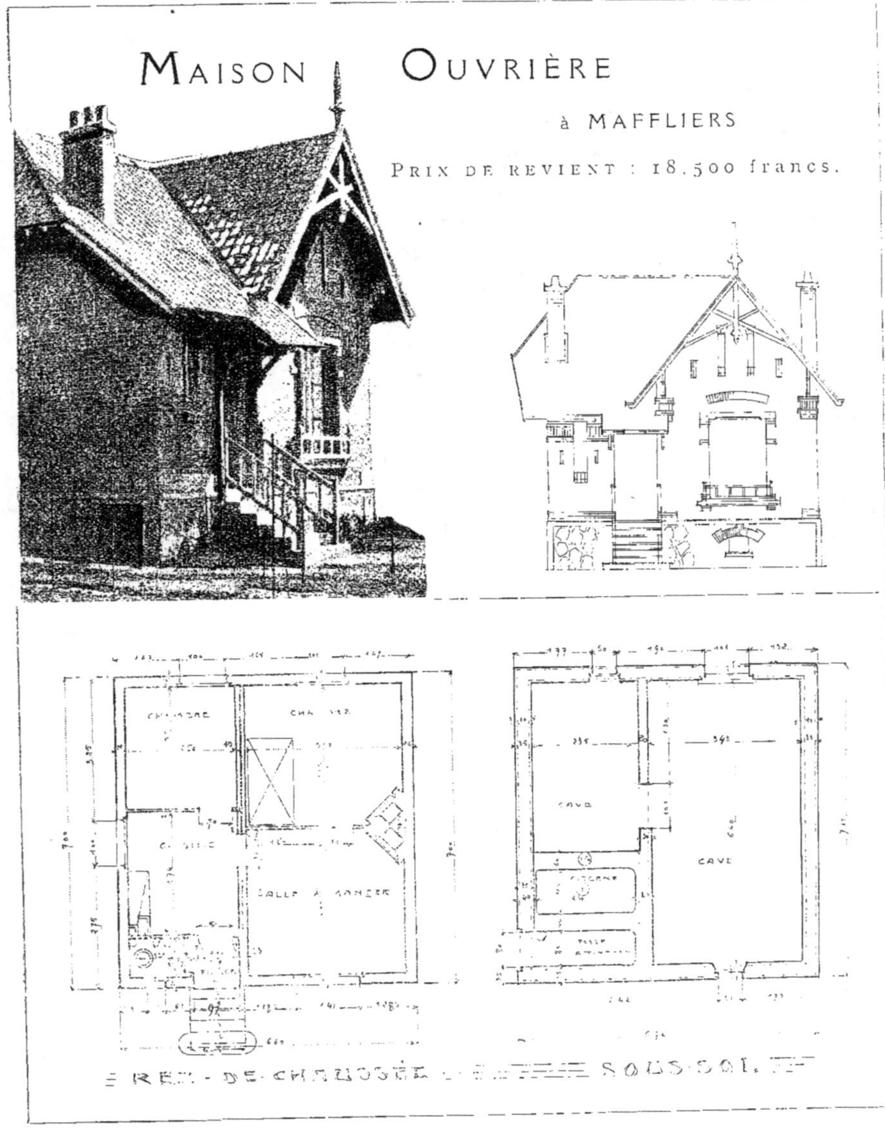
MAISON   OUVRIÈRE
à MAFFLIERS
PRIX DE REVIENT : 18.500 francs.
CHAMBRE
CHAMBRE
SALLE À MANGER
CAVE
CAVE
CUISINE
REZ-DE-CHAUSSÉE
SOUS-SOL

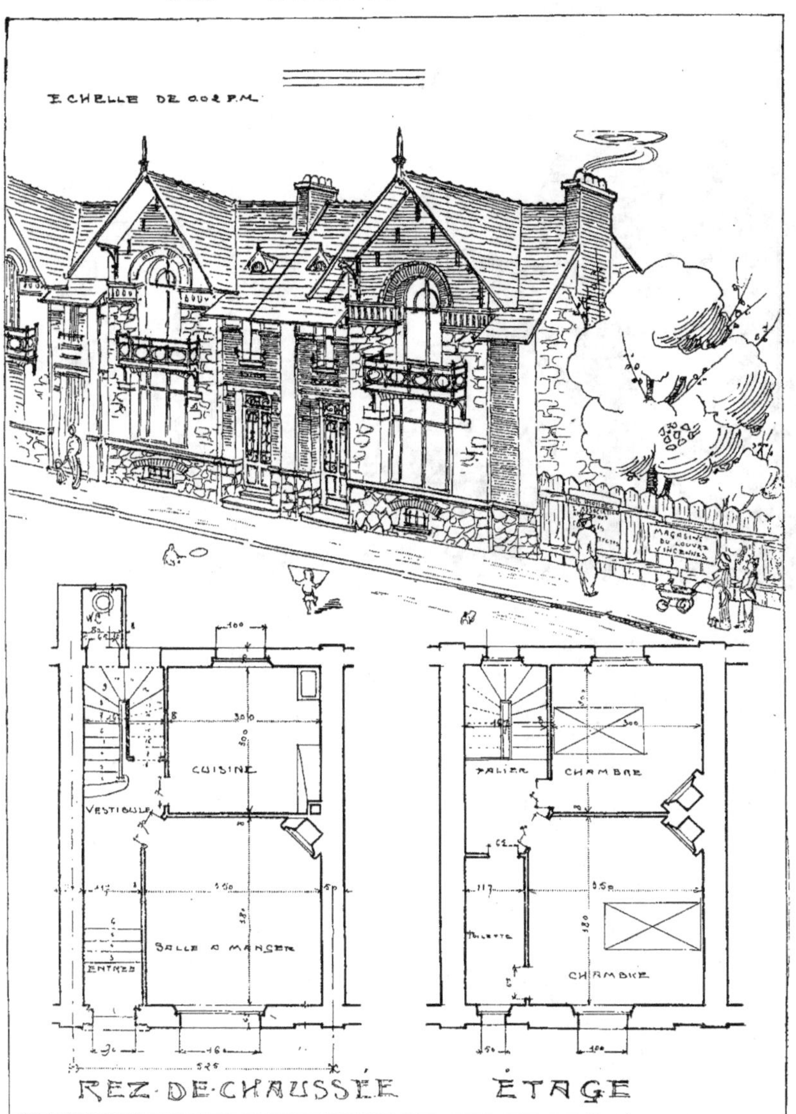

MAISONS OUVRIÈRES DANS UN FAUBOURG[DE]NANCY
Prix de revient : 28.500 francs.

7

Maisons Ouvrières
à VILLIERS-SUR-MARNE

Prix de revient de , chaque maison :
31.250 francs.

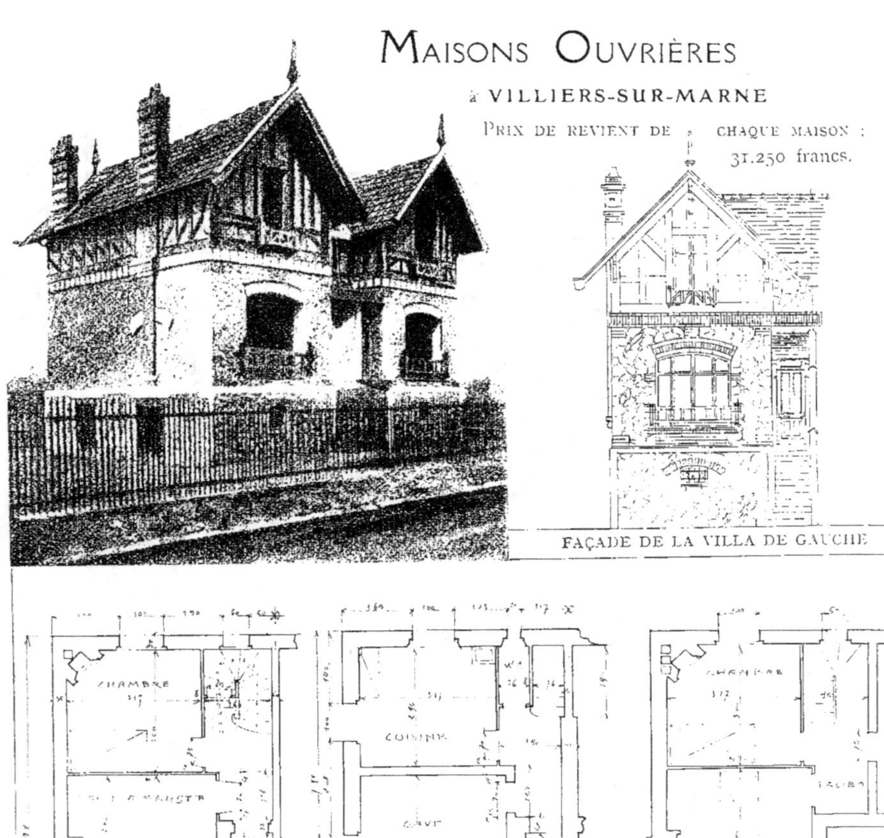

Pour Construire sa Maison

LES

VILLAS

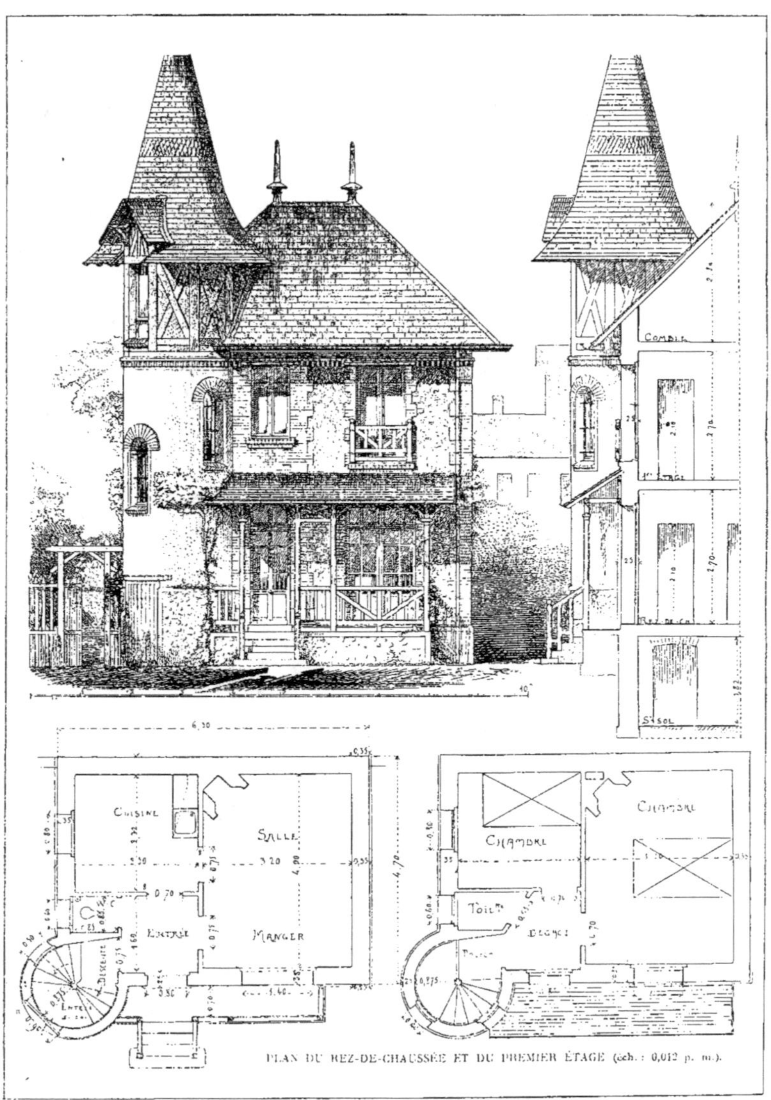

VILLA A TOURELLE, A SAINT-DENIS (Seine).

VILLA A TOURELLE

A SAINT-DENIS (Seine).

M. BOURNIQUEL, Architecte

Au rez-de-chaussée, salle (4×3,20), cuisine (2,50×2,32), dégagement et w.-cl.; perron à terrasse-balcon agrémentant la salle qui s'y ouvre par porte-fenêtre à deux vantaux; à l'étage, deux chambres, dont une spacieuse (4×3,20) et une petite (2,50×2,32) dégagées, cabinet w.-cl.; au-dessus, grenier accessible par une trappe; et le tout solidement construit.

Extrait de l'*Architecture usuelle*.

Vue de la rue, façade principale. A droite sera le jardin d'une autre maison, isolée comme la présente.

L'escalier, ainsi placé en tourelle, laisse bien dégagée l'entrée par le perron. Au surplus, la descente de cave, par une porte de plain-pied avec le sol extérieur, donne encore accès, du dehors, tant au sous-sol qu'au rez-de-chaussée. Cette porte de service permet la constante propreté du perron; water-closet clair et aéré.

Les deux façades accostant à angle roit la tourelle, forment, avec cette derrière, une agréable perspective. Au sous-sol sont caves et buanderie (haut. 1m87). La hauteur d'étage est de 2m,70, tant au rez-de-chaussée qu'à l'étage. Le motif de l'entrée, en façade, est à parement de brique blanche, comme les encadrements de fenêtre et les encoignures. Les appuis arcs de baie, bandeaux et frise sont en brique rouge ou blanche.

VUE DE LA FAÇADE LATÉRALE DE LA VILLA A TOURELLE DE SAINT-DENIS

VUE D'ENSEMBLE
DE LA VILLA A TOURELLE
DE SAINT-DENIS

Suite des pl. 51, 52, 53, 54.

De ce qui précède, il peut être conclu en faveur de la solidité de cette petite construction. Ce que nous en donnons ici, tant sur l'aspect extérieur que sur l'agrément ou la commodité intérieure, montre le parti vraiment avantageux que notre confrère — déjà bien connu de nos lecteurs — a su tirer.

Et si l'on observe que la petite maison en question est bâtie sous les murs de Paris, on en peut déduire la probabilité d'un rabais assez considérable à escompter en un projet analogue, dans les contrées ou matériaux et main-d'œuvre sont d'un prix moins élevé qu'il n'en est aux environs de la capitale.

DÉTAILS DE LA CONSTRUCTION

Maçonnerie. — Rigoles béton sous murs de cave en caillasse; cloison brique ordinaire; fosse à tinette, enduite ciment; en élévation, murs de 0ᵐ,35 en caillasse. Les briques (rouge et blanche) de Sannois, façon Bourgogne; cloisons séparatives en carreaux de plâtre; planchers bois hourdis en augets (plâtre); celui sur caves en voûtains de plâtre, entre fers I. Tuyaux de fumée Gourlier (20 × 20); sauf ceux qui, dans les murs, sont en wagon Lacôte. A la cuisine, évier grès vernissé dur. Vestibule carrelé en mosaïque, à 8 francs le mètre superficiel; carrelage d'Auneuil à la cuisine et au water-closet.

Serrurerie. — Plancher fer I sur caves; le reste en bois, grille en fer forgé aux fenêtres d'escalier. Aux baies de salle et de chambre principale, persiennes en tôle.

Charpente. — Plancher haut de rez de chaussée bastaings (6 × 17) sapin; sur étage (faux plancher) en demi-bastaings. Comble en sapin à poinçon chêne. Auvent, sur terrasse, tout sapin, avec sa balustrade et le balcon de la chambre principale. Appuis (sapin) en tableau pour les autres fenêtres.

Escalier de cave en chêne brut, scellé aux murs. L'escalier d'étage en sapin (marches chêne).

Menuiserie. — Sapin à l'intérieur; volets extérieurs pleins, sapin à barres et écharpe de chêne.

Staff. — Corniche et rosace à la salle; corniche au plafond du vestibule.

Vue de la Villa

en

CONSTRUCTION

A

RIEUX (Oise).

PRIX DE REVIENT :

44.300 francs.

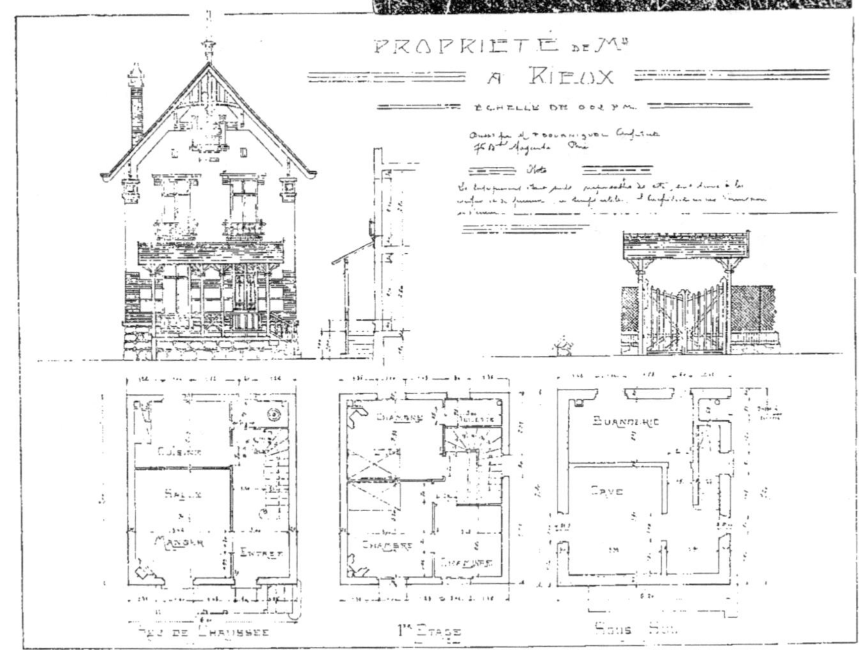

VILLA, A CABOURG. --- *Prix de revient :* 56.000 francs.

Petites Villas Familiales
en divers lieux

M. BOURNIQUEL, Architecte

(Pl. 58 et 59.)

Vue photographique
du type n° 3.

Par le rapprochement des
façades et des plans par-
ticuliers à chacune des quatre
villas, de prix très modiques, dont les dessins sont
présentés pl. 58 et 59, on a
voulu montrer à quelle variété d'aspect
extérieur peuvent donner lieu des plans
diversement combinés et distribués;
et cela même lorsqu'il s'agit des plus
modestes, des plus réellement économiques parmi les bâtiments d'habitation particulière.

Si le plan est de forme quadrangulaire et sans avant-corps, et ainsi
ne se prêtant pas, de lui-même, à un
mouvement accentué de l'élévation,
une surélévation partielle
en un étage, fournissant
quelque logement au-des-
sus du rez-de-chaussée donnera lieu à une silhouette
plus légère, plus piquante,
que s'il s'agissait d'un rez-
de-chaussée sans plus.

(Suite pl. 59.)

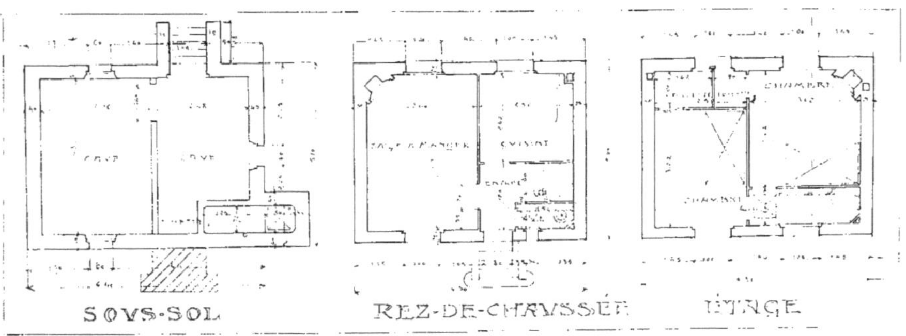

Plan unique des 4 villas

Suite de la planche 58.

L'étage complet, de même contenance que le rez-de-chaussée qu'il surmonte, produira un effet d'importance tranquille, mais sans les oppositions de versants donnant, à la toiture, un caractère piquant ou pittoresque, par les ombres portées d'un comble sur l'autre. Le « décrochement » des appuis de fenêtre disposés en gradin, pour éclairer, de façon rationnelle, la cage de l'escalier — sans, pour cela, être obstrués en leur vide, par le passage des faux limons — cet artifice donnera, avec celui d'un faux pan de bois, figuré pour le décor, un pignon moins ennuyeux à voir que l'ordinaire de ces faces latérales d'un bâtiment quelconque.

Lorsque l'avant-corps d'un plan rectangulaire en L est surmonté d'un demi-étage, la saillie de cet avant-corps en façade principale et la combinaison des deux toitures, de hauteur différente et de sens opposé, produisent, avec le petit porche sous auvent de toitures, un effet satisfaisant ; et cela sans dépense exagérée.

Les quatre types construits sur un même plan, sont revenus chacun à 32.500 francs.

TYPE N° 4.

TYPE N° 3.

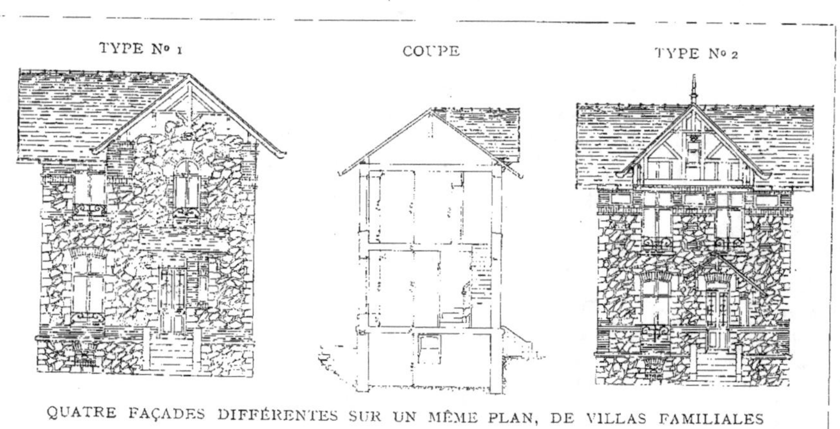

QUATRE FAÇADES DIFFÉRENTES SUR UN MÊME PLAN, DE VILLAS FAMILIALES

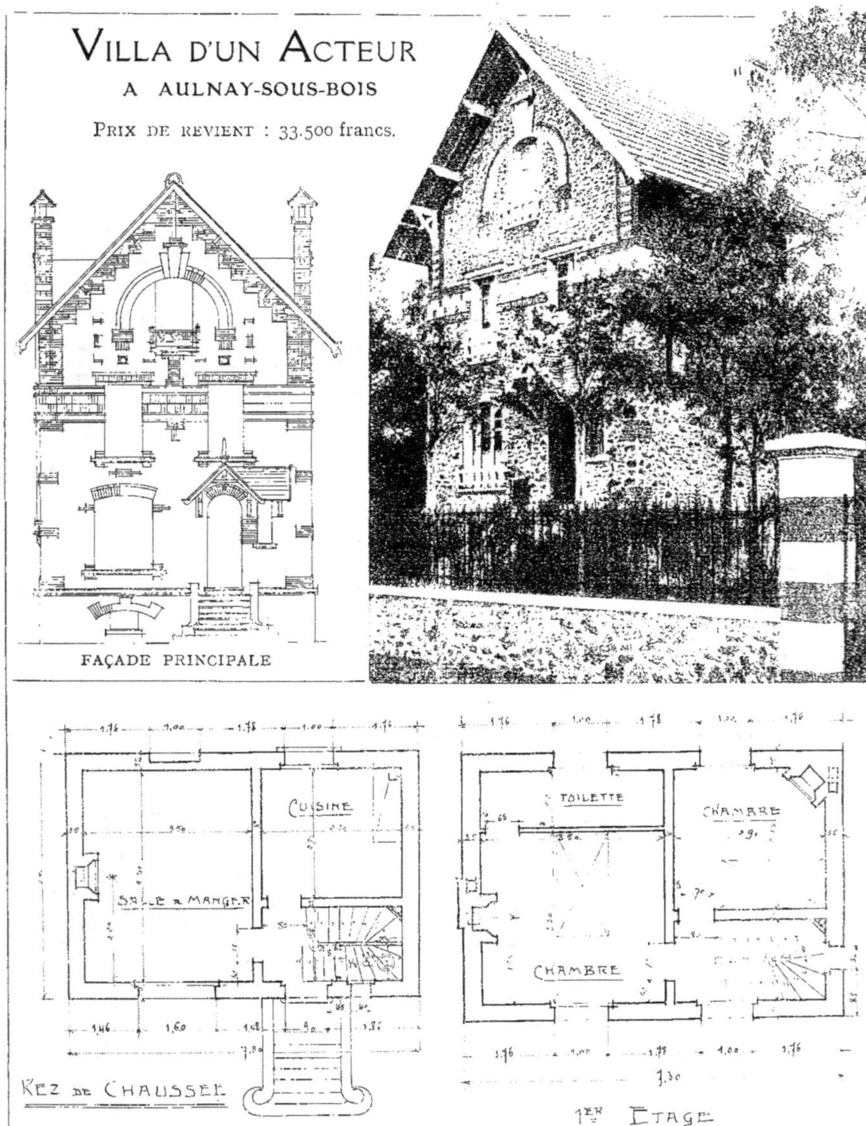

VILLA D'UN ACTEUR
A AULNAY-SOUS-BOIS
PRIX DE REVIENT : 33.500 francs.
FAÇADE PRINCIPALE
CUISINE
SALLE a MANGER
TOILETTE
CHAMBRE
CHAMBRE
REZ DE CHAUSSÉE
1ER ÉTAGE

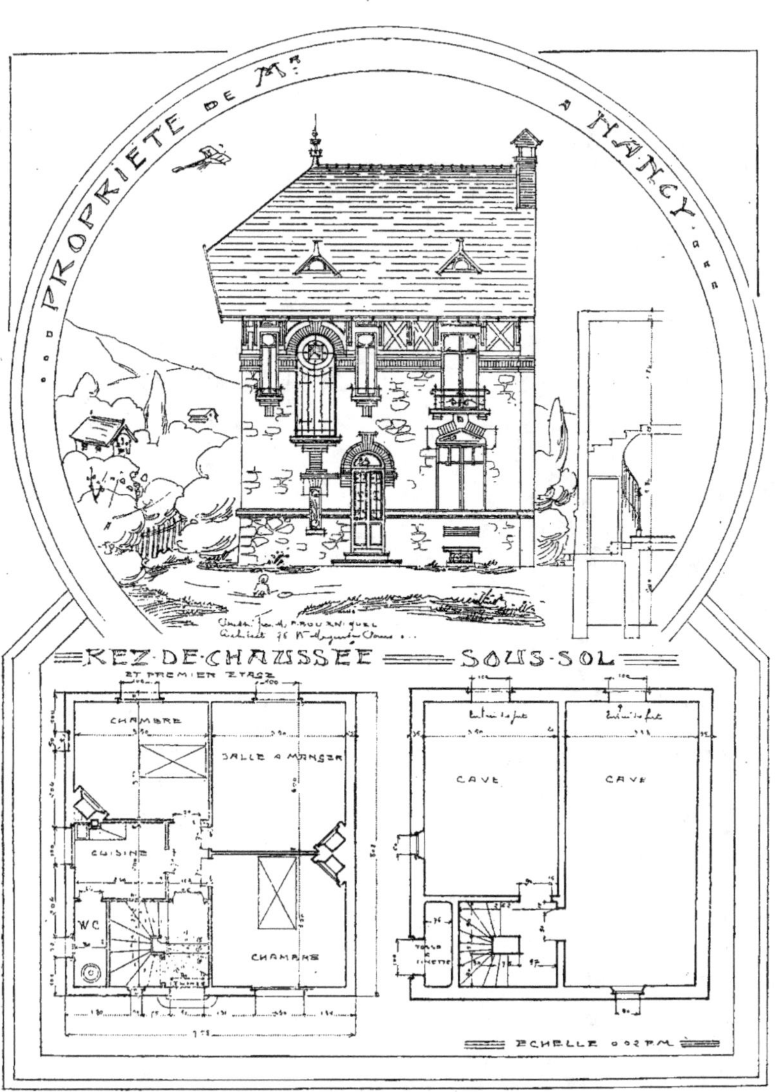

VILLA, A NANCY (MEURTHE-ET-MOSELLE). — *Prix de revient :* 49.500 francs.

A ARCUEIL (Seine)

LE plan de cette villa, bien que « retourné », se rapproche beaucoup de la villa décrite aux planches nos 76 et 77, mais c'est avec une recherche attentive de dispositions spéciales concernant la situation en bordure directe d'une rue, et non en arrière d'une clôture, comme le doit être la précédente, avec son perron extérieur.

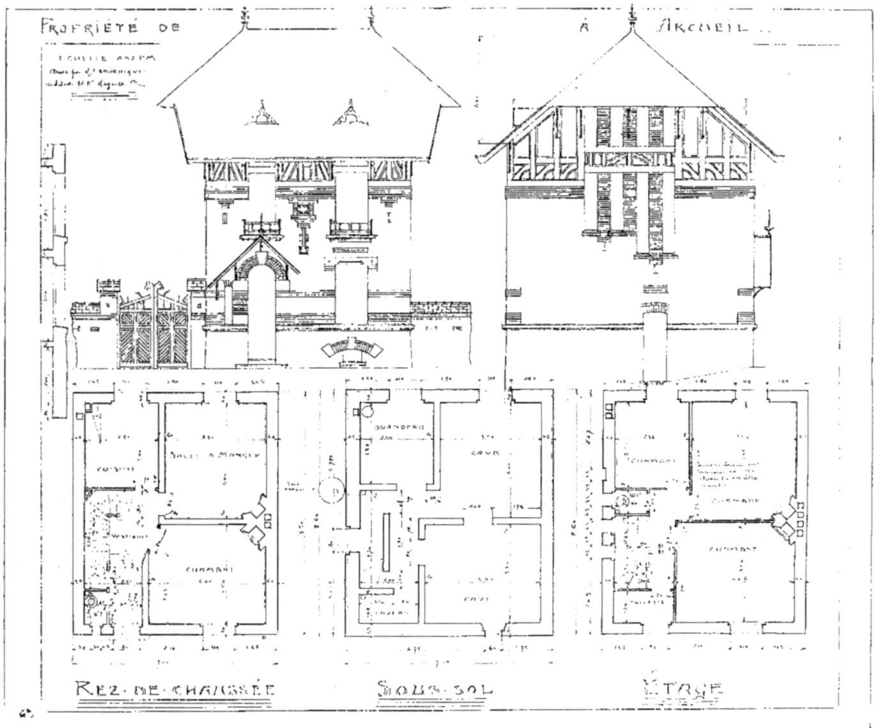

Ici, plusieurs marches intérieures, avec celles qui forment accès au seuil de la maison, rachètent la différence de niveau observée entre le dessus du trottoir de rue et le sol intérieur du rez-de-chaussée.

De ce fait, le départ de l'escalier d'étage est placé en face des portes de la salle et du salon. Ce dernier s'élargit aux dépens du porche intérieur; mais sa porte formant pan coupé s'écarte du départ d'escalier pour plus de commodité. La salle à manger laisse place à une cuisine praticable en se réduisant, comme largeur, relativement au salon.

La surface couverte par la villa à La Celle-Saint-Cloud est de 51,35 m^2 ; celle que couvre la villa d'Arcueil est de 59,50 m^2.

Les deux chambres, et le grand cabinet à coucher de la maison à Arcueil, en son étage, sont à peu près identiques, en surface et comme disposition, aux pièces du rez-de-chaussée qu'elles surmontent. Mais le cabinet d'aisances, à l'étage, commodité inappréciable pour la nuit, est placé en un point central (contre le mur de face à gauche), tandis qu'au rez-de-chaussée, le cabinet de même destination est au niveau de l'entrée. La fosse septique, extérieurement disposée au niveau du sous-sol, reçoit les résidus des deux cabinets.

Pour la descente au sous-sol, où est aménagée une buanderie (sous la cuisine), un palier de repos et une porte de service (face latérale de gauche) fournissent mêmes commodités que celles de l'entrée au sous-sol, en la maison précédente (V. ci-dessus) Deux caves complètent, avec la buanderie, l'emploi de la surface en sous-sol.

La dépense, traitée à forfait, a été pour la maison d'Arcueil, de *dix-huit mille francs :* chiffre d'avant-guerre, chiffre correspondant à la surface susdite du sol couvert et aux avantages du cabinet w.-cl. à l'étage et de la fosse septique, à vidange automatique.

Villa d'Employés

à CHEVREUSE

COMPRENANT :

Sous-sol............	1. Descente de cave.
	2. Fosse système diviseur.
	3. Buanderie.
	4. Cave à vins.
Rez-de-chaussée..	5. Vestibule d'entrée.
	6. Escalier.
	7. W.-C.
	8. Cuisine.
	9. Salle à manger.
1er *Étage*......	10. Palier d'arrivée.
	11. Une chambre.
	12. Une grande chambre.
	13. Un grand cabinet de toilette.
Combles.......	14. Palier d'arrivée.
	15. Une chambre.
	16. Greniers.

SOLIDEMENT campée dans un des coins les plus pittoresques des environs de Paris, cette habitation est destinée à abriter les vacances d'une famille de quatre personnes : le papa, la maman, le frère et la sœur.

Surélevée de un mètre environ au-dessus du jardin, un large perron conduit dans un vaste vestibule. A gauche, une grande salle à manger, munie d'un grand placard. La cuisine, située également sur la gauche, peut, par ses vastes proportions, suppléer la salle à manger.

De cette cuisine, on peut descendre directement à la cave, les W.-C. pren-

nent jour et se ventilent au-dessus de cette descente.

Un grand escalier dessert les étages.

Au premier étage, un large palier dégage les deux chambres et le cabinet de toilette. La grande chambre donne sur la route, la chambre secondaire, sur le jardin; une toilette pouvant recevoir un lit d'enfant s'éclaire également sur la route.

Le second étage ne comporte qu'une grande chambre et des greniers; il va sans dire que des greniers existent au-dessus de cette chambre.

Les terres régalées dans le jardin. Les rigoles remplies en béton de cailloux et mortier de chaux hydraulique.

Motifs de décoration en grès flammé et en briques de choix.

Les murs de façades élevés én meulière, les souches de cheminée en briques. Le perron en aggloméré de ciment ainsi que les appuis et les seuils. La cuisine et les W.-C. sont carrelés, le vestibule d'entrée est dallé en carreaux de ciment formant dessins.

Les cloisons légères sont en carreaux de plâtre de 0m,06, ravalées aux deux faces.

Les plafonds en augets sur lattis chêne.

Évier en grès émaillé, revêtement en faïence blanche au-dessus de cet évier.

Modillon rouge dans la salle à manger, capucines dans les autres pièces.

Plancher en fer sur la cave.

Portes ferrées de 3 paumelles de 0m,11, serrures ordinaires. Croisées ferrées de 6 paumelles et crémones à tige 1/2 ronde de 0m,016.

Charpente en sapin, chevron de 7/8, faux plancher en sapin. Escalier en sapin avec pilastre de départ en chêne.

Couverture en tuiles.

Gouttières en zinc, descentes *idem*.

Toutes les menuiseries extérieures en chêne.

Toutes les menuiseries et charpentes apparentes extérieures peintes à l'huile, deux couches.

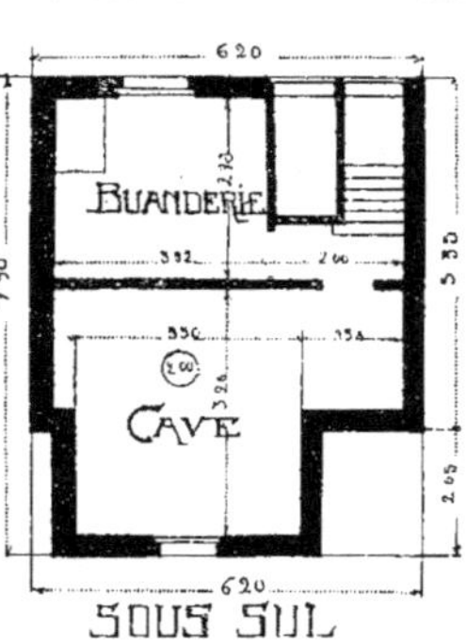

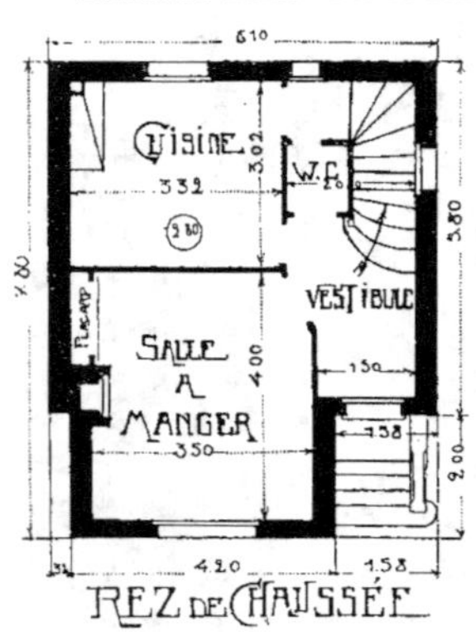

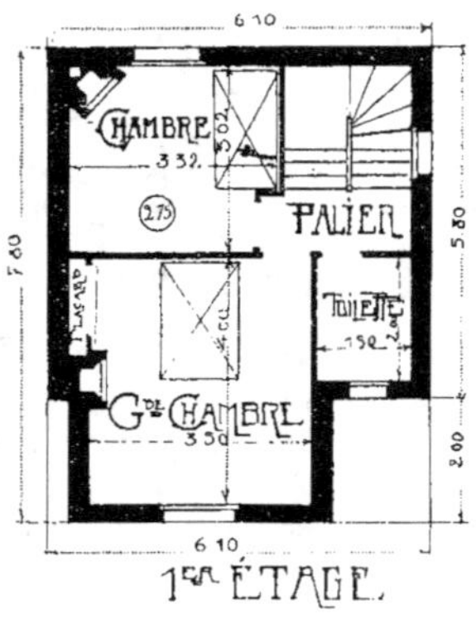

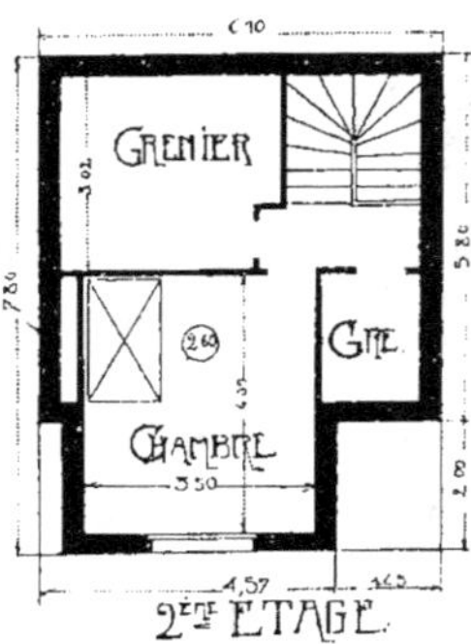

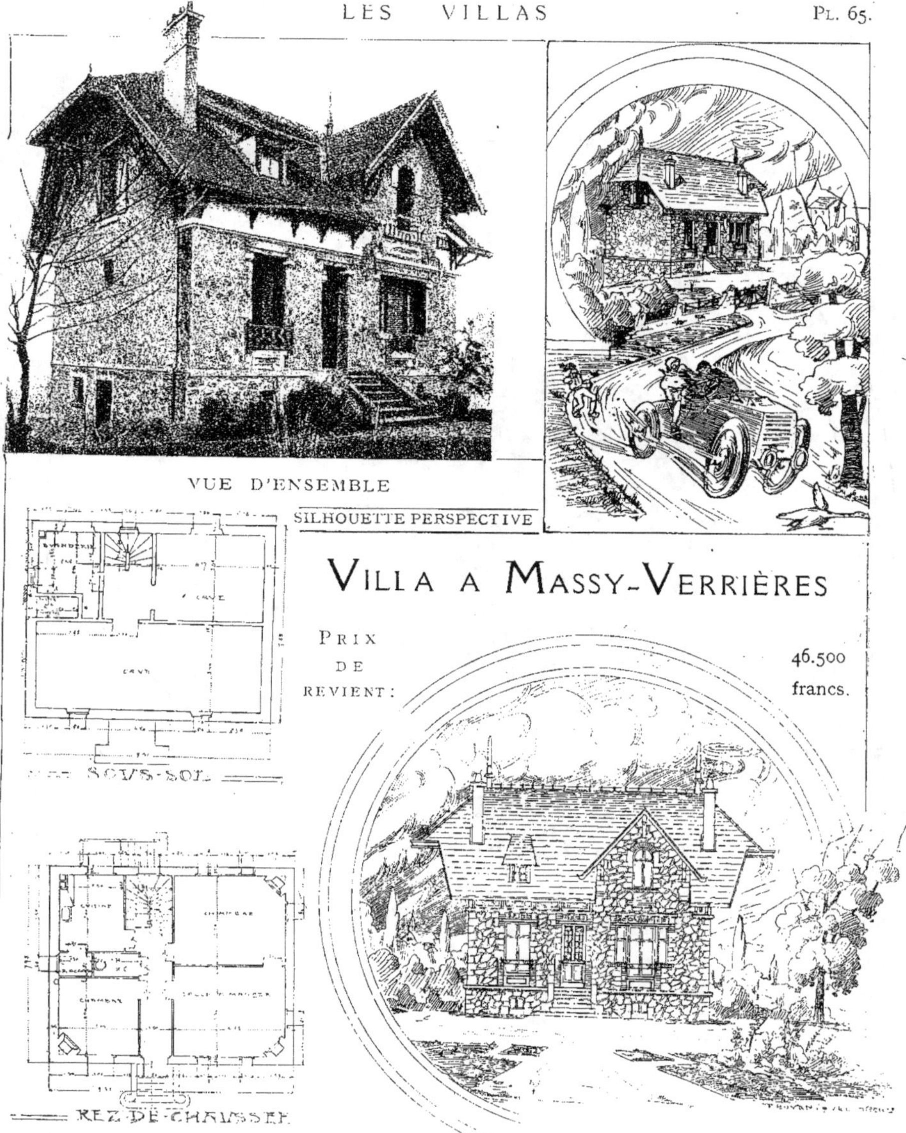

VILLA A MASSY-VERRIÈRES

PRIX
DE
REVIENT :

46.500
francs.

VILLA SITUÉE SUR LA MONTAGNE, EN SAVOIE. — *Prix de revient :* 45.000 francs.

VILLA EN MEULIÈRE

à

SARTROUVILLE

(SEINE-ET-OISE)

PRIX DE REVIENT :

66.800 francs.

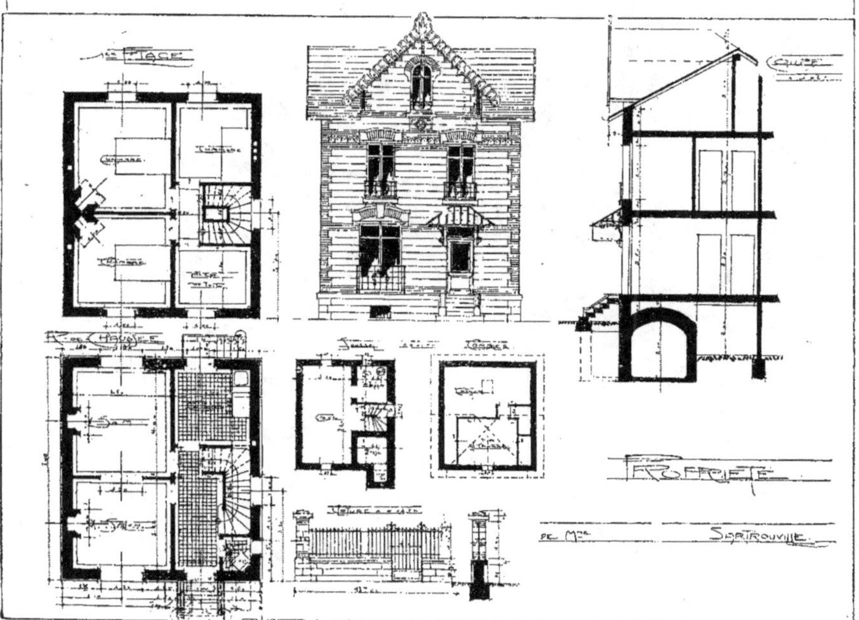

COTTAGE, A SAINT-AMAND (Cher). — *Prix de revient :* 37 000 francs.

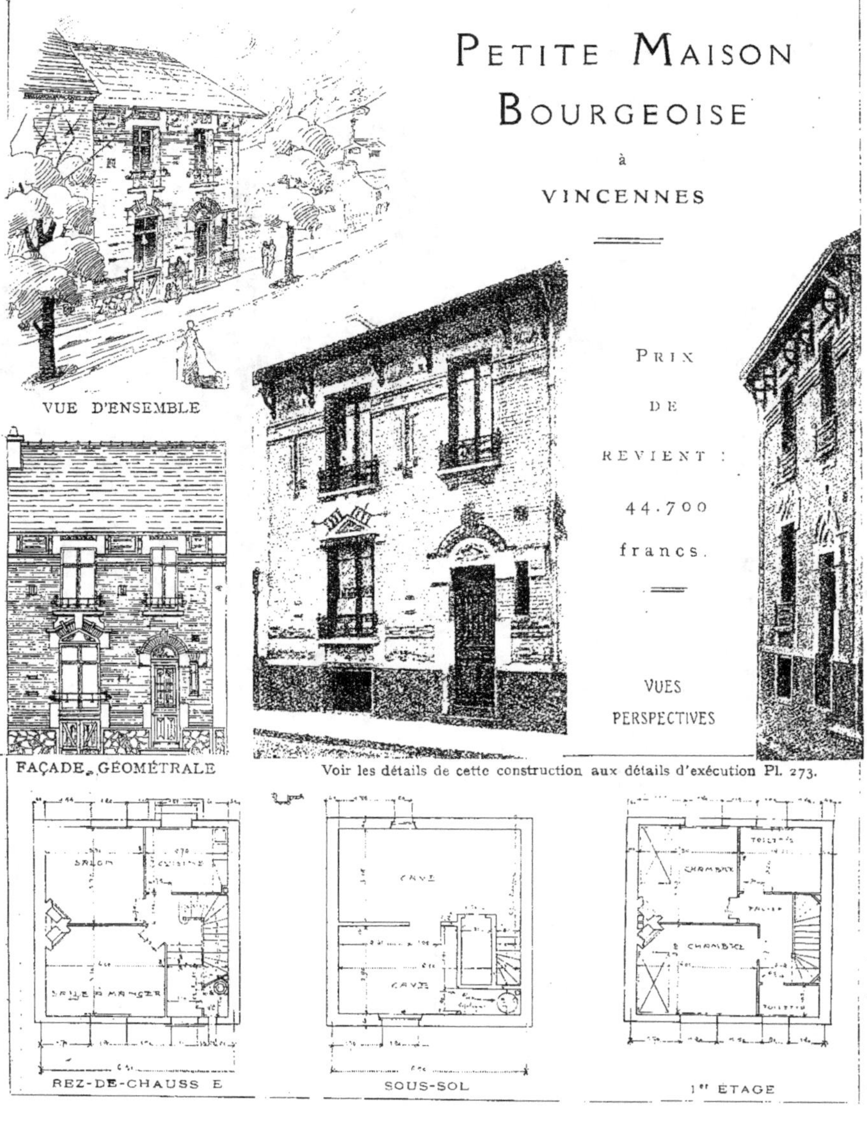

Voir les détails de cette construction aux détails d'exécution Pl. 273.

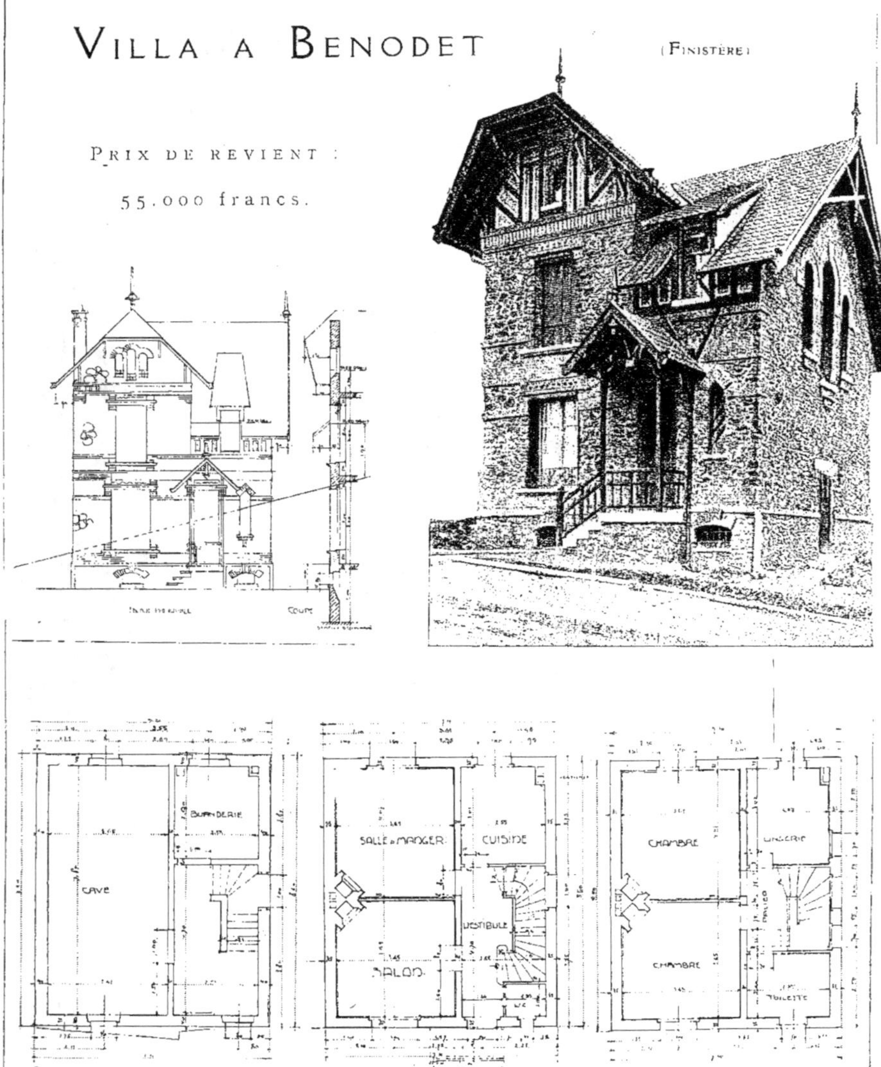

VILLA A BENODET
(FINISTÈRE)
PRIX DE REVIENT :
55.000 francs.
BUANDERIE
CAVE
SALLE A MANGER
CUISINE
VESTIBULE
SALON
CHAMBRE
LINGERIE
CHAMBRE
TOILETTE
SOUS-SOL
REZ DE CHAUSSÉE
PREMIER ÉTAGE

VILLA RUSTIQUE

à

FONTENAY-SOUS-BOIS

PRIX DE REVIENT : 44.800 francs.

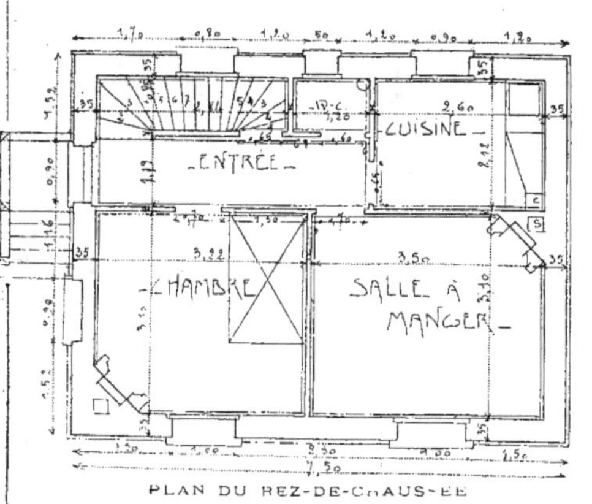

PLAN DU REZ-DE-CHAUSSÉE

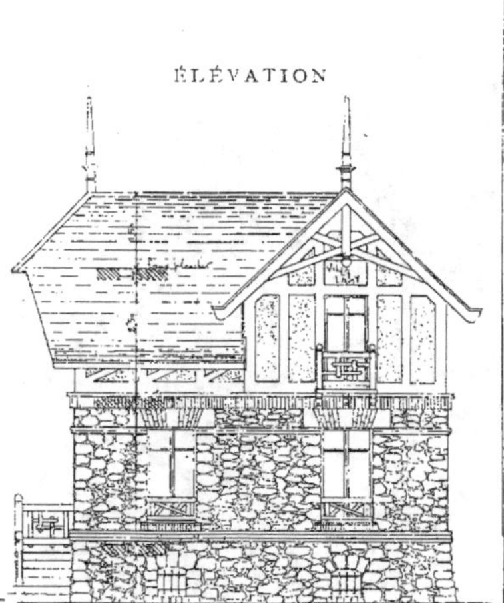

ÉLÉVATION

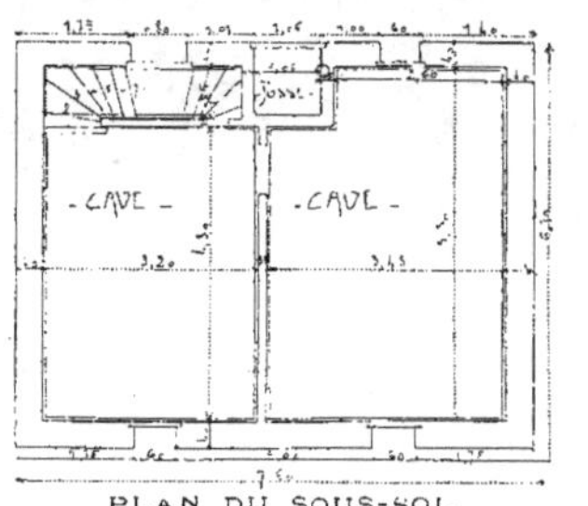

PLAN DU SOUS-SOL

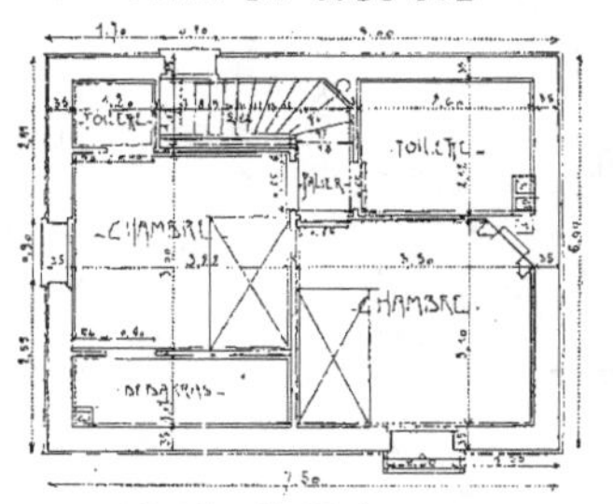

PLAN DU 1er ÉTAGE

VILLA D'UN FONCTIONNAIRE

aux

BUTTES-CHAUMONT

PARIS

PRIX DE REVIENT : 55.000 francs.

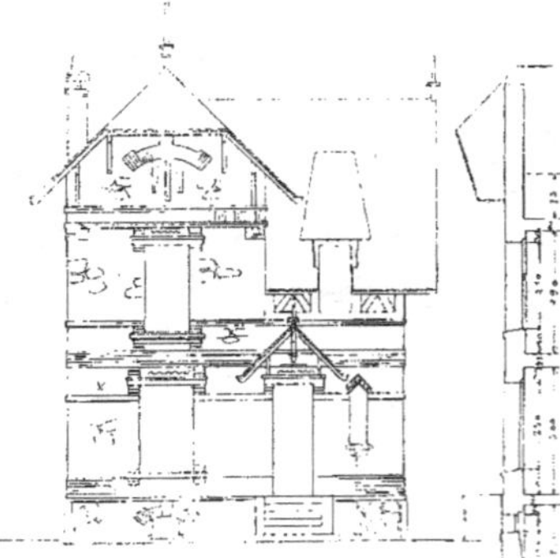

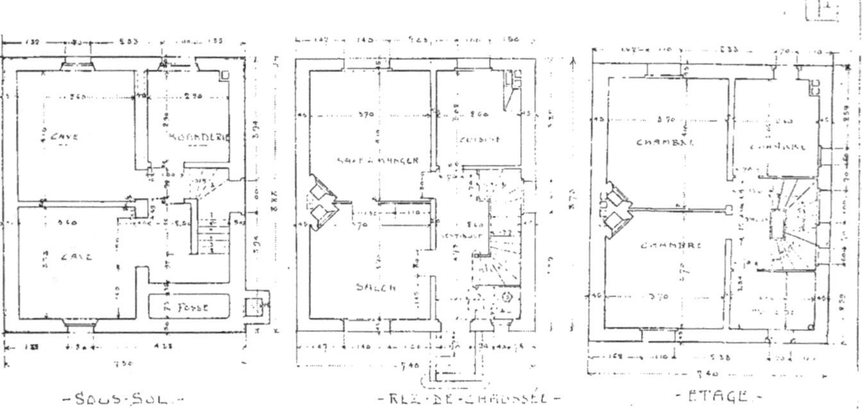

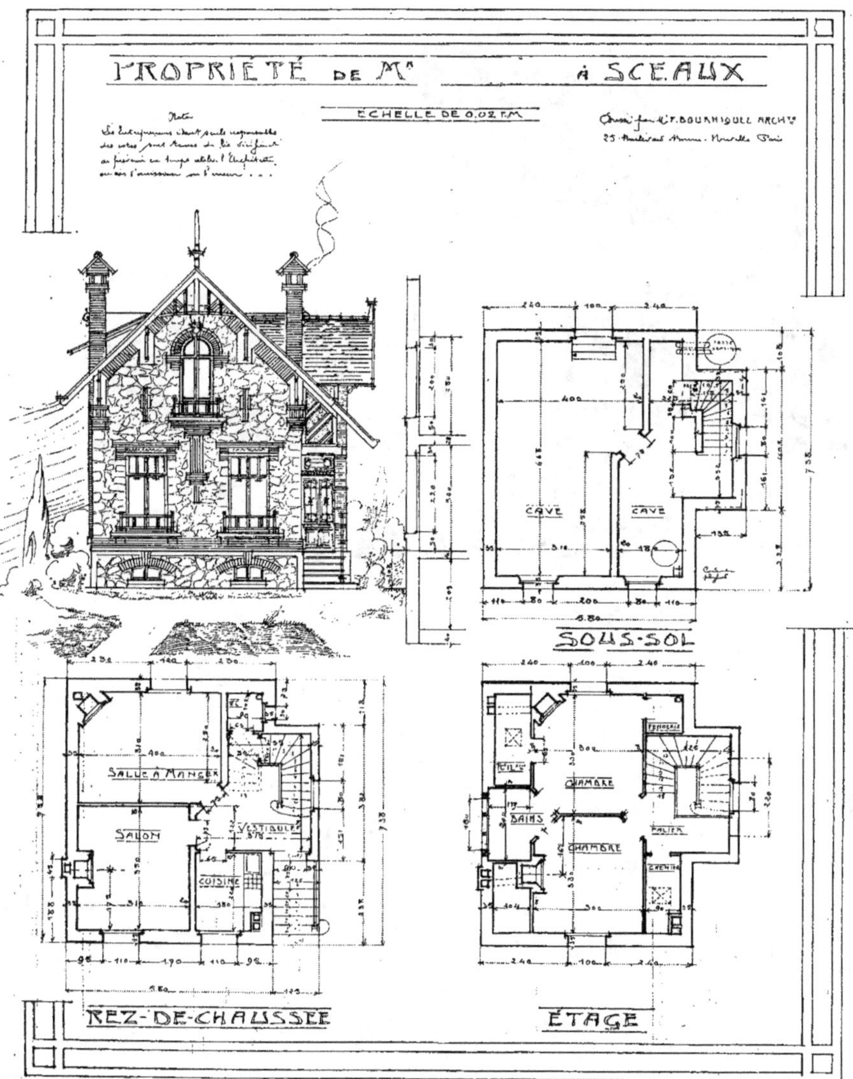

VILLA DE FONCTIONNAIRE, A SCEAUX. — *Prix de revient* : 38.500 francs.

10

Villa
Confortable

EN MEULIÈRE

pour

FAMILLE NOMBREUSE

à

SAINT-PRIX

PRIX DE REVIENT :

55.000 francs.

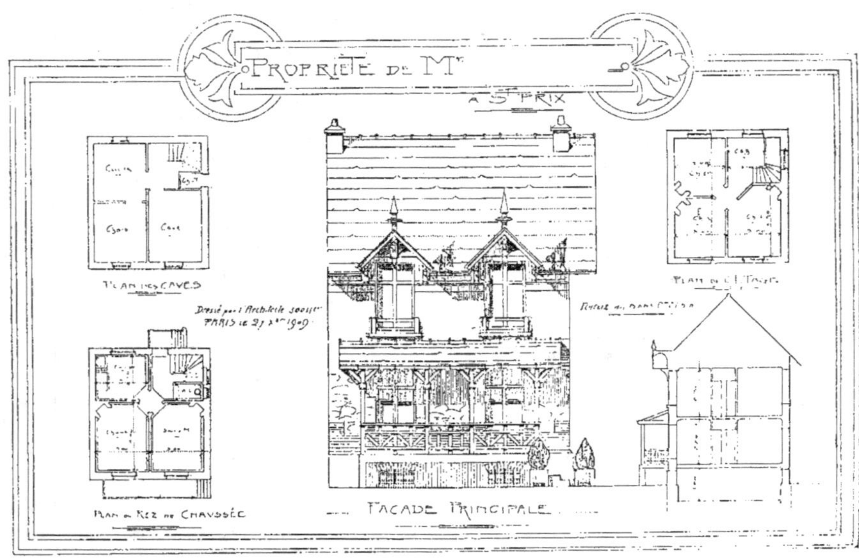

VILLA A SARTROUVILLE

PRIX DE REVIENT :

65.000 francs.

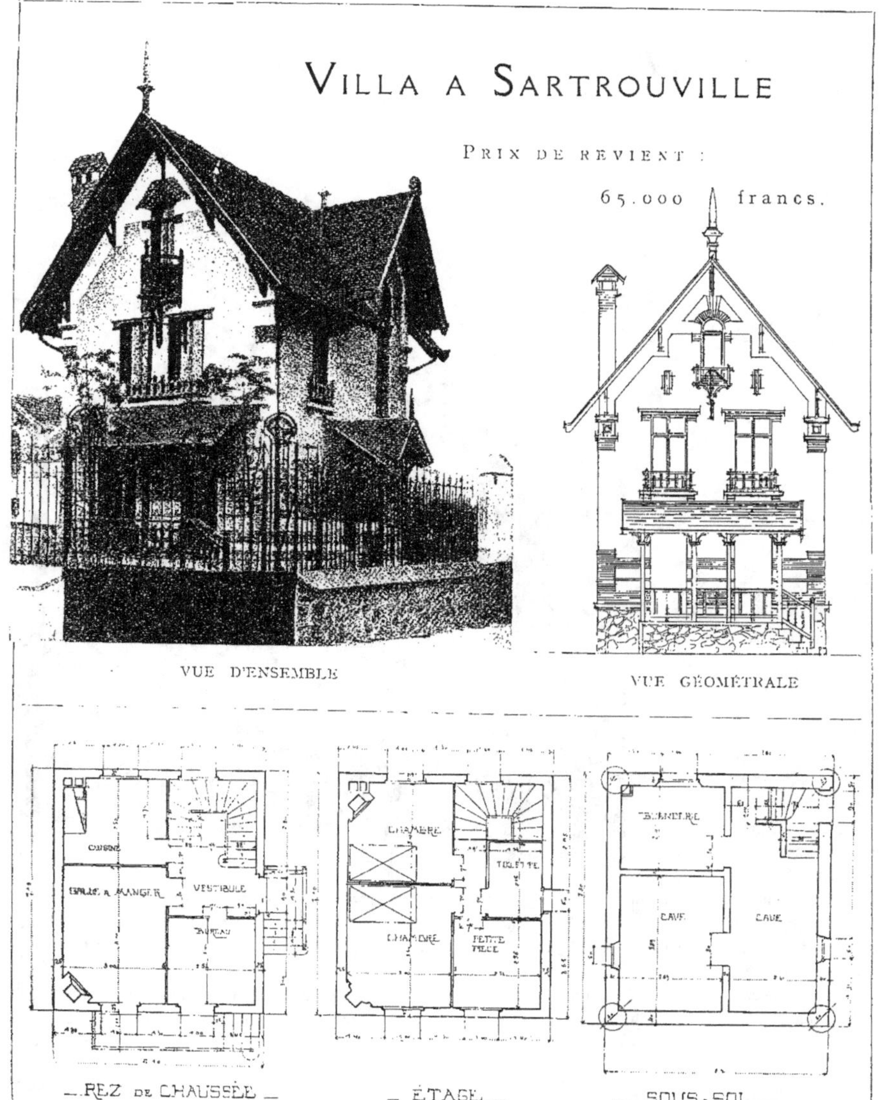

VUE D'ENSEMBLE

VUE GÉOMÉTRALE

_ REZ DE CHAUSSÉE _   _ ÉTAGE _   _ SOUS-SOL _

GRACIEUSE VILLA

A LA

CELLE-

SAINT-

CLOUD

(Seine-et-Oise)

❁

Ce plan simple forme un rectangle large de 6^m,60 et long de 7^m,78. Il comporte, au rez-de-chaussée, un petit salon, une salle à manger, une cuisine et un cabinet (w.-cl.) : toutes pièces se dégageant sur un vestibule qui en fournit l'accès et contient, en outre, la première volée d'un escalier commode desservant l'étage. Bien que de dimensions strictement minimes, ces pièces sont très praticables : salon carré prenant jour en façade principale, sur un jardinet d'entrée; salle à manger oblongue prenant jour en façade postérieure, et dont la porte s'ouvre, sur le vestibule, près de la porte de cuisine. Cette dernière, presque carrée, prend jour en façade postérieure.

Les cheminées chauffant salle à manger et salon — pour laisser place aux meubles contre les murs ou cloisons séparatives — sont rapprochées l'une de l'autre, en pan coupé, à l'angle de chacune de ces deux pièces. La cuisine a son fourneau potager et son évier réunis sous une hotte. Le cabinet d'aisances prend jour, directement, en façade antérieure.

Au sous-sol sont une grande cave, longue de 7^m,08 et large de 3^m,20, ouverte, en façade postérieure, par une porte qui en permet l'accès extérieur, par le jardin. On y peut installer, de ce côté, une buanderie, un atelier, un serre-bois, etc. La petite cave est réservée aux liquides. On descend, intérieurement, du rez-de-chaussée au sous-sol, par un escalier à marches en pierre, entre mur extérieur, mur de refend et mur d'échiffre. A mi-étage, et sur un palier de repos, s'ouvre une porte extérieure, percée en façade latérale de droite qui

---

Plans, Coupe, Elevation et Façade Laterale

COTTAGE DE LA CELLE-SAINT-CLOUD

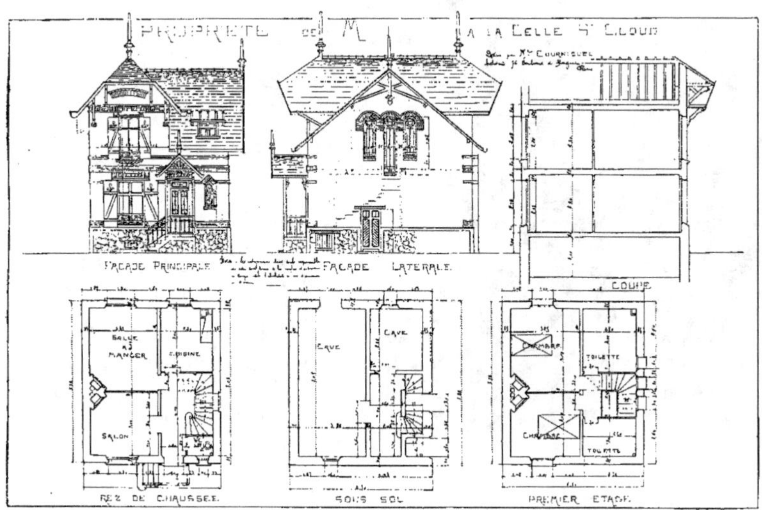

donne accès (du dehors, et pour le service) soit au sous-sol, soit au rez-de-chaussée. Ainsi, se conserve facilement la netteté du perron d'entrée, en façade principale, et celle du vestibule.

Sous le cabinet d'aisances — suivant un usage, sinon confortable, au moins économique (même hygiénique) et assez pratique à la campagne — au lieu de la fosse fixe ou de la fosse à vidange automatique, on a ménagé une niche à tinettes interchangeables. La porte en est garnie d'un volet en bois.

Le caractère de stricte économie que comporte la construction de ces petites villas justifie, du reste, ces dispositions — autrement jugées un peu rudimentaires.

A l'étage sont deux chambres à coucher, dont les dimensions et les dispositions sont identiques à celles de la salle et du salon situés au-dessous. Une toilette à penderie surmonte la cuisine et un petit cabinet de toilette surmonte l'entrée au rez-de-chaussée. Ce dernier prend jour, par une lucarne, en la toiture.

Cette construction a été traitée à forfait, « clefs en main », pour la somme totale de *cinquante mille francs*.

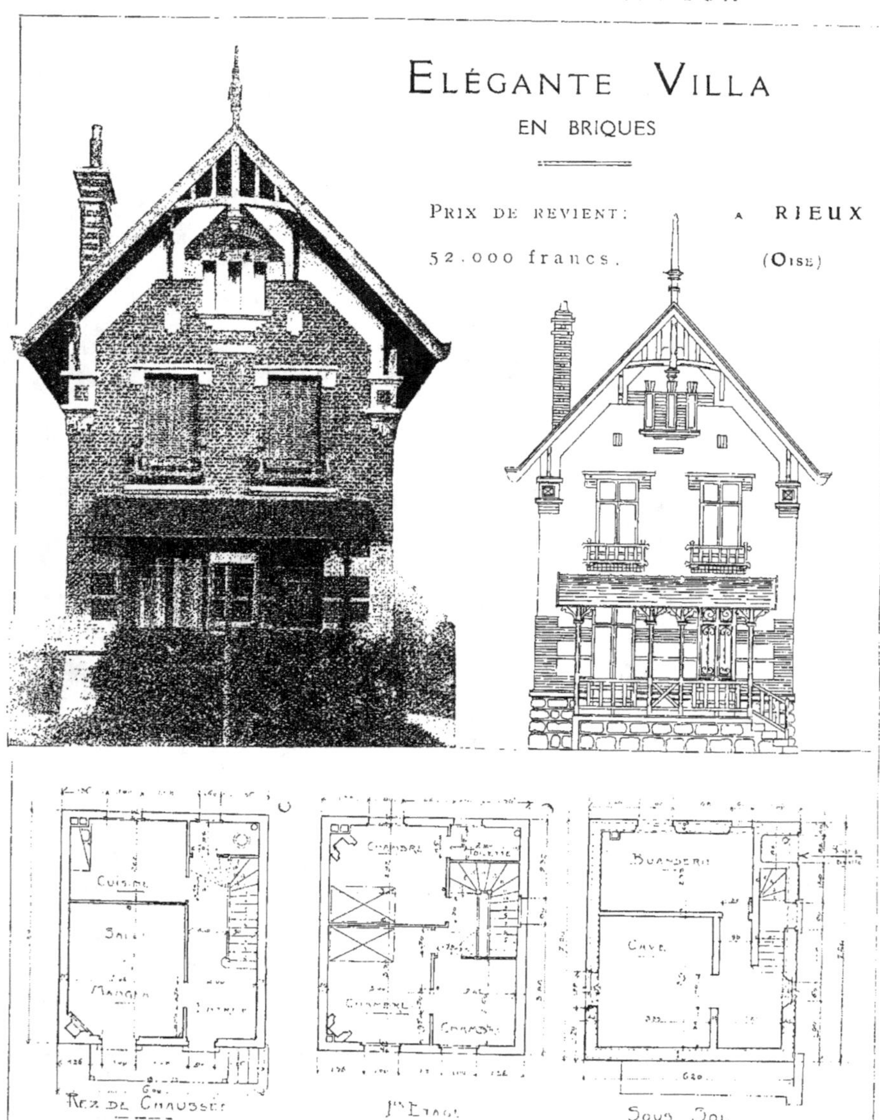
ELÉGANTE VILLA
EN BRIQUES
PRIX DE REVIENT:
52.000 francs.
A RIEUX
(OISE)
CUISINE
SALLE
A
MANGER
REZ DE CHAUSSÉE
CHAMBRE
TOILETTE
CHAMBRE
CHAMBRE
1er ÉTAGE
BUANDERIE
CAVE
SOUS SOL

VILLA A FONTENAY-AUX-ROSES

PRIX DE REVIENT :

58.500

francs.

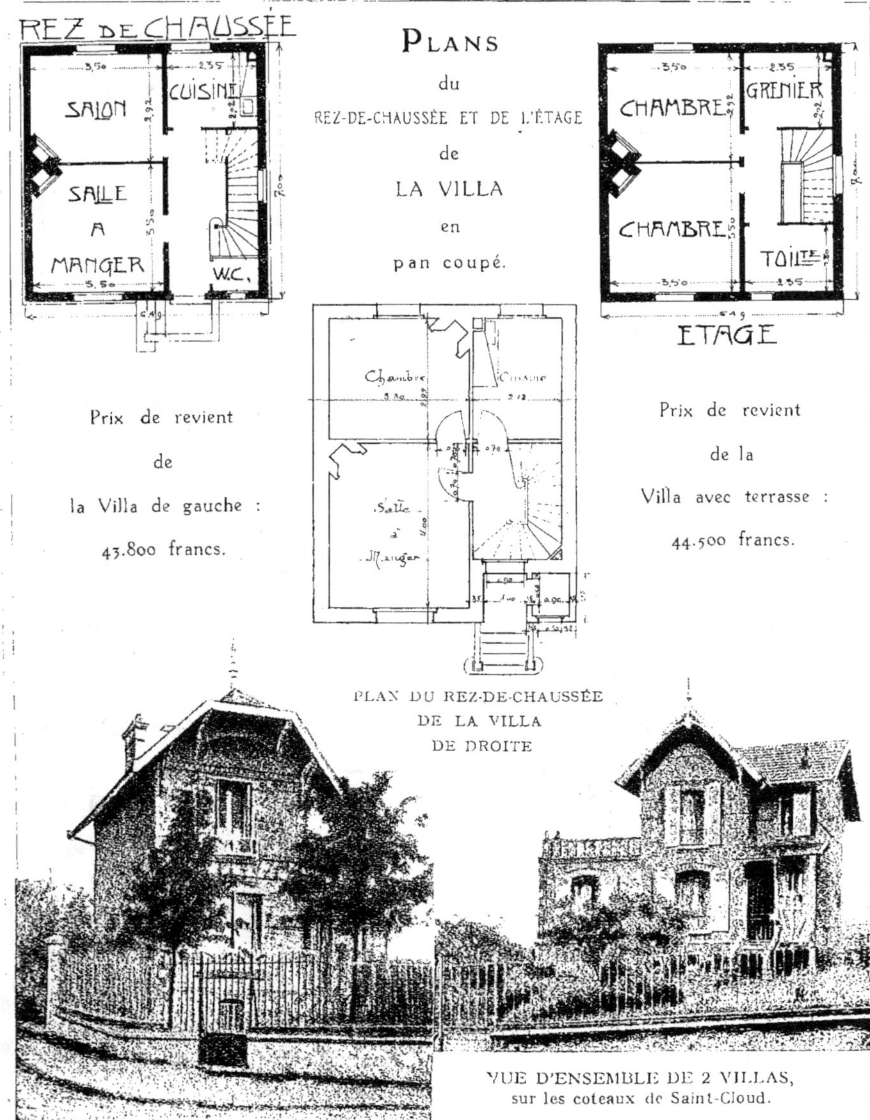
REZ DE CHAUSSÉE

SALON
CUISINE
SALLE
A
MANGER
W.C.

PLANS
du
REZ-DE-CHAUSSÉE ET DE L'ÉTAGE
de
LA VILLA
en
pan coupé.

CHAMBRE
GRENIER
CHAMBRE
TOILTE

ETAGE

Chambre
Cuisine
Salle
à
Manger

Prix de revient
de
la Villa de gauche :
43.800 francs.

Prix de revient
de la
Villa avec terrasse :
44.500 francs.

PLAN DU REZ-DE-CHAUSSÉE
DE LA VILLA
DE DROITE

VUE D'ENSEMBLE DE 2 VILLAS,
sur les coteaux de Saint-Cloud.

VILLA, A HOUILLES. — *Prix de revient :* 32.000 francs.

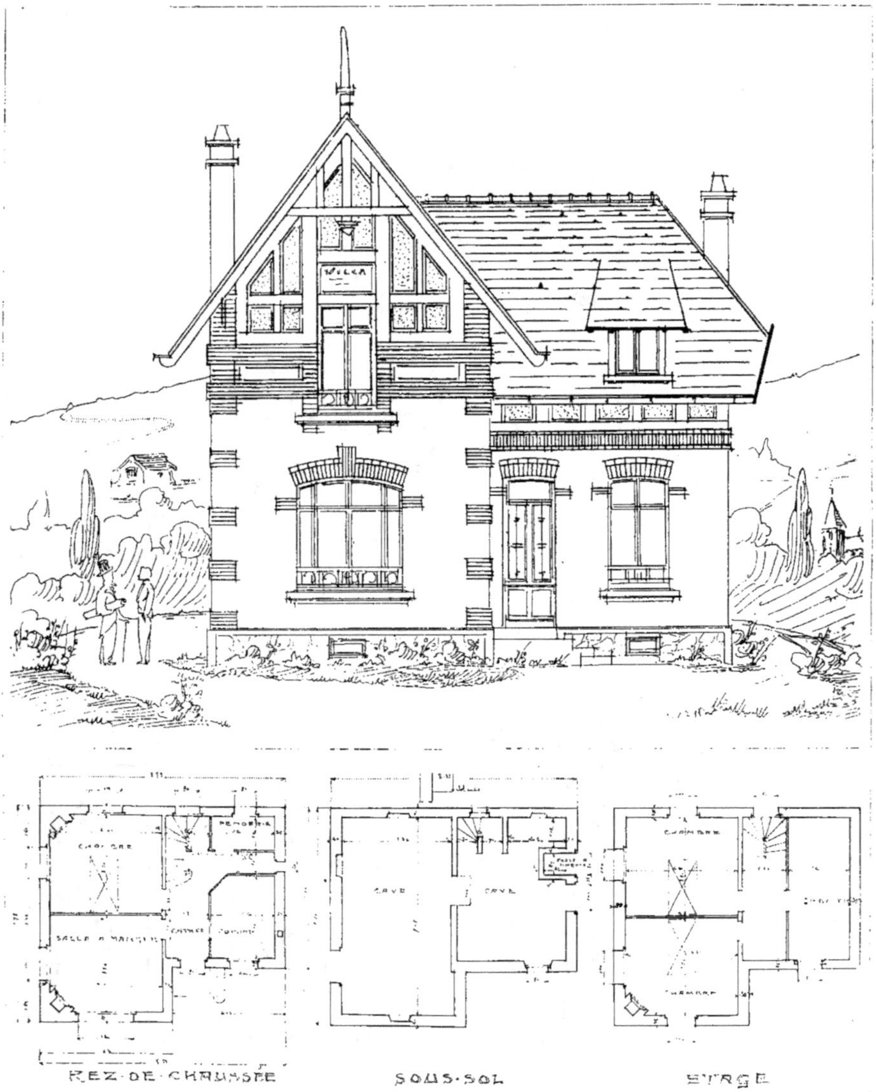

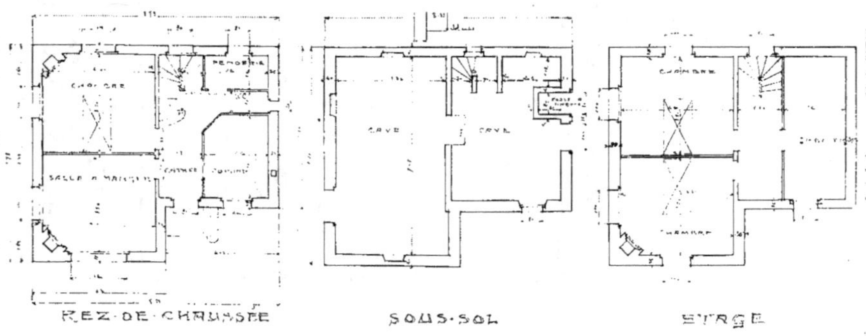

REZ-DE-CHAUSSÉE   SOUS-SOL   ÉTAGE

VILLA A BRÉVAL. — *Prix de revient :* 31 400 francs.

VILLA AU GROS-NOYER

PRIX DE REVIENT:

37.900 francs.

FAÇADE PRINCIPALE

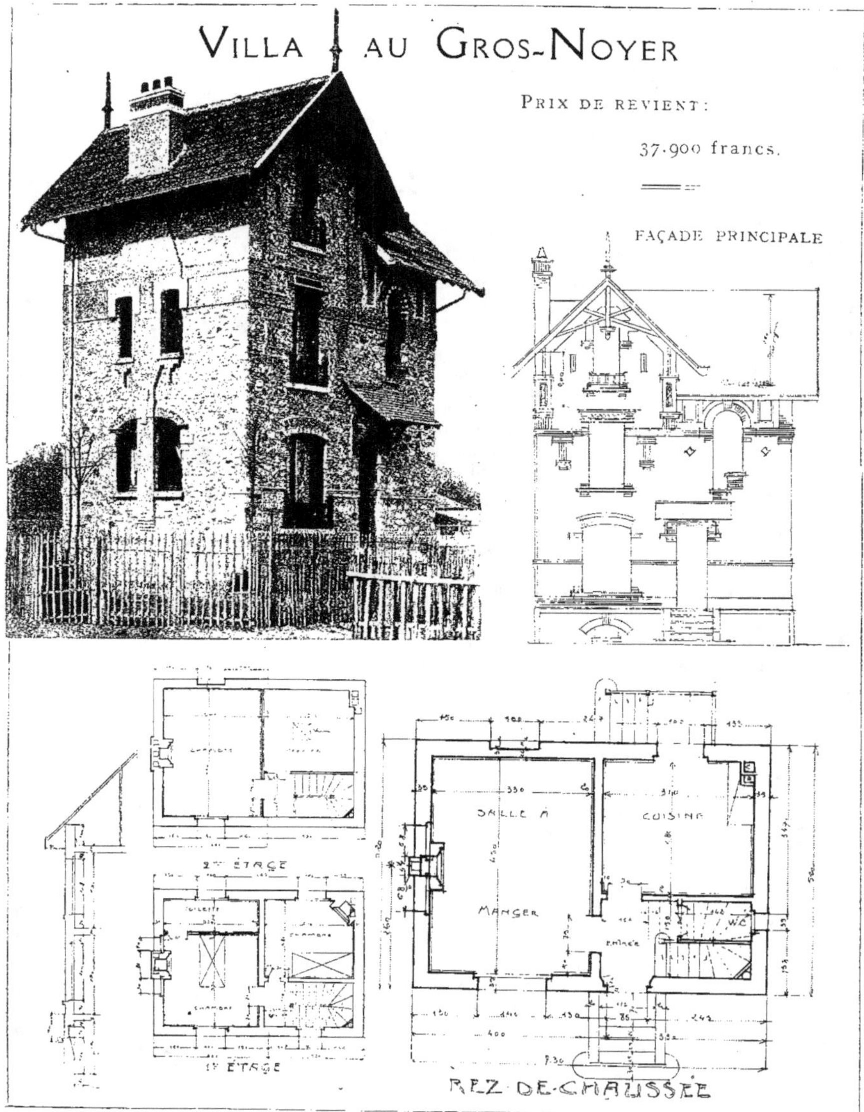

Villa de 30.000 francs.

COMPRENANT :

Sous-sol.	1. Grande buanderie. 2. Cave à tonneaux. 3. Fosse système diviseur. 4. Descente à la cave.
Rez-de-chaussée.	5. Vestibule d'entrée. 6. Escalier. 7. W.-C. 8. Une grande salle à manger. 9. Une cuisine.
Étage.	10. Une grande chambre sur rue. 11. Un cabinet de toilette. 12. Une grande chambre sur jardin. 13. Arrivée de l'escalier. 14. Grenier sur toute la maison.

L'IDÉAL se cherche et ne se trouve pas ! Qui a dit cela, puisque nous venons de le voir ? La maison modeste, pour un ménage d'ouvrier, pour une petite bourse qui a droit à sa part de bien-être existe. Tout près d'un bocage verdoyant, près d'une petite rivière où l'eau chemine, cherchant son passage entre les cailloux nacrés qu'elle baigne, nous l'avons vue.

Parée de chèvrefeuille, à côté d'une humble tonnelle, elle se dresse fiérotte, sûre d'avance que sa grâce séduira l'œil qui la regarde. Une voix enfantine appelle grand-papa et un bon vieillard qui nous tend sa main calleuse nous fait les honneurs de son toit.

« C'est que, voyez-vous, j'ai bien peiné pour l'avoir, ma villa et cette main, que vous voyez, a frappé dur sur l'enclume ! nous annonce notre cicerone ; mais je suis récompensé, je finis mes jours heureux ici. » Et d'un œil attendri, il attend notre approbation. Nous visitons ses caves, nous admirons surtout la buanderie, spacieuse et confortable. « Là, nous dit notre guide, c'est un peu le domaine de la maman, elle fait toute sa lessive et y lave même le linge de nos enfants ; ce petit coin, là-bas, c'est le mien.

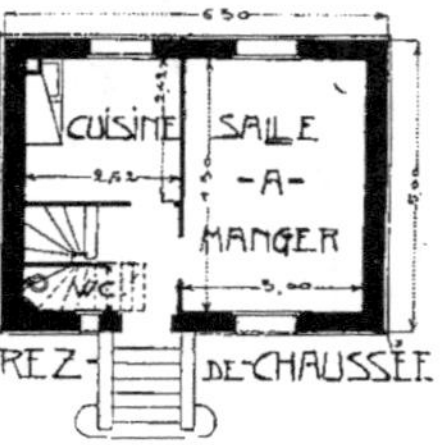

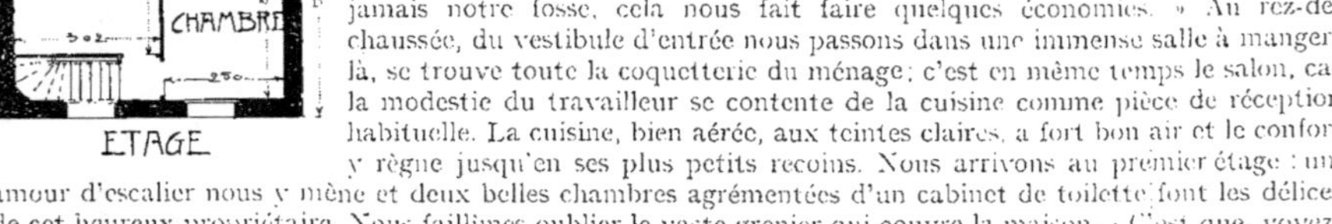

Voyez, j'ai quelques outils, je bricole, quoi ! » La fosse septique système diviseur, fait les délices de ce brave homme. « Pensez donc, nous ne vidangeons jamais notre fosse, cela nous fait faire quelques économies. » Au rez-de-chaussée, du vestibule d'entrée nous passons dans une immense salle à manger ; là, se trouve toute la coquetterie du ménage ; c'est en même temps le salon, car la modestie du travailleur se contente de la cuisine comme pièce de réception habituelle. La cuisine, bien aérée, aux teintes claires, a fort bon air et le confort y règne jusqu'en ses plus petits recoins. Nous arrivons au premier étage : un amour d'escalier nous y mène et deux belles chambres agrémentées d'un cabinet de toilette font les délices de cet heureux propriétaire. Nous faillîmes oublier le vaste grenier qui couvre la maison. « C'est que, voyez-vous, nous dit notre interlocuteur, il m'est vraiment utile, mon grenier ; comme vous le voyez, je l'ai divisé en plusieurs cases, cela me fait des petites chambres. D'un côté, je mets mes fruits ; là, c'est mon débarras, là encore je mets mes légumes sécher pour l'hiver. »

Nous croyons réellement que cet homme a trouvé son idéal.

La terre des fouilles a été régalée dans le jardin. Les rigoles remplies en béton de cailloux. Les murs de fondations et ceux des façades sont en meulière du pays hourdée en mortier de chaux hydraulique.

La décoration en brique décorative de choix.

Les appuis, seuils et perrons, sont en agglomérés de ciment.

Cuisine carrelée en carreaux rouges et blancs, le vestibule en carreaux de ciment formant dessins au choix du propriétaire.

Les plafonds, enduits au plâtre sur lattis chêne. Portes intérieures en sapin à petits cadres.

VILLA D'EMPLOYÉS

A VERRIÈRES-LE-BUISSON

PRIX DE REVIENT:

35.000 francs.

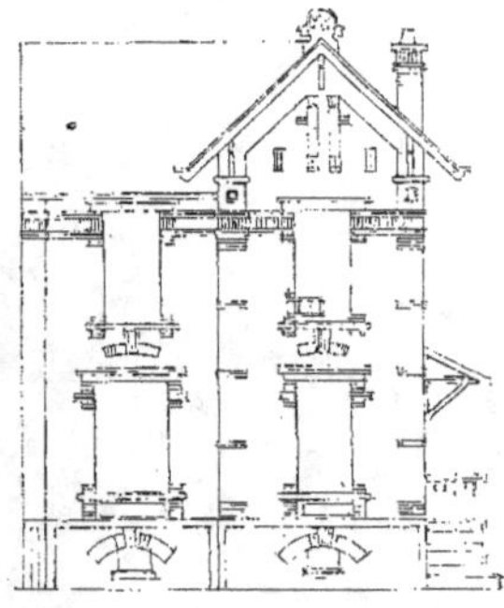

DÉTAIL DE LA FAÇADE

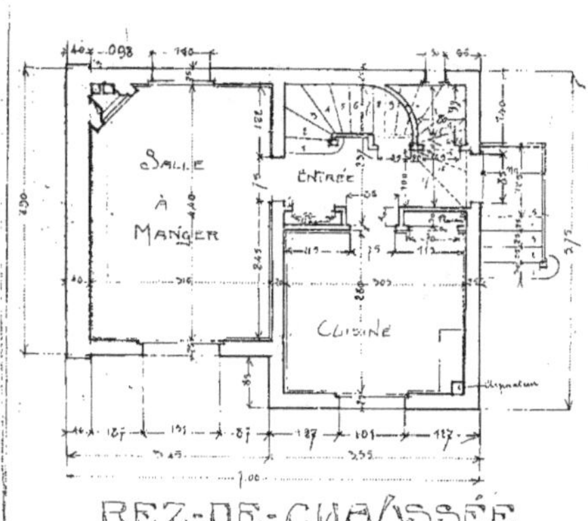

REZ-DE-CHAUSSÉE

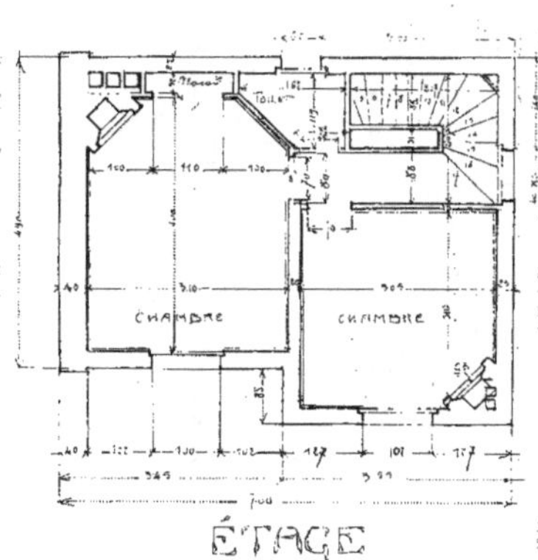

ÉTAGE

VILLA A PAVILLON-SOUS-BOIS

PRIX DE REVIENT :

42.000 francs.

FAÇADE PRINCIPALE

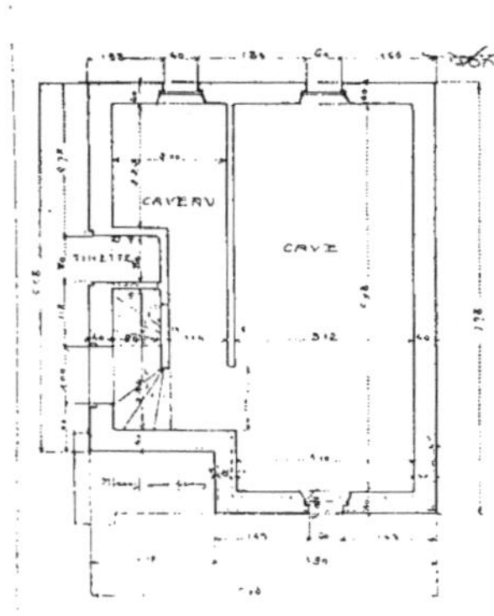

SOUS-SOL.

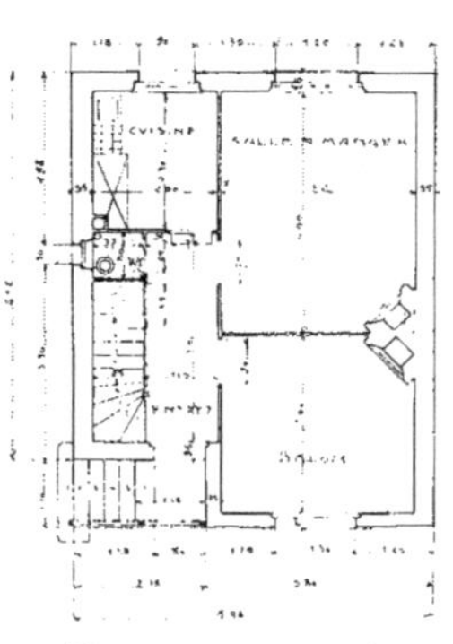

REZ-DE-CHAUSSÉE.

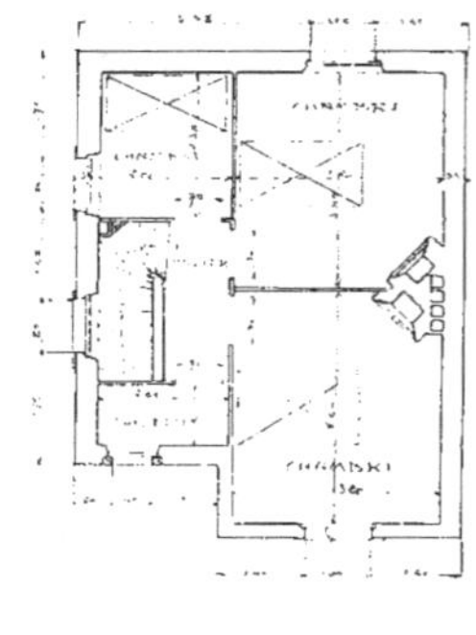

ÉTAGE.

VILLA RUSTIQUE EN MEULIÈRE

PRIX DE REVIENT : 33.500 francs.

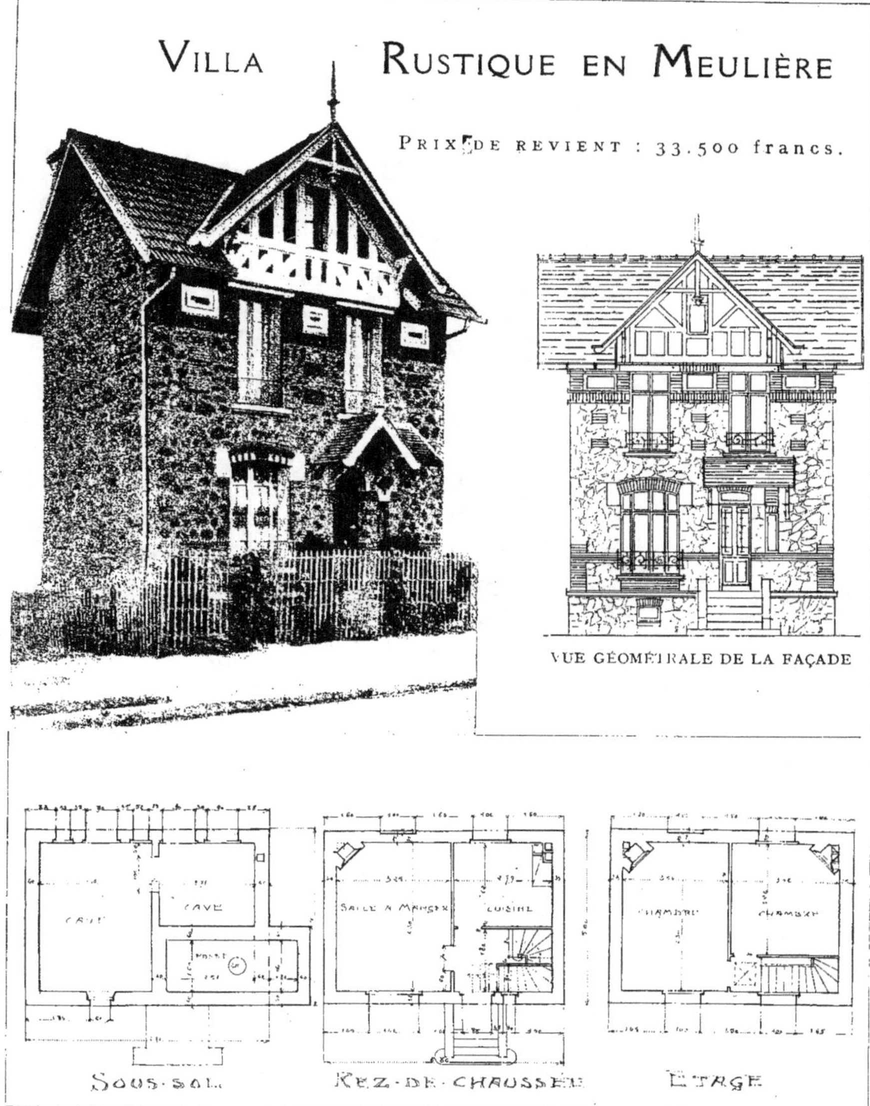

VUE GÉOMÉTRALE DE LA FAÇADE

SOUS-SOL.

REZ-DE-CHAUSSÉE

ÉTAGE

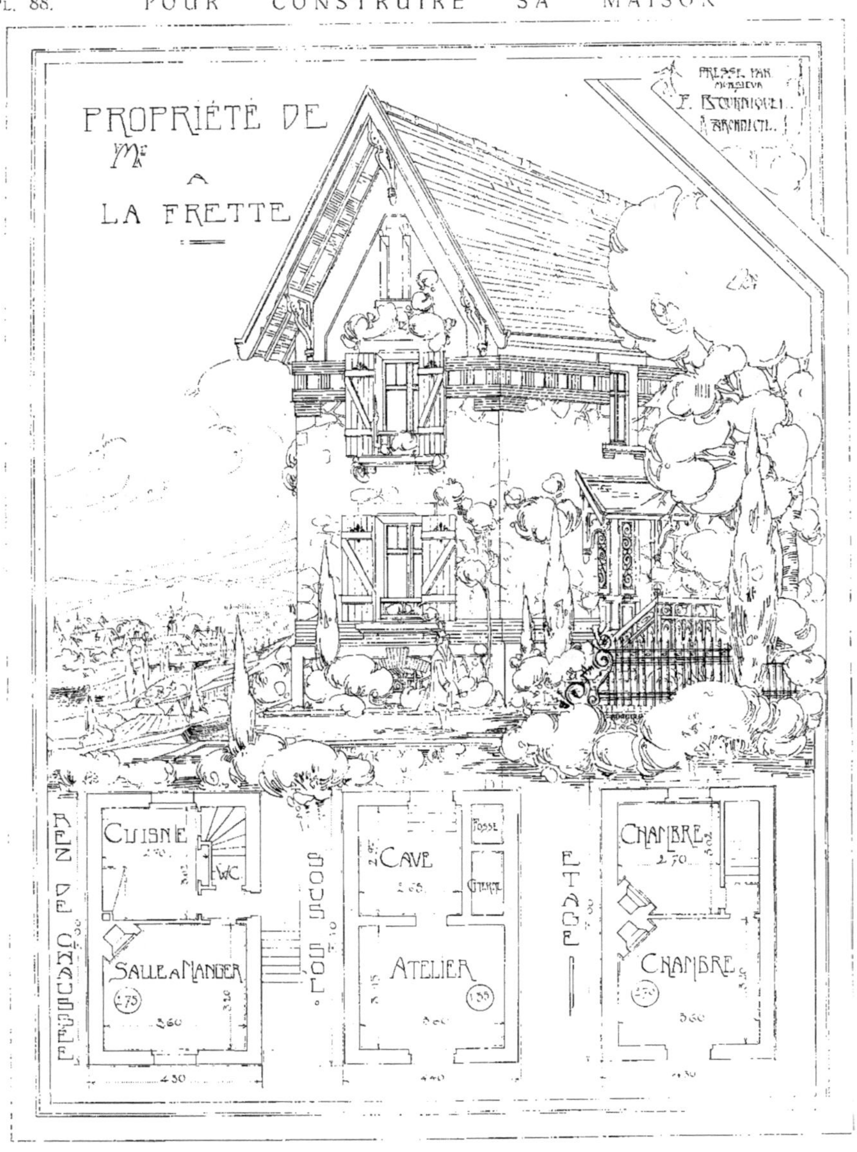

VILLA A LA FRETTE. — *Prix de revient : 30.000 francs.*

VILLA A GARCHES. — *Prix de revient :* 33.000 francs.

VILLA A SAINT-GRATIEN (SEINE-ET-OISE)

PRIX DE REVIENT : 30.500 francs.

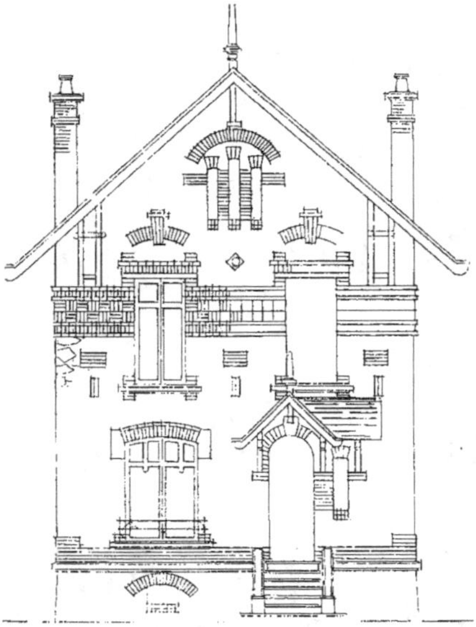

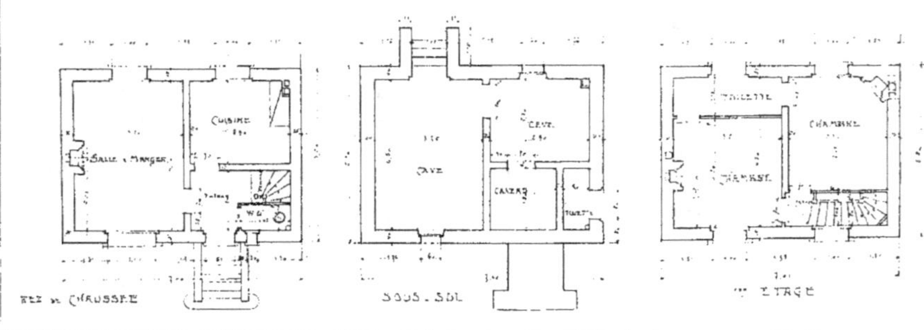

FAÇADE PRINCIPALE

VARIANTE SUR LE PLAN CI-CONTRE, EXÉCUTÉE A GRASSE

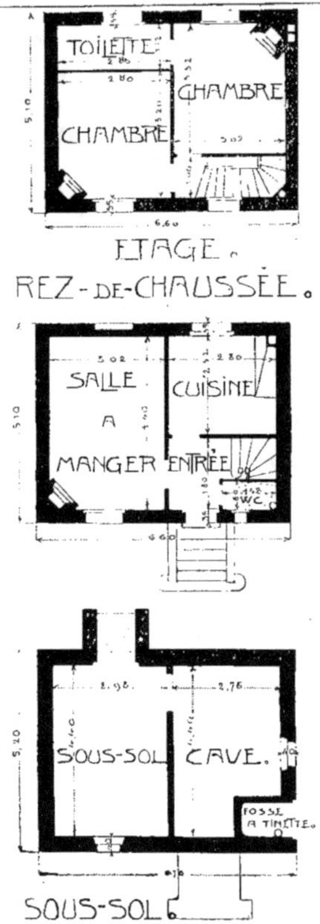

Pl. 92.

VILLA, A RIVA-BELLA. — *Prix de revient* : 30.800 francs.

LE VAL D'OR
ENGHIEN
MEUDON
SAINT CLOUD
LA VARENNE

Les
Villas

MAISONS EN SÉRIE

VUES DE PAYSAGES

ÉPINAY
EAUBONNE
LES MAISONS en SÉRIE
JOINVILLE Le PONT
LES MAISONS en SÉRIE
RENDEZ-VOUS de CHASSE
A NOINTEL S/OISE
DEUIL MONTMAGNY
NOINTEL
CHAMPIGNY

CHALETS, A RIEUX (OISE).

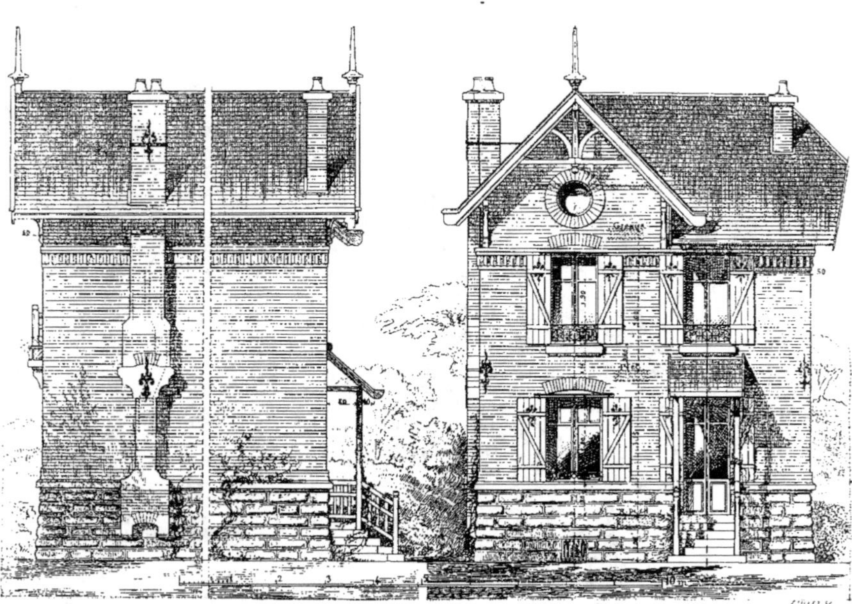

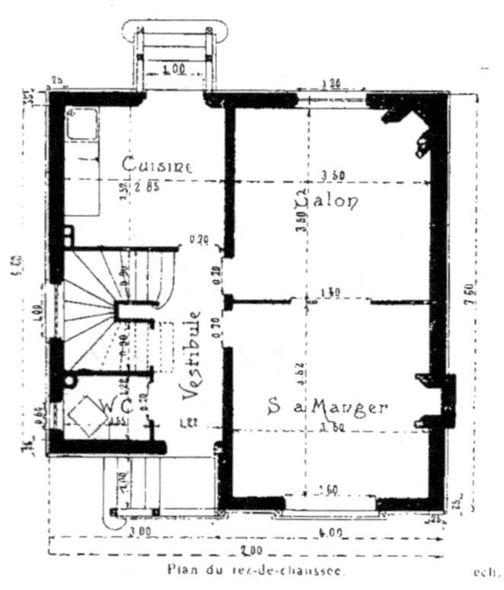

Plan du rez-de-chaussée.

ech. 0,01

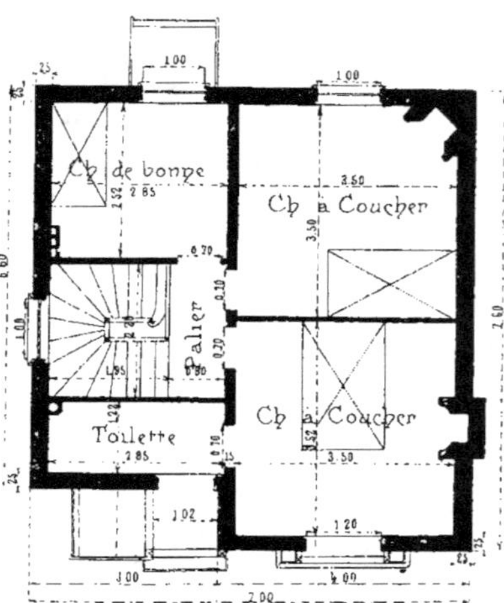

Plan du premier étage.

CHALETS   A RIEUX (Oise)

EXTRAIT   DE   L'ARCHITECTURE   USUELLE.

Deux amis, s'étant partagé un terrain en site agreste, y ont fait bâtir deux maisons de plaisance semblables et symétriques; ils ont clos ce terrain divisé, de palissades en bois sur bahut de meulière smillée, à chaperon de briques sur champ, avec des portes de voitures et des portes normandes pour piétons. Des assises de briques entrecoupent les assises de meulière rustiquée, aux piliers des portes et autres. Il semble qu'on soit bien chez soi, derrière ces simples palissades de sapin rouge corroyé; mieux que derrière les maigreurs presque invisibles des grilles en fer creux, dont les pointes, taillées mécaniquement, sont vaine défense, et portent mal l'agrémentation des plantes grimpantes. La clôture courante (bahut à chaperon de brique et palissade) coûte, le mètre linéaire, 25 francs. La porte à deux vantaux, avec ses deux piles, coûte 175 francs; enfin la porte à un vantail avec son auvent sur poteaux coûte 135 francs. Le tout a été traité à forfait comme l'ont été, d'ailleurs, les travaux de construction des deux pavillons dont nous allons dire un mot. Ils coûtent ensemble *vingt-huit mille francs*, travaux exécutés en 1903. Prix à multiplier par les coéfficients actuels.

Entièrement isolé, chaque pavillon a vue sur trois expositions différentes : le mur de face aveugle de l'un opposé, pour plus d'indépendance, au mur aveugle de l'autre. Deux pièces de réception forment un ensemble agréable. L'escalier, placé au centre par ses paliers, est clair et dégage toutes les pièces de chaque étage. La cuisine est ouverte, par porte vitrée et perron à auvent, sur l'arrière-cour de service. Le perron d'arrivée, en façade principale est surmonté, abrité, d'un balcon et d'un auvent s'étendant sur les marches. Le détail de ce balcon à auvent montre sa solide structure, ses profils appropriés aux pièces de bois ou au corbeau de pierre. Une jardinière s'étale sur la saillie des solivettes portant le plancher du balcon en bois. De plus petites jardinières ont, encore, trouvé place sur les abouts du balcon de pierre (porte-fenêtre de chambre). — Le « balcon fleuri » est en vogue aussi bien aux champs qu'à la ville.

Deux chambres de maître, dont une à cabinet-toilette ouvert sur le balcon-auvent (où se peuvent bros-

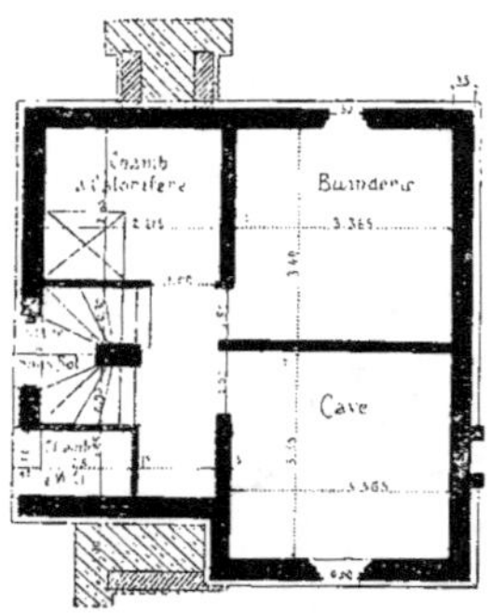

Plan du sous-sol (à Rieux).

ser les vêtements) et une chambre de bonne se partagent le 1ᵉʳ étage. Sous les combles, où l'habitation n'est praticable ni en été ni en hiver, sont séchoir abrité et dépôts, greniers, etc.

Au sous-sol, buanderie facilement accessible par l'entrée extérieure sur palier de descente; chambre de calorifère à air chaud, cave et, enfin, largement ouverte sur le dehors — non sur l'intérieur — petite chambre à tinette mobile.

Nous avons dit le côté pratique et sanitaire de cette disposition, à la campagne où « l'enfouissement » des matières est facile et avantageux comme engrais. L'entrée de service, sur le palier de la descente de cave et les deux autres entrées (vestibule et cuisine) ouvrent, comme il convient, la maison de plaisance sur le jardin qui l'environne. Rien n'est maussade comme une maison trop fermée, à la campagne. Les fenêtres et portes-fenêtres, en façade principale, sont fermées de persiennes en fer. Celles de la façade postérieure sont garnies de volets pleins, sur barres et décharge, ajourés de trèfles par le haut.

Les fondations et murs de cave en moellon dur ou meulière; le soubassement appareillé, au parement extérieur, par assises, à bossages rustiques, jointoyé au ciment; les murs en élévation au pourtour et la distribution intérieure en briques (façon Bourgogne à l'extérieur, ordinaire au dedans); chambre à tinette enduite de ciment.

Élévation latérale du porche.   Façade principale, vers l'avenue de la Gare (à Rieux).   Coupe sur façade.

Voir à la Planche N° 246 les détails des clôtures.

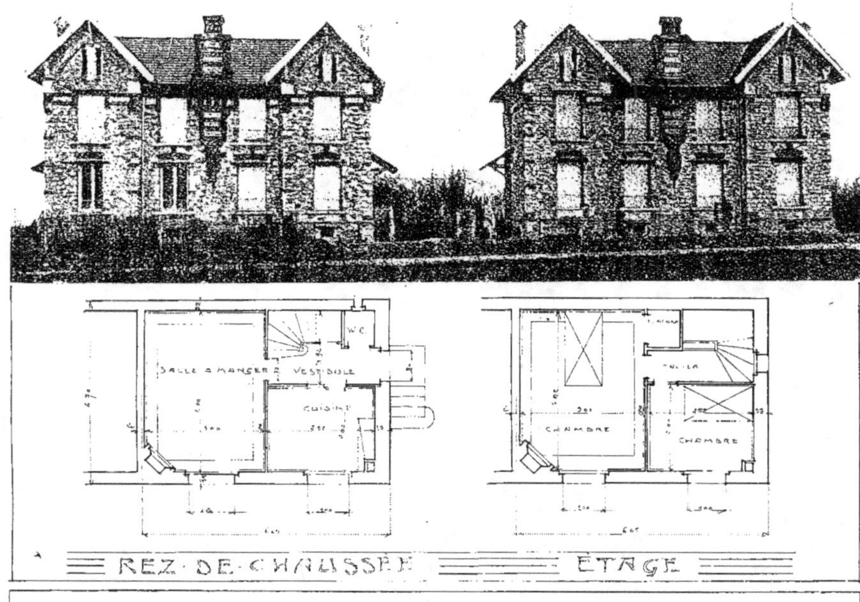

REZ-DE-CHAUSSÉE   ÉTAGE

PLANS, FAÇADES ET VUES D'ENSEMBLE DE DEUX GROUPES DE VILLAS, FORMANT QUATRE VILLAS SÉPARÉES, A VERSAILLES

PL. 102. — UNE RUE, A NANCY, AVEC GRANDES VILLAS DE RAPPORT

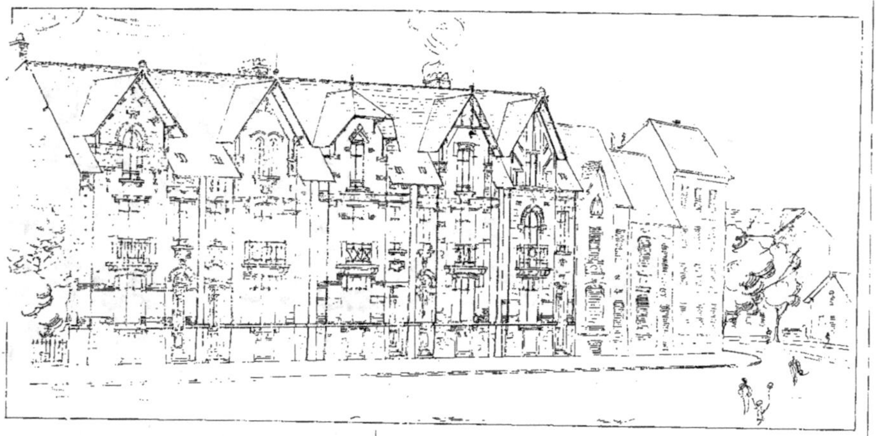

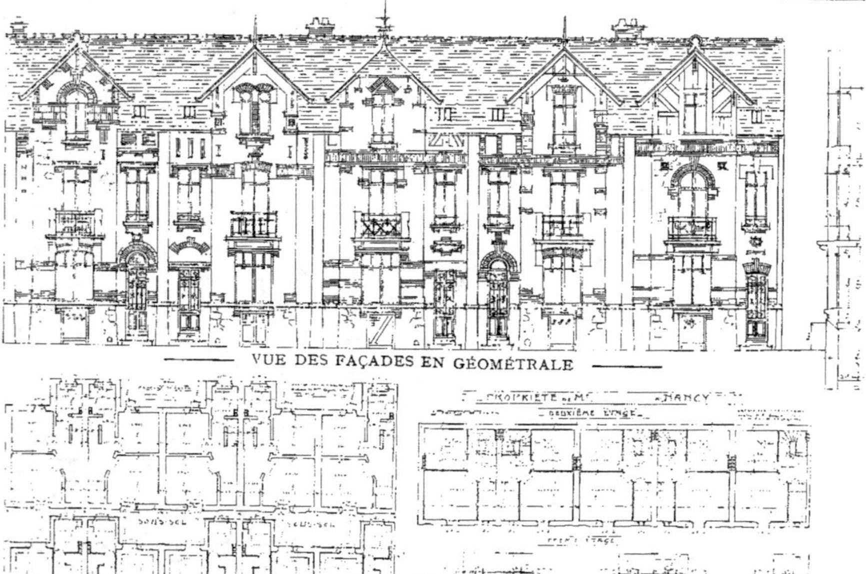

VUE DES FAÇADES EN GÉOMÉTRALE

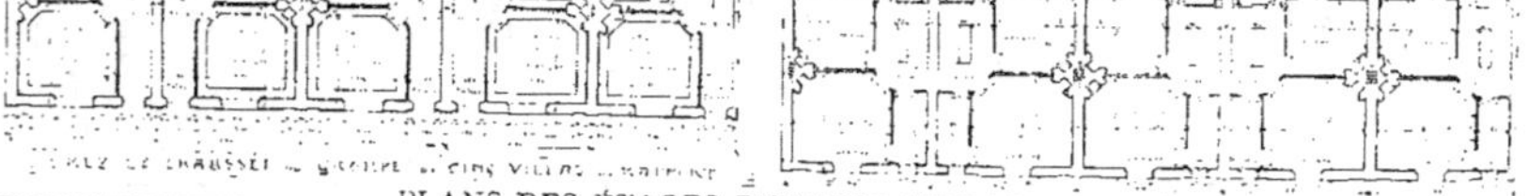

PLANS DES ÉTAGES DES CINQ VILLAS GROUPÉES

PROJET DE VILLAS AU RAINCY

VUE D'ENSEMBLE D'UN LOTISSEMENT, AUX ENVIRONS DE PARIS

VILLAS DOUBLES

à

NOINTEL

(Seine-et-Oise)

PRIX

DE REVIENT :

88.500

francs.

14

DÉTAILS D'EXÉCUTION DES DEUX VILLAS DE NOINTEL   Pl. 106.

(Voir planche
n° 105.)

COUPE TRANSVERSALE   FAÇADE PRINCIPALE   COUPE LONGITUDINALE   FAÇADE LATÉRALE   FAÇADE POSTÉRIEURE

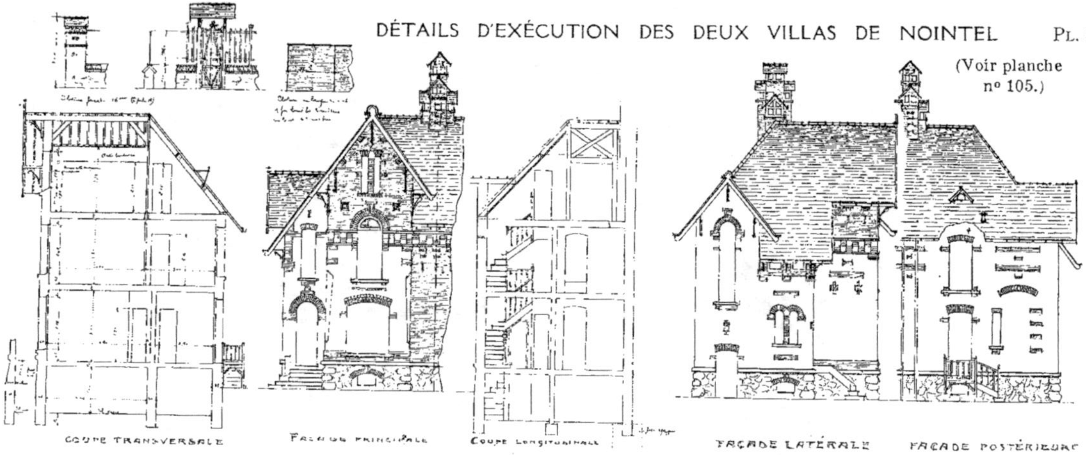

VUE D'ENSEMBLE DE DIX VILLAS EN CONSTRUCTION, A SARTROUVILLE (Seine-et-Oise). Voir les plans pl. 107.

PROPRIÉTÉ de Mᵉ
: A Sartrouville :

DÉTAILS D'UN GROUPE DE VILLAS DE LA VUE D'ENSEMBLE, A SARTROUVILLE

(Voir planche nº 106.)

DÉTAILS D'UN GROUPE DE MAISONS D'EMPLOYÉS, A TOULOUSE

(Voir planche nº 108.)

MAISONS D'EMPLOYÉS ET D'OUVRIERS, DANS LE FAUBOURG DE TOULOUSE

VUE D'ENSEMBLE D'HABITATIONS D'EMPLOYÉS, FAISANT SUITE A LA VILLA DU DIRECTEUR DE L'USINE

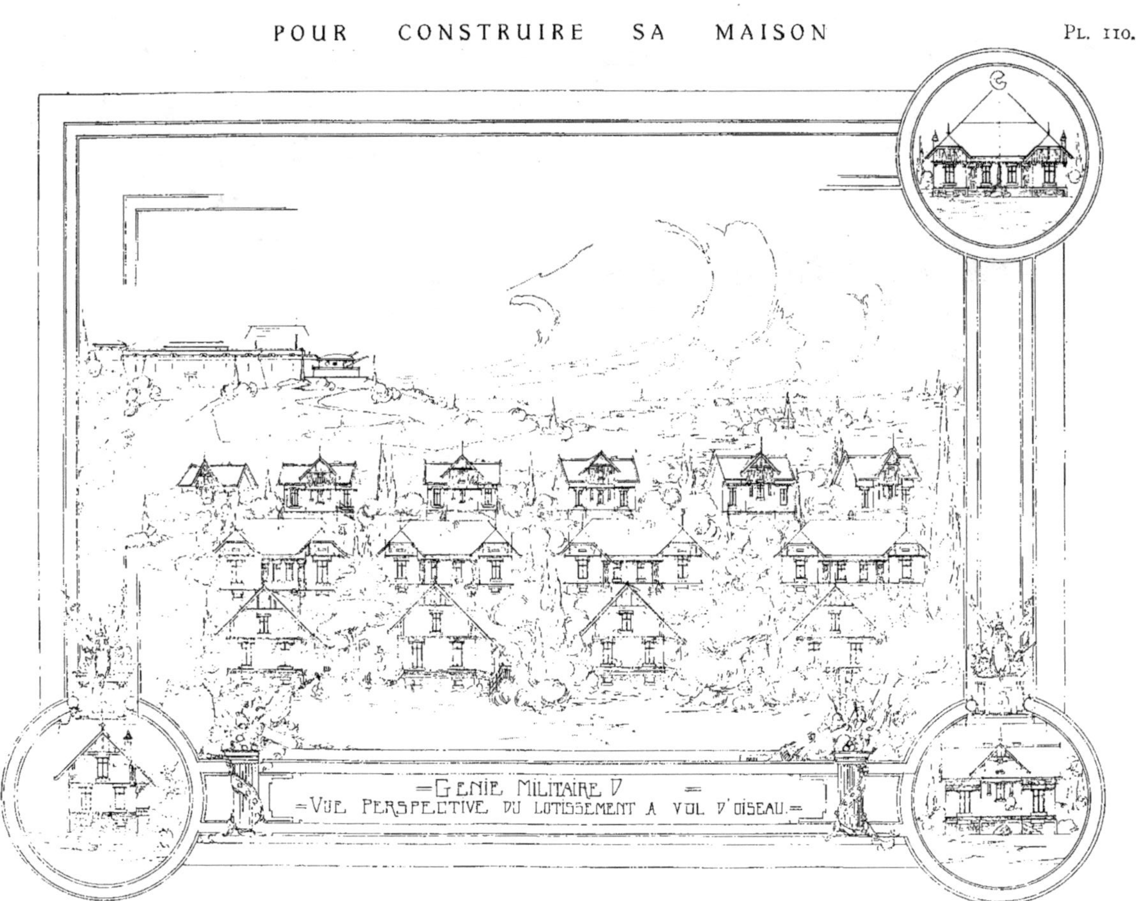
=GÉNIE MILITAIRE V
=VUE PERSPECTIVE DU LOTISSEMENT A VOL D'OISEAU.=

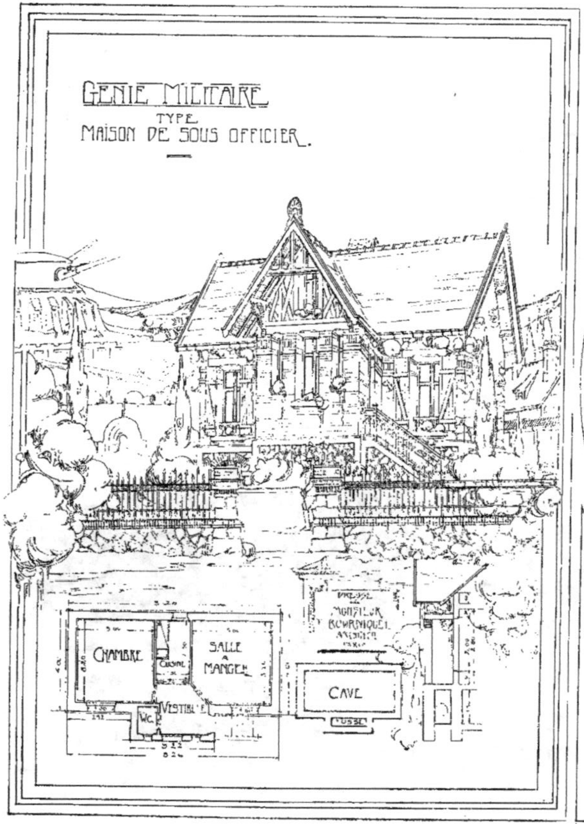

GENIE MILITAIRE
TYPE
MAISON DE SOUS OFFICIER.
CHAMBRE
CUISINE
SALLE A MANGER
VESTIBULE
W.C.
CAVE
DRESSÉ PAR MONSIEUR BOURNIQUEL ARCHITECTE PARIS

GENIE MILITAIRE
TYPE MAISON D'OFFICIER
CUISINE
VESTIBULE
W.C.
SALLE A MANGER
SALON OU CHAMBRE
GRENIER
CHAMBRE DE DOMESTIQUE
CHAMBRE
PALIER
TOILETTE OU BAINS
BUANDERIE
CAVE
-REZ DE CHAUSSÉE-
-1er ÉTAGE-
-SOUS SOL-
DRESSÉ PAR MONSIEUR F. BOURNIQUEL ARCHITECTE PARIS

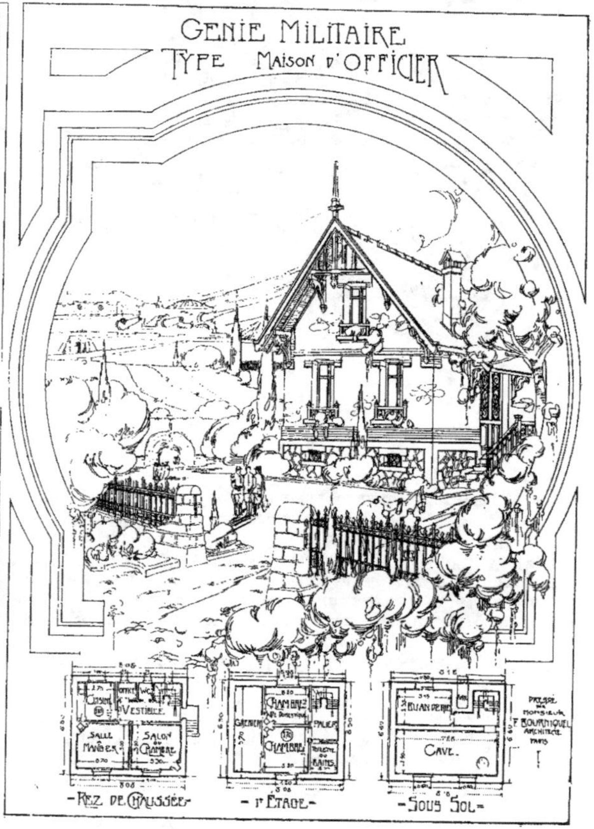

MAISONNETTES DE CAMPAGNE

VILLENEUVE-SAINT-GEORGES (Seine-et-Oise)

Ces 2 maisonnettes très rustiques, si parfaitement accouplées donnent l'impression qu'il ne s'agit que d'un seul corps de bâtiment, alors que l'examen des plans fera comprendre la disposition très heureuse de ces 2 bâtiments, composés chacun d'une vaste salle à manger, d'un salon, d'une cuisine, W.-C., d'un escalier desservant au premier étage 2 grandes chambres avec salle de bains, chambre de domestique dans les combles.

Construites entièrement en meulière, ces 2 maisonnettes sont revenues à 66.500 francs.

FAÇADE DES PAVILLONS

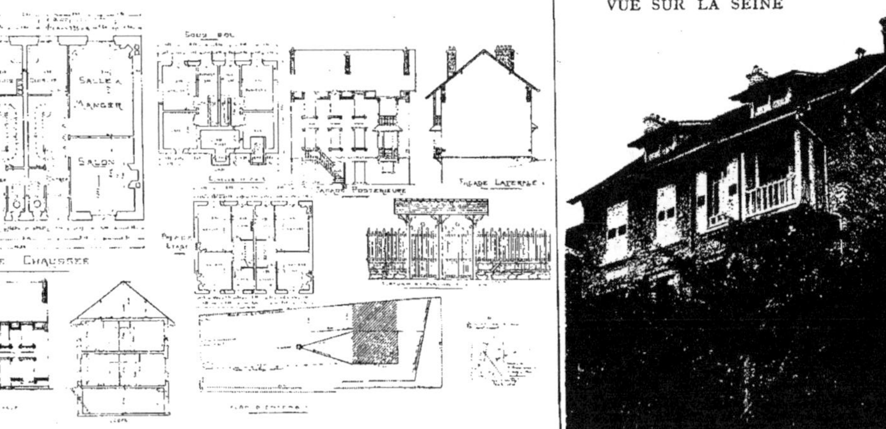

VUE SUR LA SEINE

DEUX VILLAS. A CHAVILLE. — *Prix de revient : 78.700 francs.*

VILLAS, A MONTMORENCY. — *Chaque : 52.000 francs.*

GROUPE DE 4 VILLAS

A DEUIL

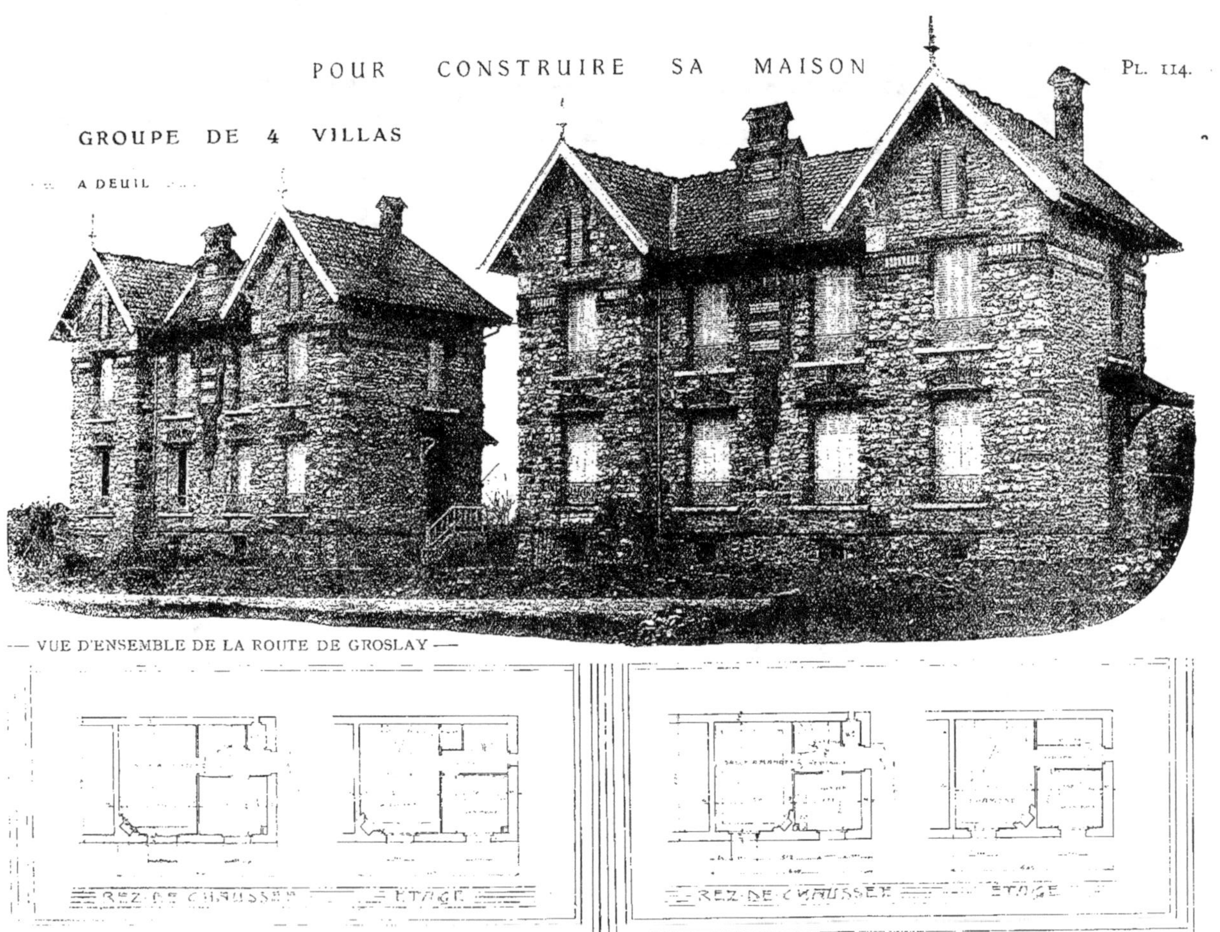

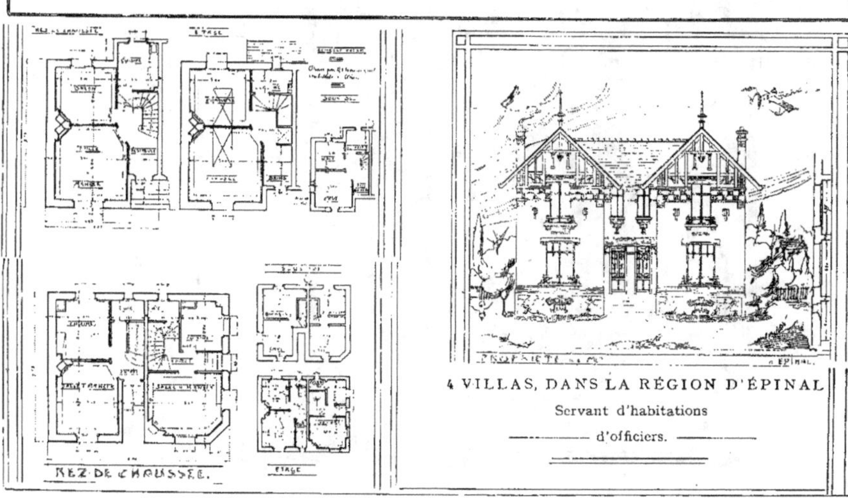

4 VILLAS, DANS LA RÉGION D'ÉPINAL

Servant d'habitations

d'officiers.

LA RESURRECTION DU FOYER DANS LES RÉGIONS LIBÉRÉES
Pour Construire sa Maison
VUE D'ENSEMBLE
L'Habitation
PLAN
PROJET DE RECONSTRUCTION D'UN VILLAGE
SUR UNE GRANDE ROUTE
CONSTRUCTION EN BÉTON AGGLOMÉRÉ

VUE DU GROUPE DE GAUCHE

(Voir planche 114 les plans détaillés;
en dessous à gauche, même projet
modifié; à droite, même projet plus
simple.)

PRIX DE REVIENT

des quatre maisons d'après
la vue d'ensemble pl. 220.

120.000 francs.

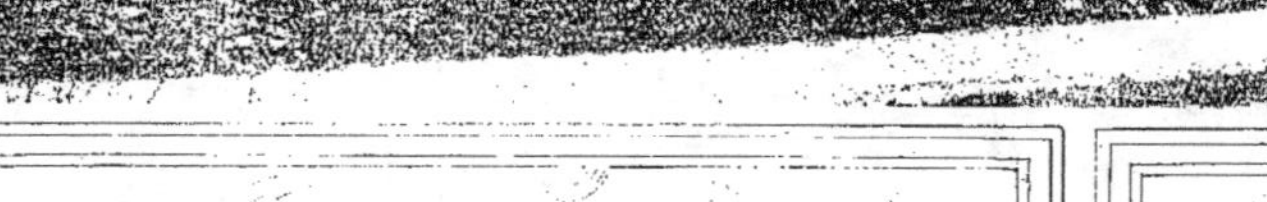

RIEUX (Oise). — Pᵗᵉ Maison.

École Primaire Supérieure des Garçons

LES COTTAGES
FAUBONNE
LIANCOURT
RANTIGNY
VIMEREUX
GARGE EN VILLE
MEUDON
VAL FLEURY
POUR CONSTRUIRE SA MAISON

LES COTTAGES

MAISONS

RUSTIQUES

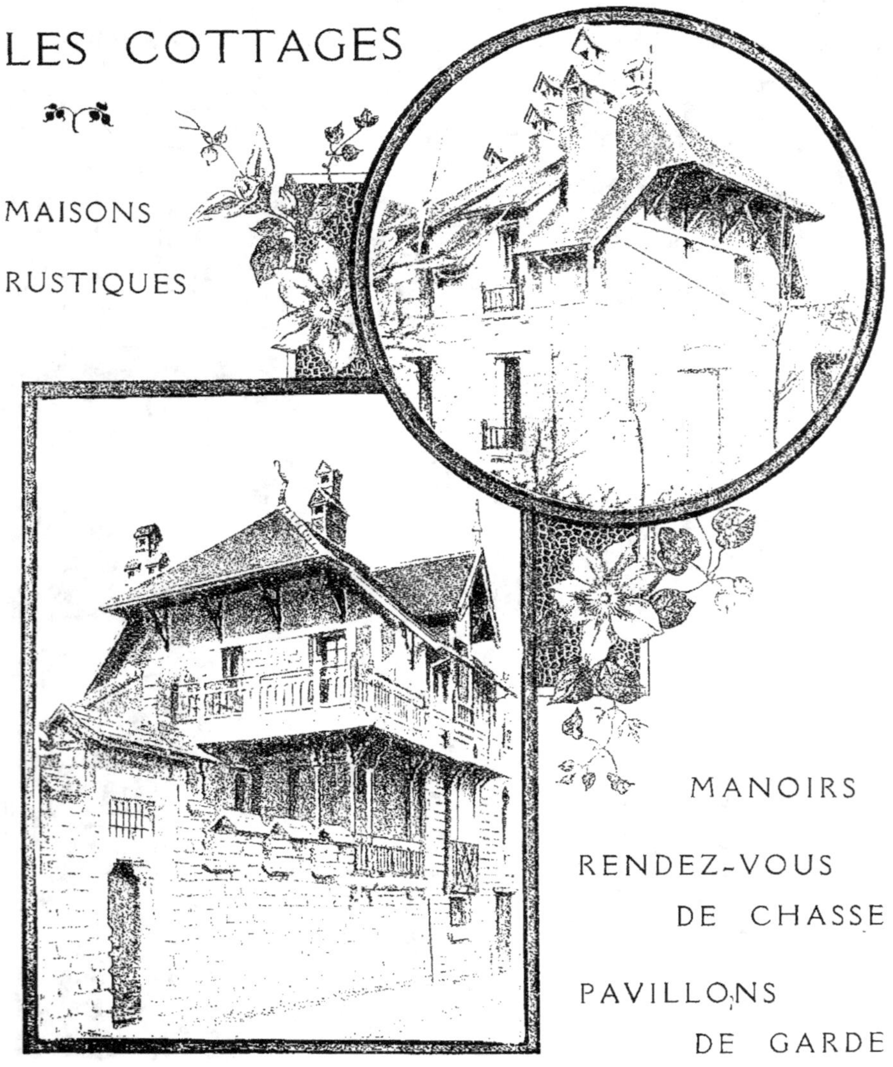

MANOIRS

RENDEZ-VOUS
DE CHASSE

PAVILLONS
DE GARDE

GRACIEUX COTTAGE

à EAUBONNE (Seine-et-Oise)

M. BOURNIQUEL, Architecte.

(Extrait de l'*Architecture usuelle.*)

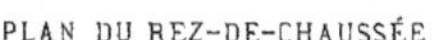

VUE D'ENSEMBLE

ONTRASTE des lignes, mise en valeur de l'échelle mouvement de silhouette : telles sont les caractéristiques extérieures du cottage dont est, ci-contre, une vue d'ensemble et dont plus loin (p. 122) est la monographie, assez complète pour qu'on puisse rapprocher l'étude et le prix total, à forfait 18.000 francs, du résultat obtenu.

PLAN DES 1er ET 2e ÉTAGES

Au rez-de-chaussée, deux pièces de réunion et une cuisine se dégagent, ainsi qu'un water-closet, sur un vestibule; au 1er étage sont deux chambres agrémentées de vues diverses; deux autres (lambrissées) au 2e étage; au sous-sol, accessible, du dehors, par une descente voisine du perron d'entrée, se trouvent cave et atelier, avec descente de fût à l'arrière-façade. Un escalier, très lumineux, motive un avant-corps surmontant, de son toit à croupe. le corps principal. Et, à cette dominante verticale, l'annexe basse contenant porche et cuisine extérieure fait une heureuse opposition horizontale, tout en faisant valoir l'*échelle* de l'ensemble. Et cette maison bien complète, solidement bâtie en matériaux durables, coûte la somme de *dix-huit mille francs* (prix des travaux en 1904).

VUE SUR LA ROUTE

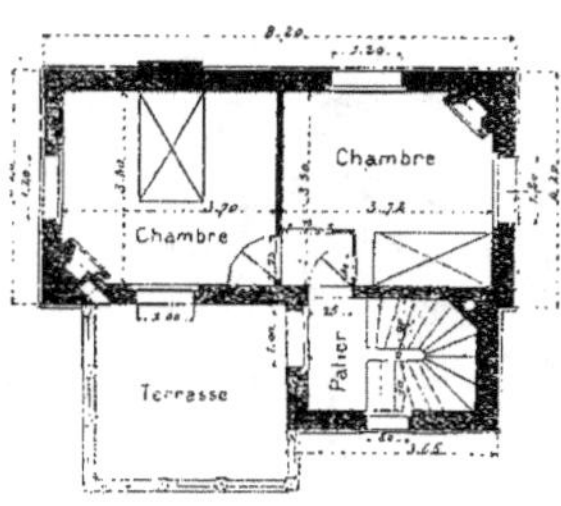

PLAN DU REZ-DE-CHAUSSÉE

FAÇADE PRINCIPALE

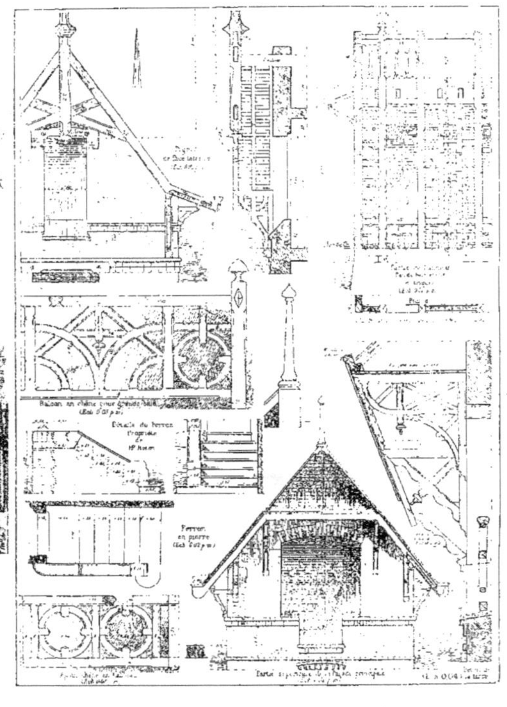

DÉTAILS DE LA CHARPENTE DU COTTAGE D'EAUBONNE

Si, de l'ensemble agréable, l'on passe aux détails, la rampe de perron, le garde-corps de terrasse et celui de la baie d'escalier, au 2ᵉ étage, sont gentils ouvrages de bois et diversement combinés, bien que de même genre; le bon grillage en fer forgé défendant la haute baie de l'escalier prouve qu'on a souvent tort de négliger les aptitudes artistiques des serruriers et forgerons, lorsqu'il s'agit d'orner, solidement, et de façon rationnelle, une façade. La fonte perd ici ses droits. Les quintefeuilles à jour découpant les volets pleins, à barres; les fortes potences soutenant la saillie de croupe susdite; les damiers de briques coupant la robustesse de la meulière; enfin, les appuis et balcons en chêne (p. 122), que nous empruntons à une maison du même architecte et aurions voulu voir figurer ici pour l'unité de décor et de structure, pour éviter les banalités de la fonte : c'est encore des morceaux étudiés par l'architecte, montrant, une fois de plus, le désintéressement de l'artiste, au regard d'honoraires si modiques, lorsqu'il s'agit de faire œuvre d'art et à peu de frais.

On pourra critiquer l'accès extérieur pourtant bien commode pour la vie au dehors qu'on mène à la campagne, en jardinant; on ne pourra douter de l'utilité d'une terrasse sur l'annexe d'entrée; aux soirs d'été ou d'automne, la fraîcheur des jardins à cette heure, peut justifier la disposition de cette *pièce* en plein air, hors de l'humidité terrestre.

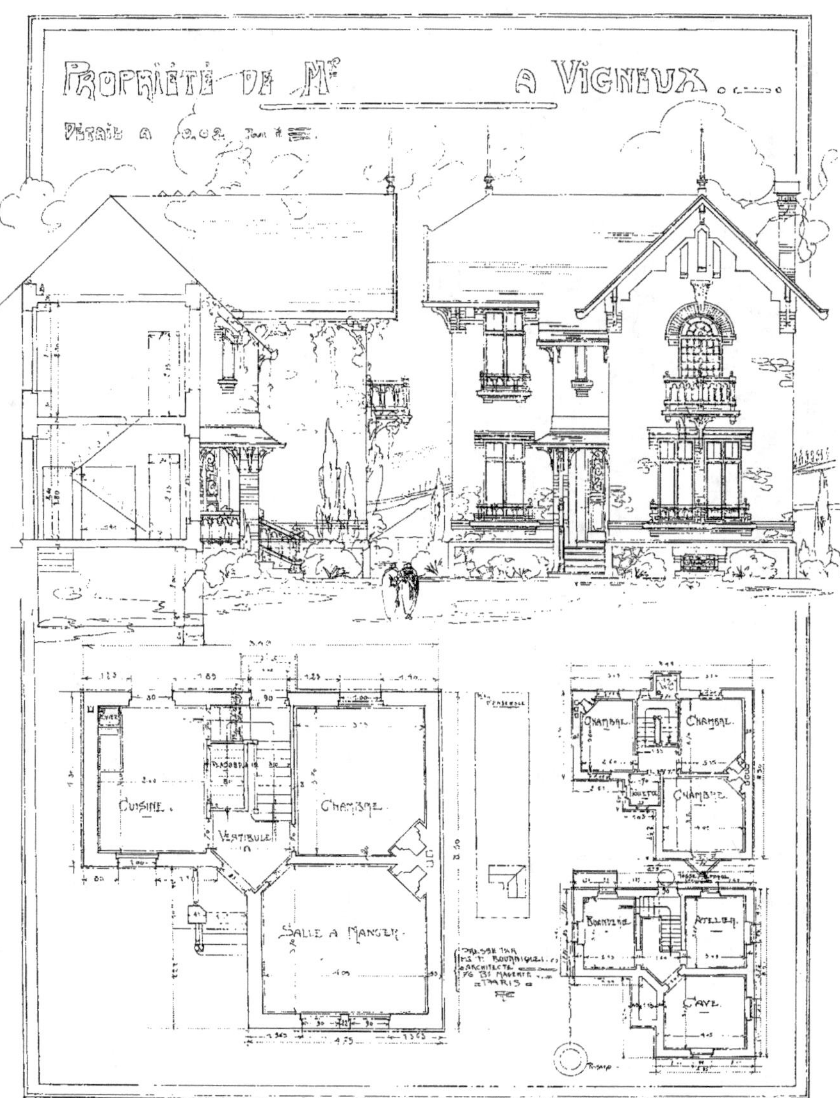

COTTAGE, A DRAVEIL-VIGNEUX. — *Prix de revient :* 65.000 francs.

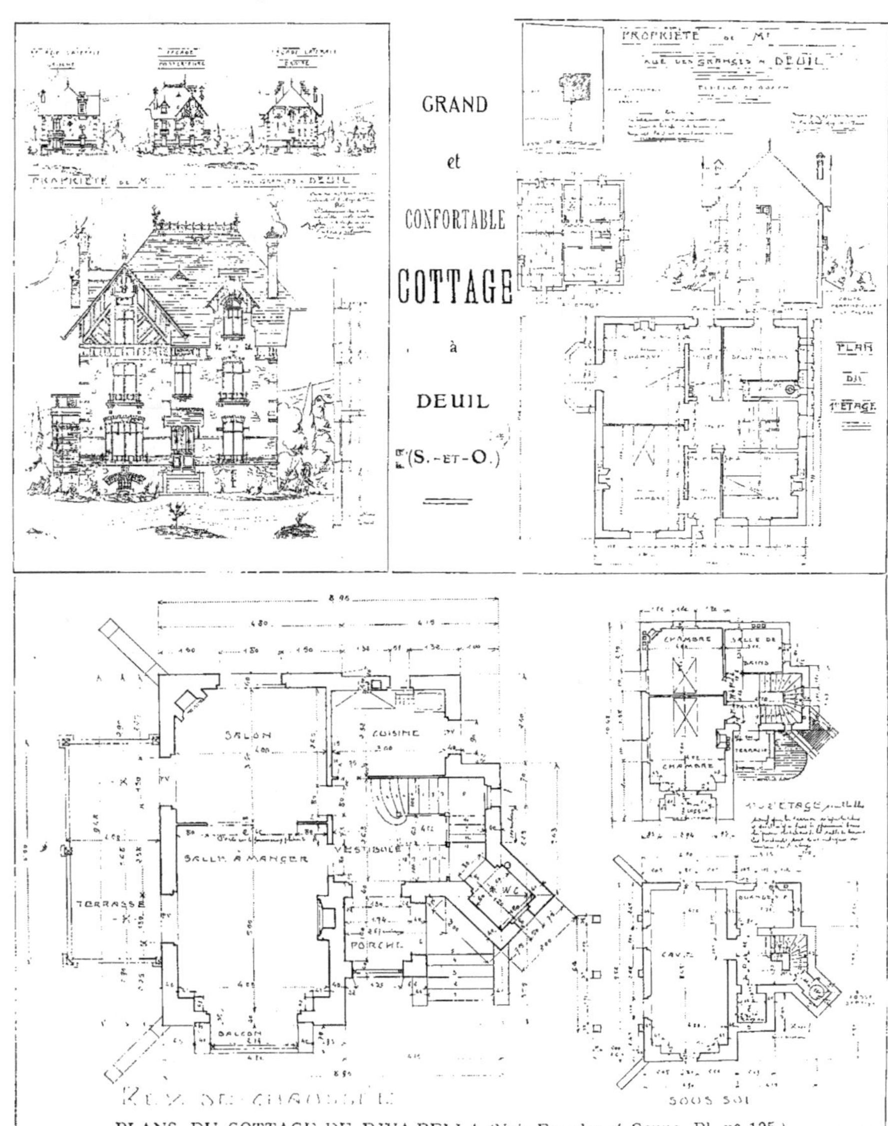

PLANS DU COTTAGE DE RIVA-BELLA (Voir Façades et Coupe, Pl. n° 125.)

GRACIEUX COTTAGE

RIVA-BELLA

(CALVADOS)

Voir les plans,
Pl. n° 124.

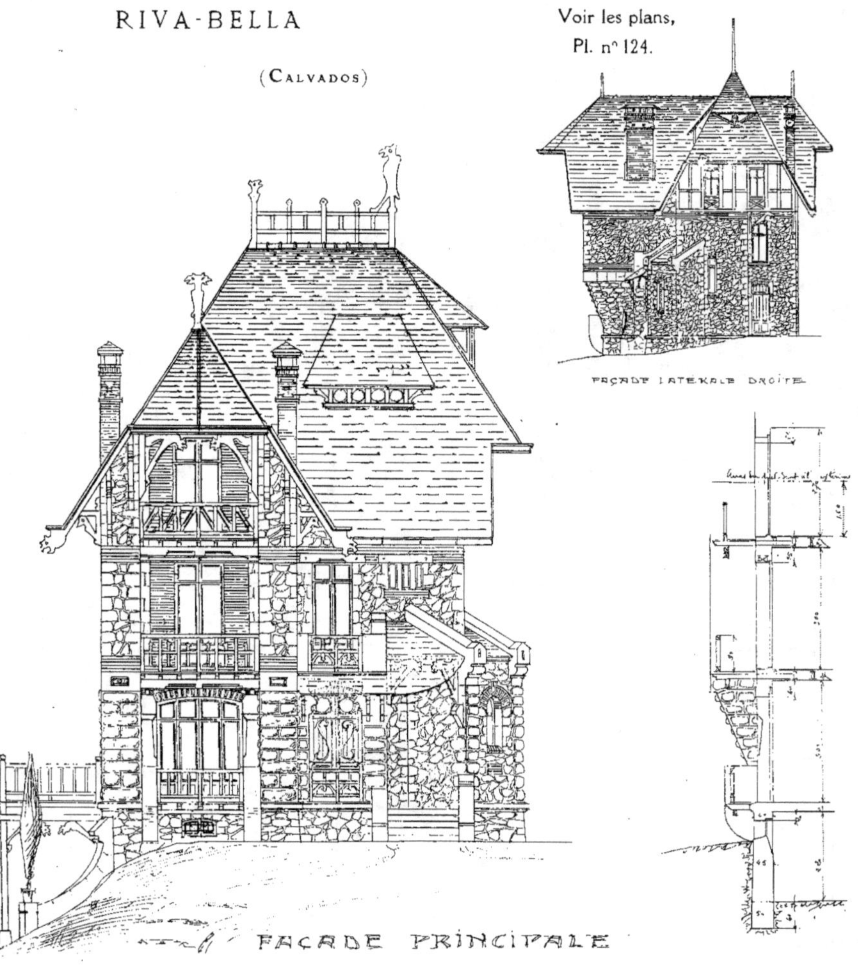

RENDEZ-VOUS DE CHASSE, A PACY-SUR-EURE

RENDEZ-VOUS DE CHASSE, DANS LA FORÊT DE GRETZ, ARMAINVILLIERS

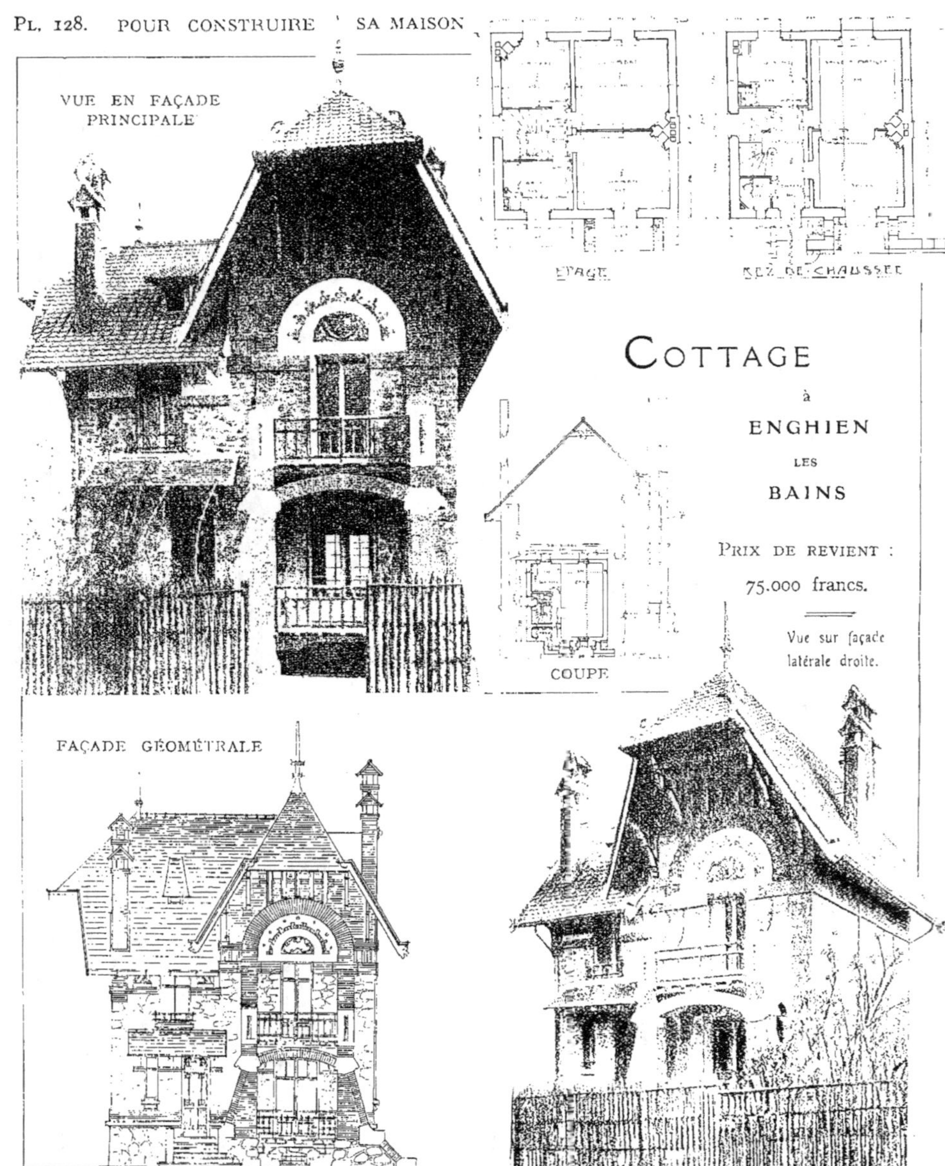
VUE EN FAÇADE
PRINCIPALE
ÉTAGE
REZ-DE-CHAUSSÉE
COTTAGE
à
ENGHIEN
LES
BAINS
PRIX DE REVIENT :
75.000 francs.
Vue sur façade
latérale droite.
COUPE
FAÇADE GÉOMÉTRALE

GRACIEUX COTTAGE, SUR LES BORDS DE LA MARNE. — *Prix de revient :* 45.000 francs.

PETIT COTTAGE, SUR LES BORDS DE L'OISE. — *Prix de revient :* 43.500 francs.

PETIT COTTAGE, A AUVERS-SUR-OISE. — *Prix de revient :* 42.000 francs.

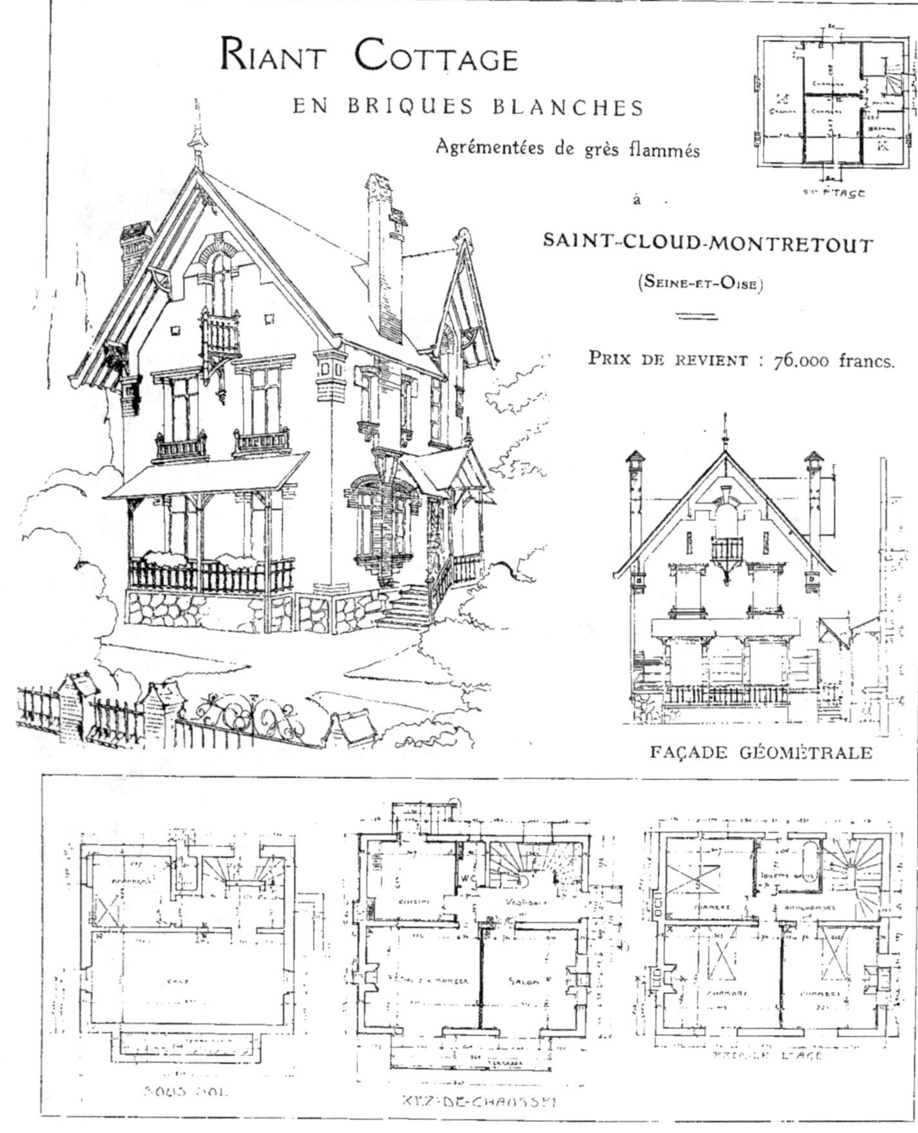
RIANT COTTAGE
EN BRIQUES BLANCHES
Agrémentées de grès flammés
à
SAINT-CLOUD-MONTRETOUT
(Seine-et-Oise)
PRIX DE REVIENT : 76.000 francs.
FAÇADE GÉOMÉTRALE
SOUS-SOL.
REZ-DE-CHAUSSÉE
PREMIER ÉTAGE

Cottage de Commerçants Parisiens

à

SARTROUVILLE (Seine-et-Oise).

A la porte de Paris, dans un cadre de fraîches maisonnettes enrubannées de fleurs, ce gracieux cottage s'érige tout coquet. Sa silhouette hardie se découpe sur le ciel en pignons pointus. Le coloris heureux de son briquetage repose l'œil et l'hospitalité de ses porches invite et tente le passant.

C'est bien là la maison du bonheur ! C'est bien là que, fuyant l'enfer de la ville, le citadin vient chaque dimanche se donner un avant-goût de sa félicité future. Nous parlons ici du commerçant qui, malgré son escapade hebdomadaire, est tenu, par ses relations, de jouir d'un certain confortable et même d'y traiter quelques intimes. Le petit bureau-salon, placé à l'entrée dans le vestibule, isole de la vie familiale l'importun ou le quémandeur. Une belle salle à manger avec une entrée particulière facilite les allées et venues sans la crainte de

VUE D'ENSEMBLE DE LA MAISON DE SARTROUVILLE

troubler une conversation. Une cuisine, munie d'un placard, d'un évier au-dessus duquel la blancheur des carreaux de faïence reflète l'éclat des cuivres, impressionne le gourmet par sa fraîche netteté.

Ceci pour le rez-de-chaussée. L'escalier, dont le pilastre de départ en impose, indique par ses balustres ornés sa robustesse et l'arrivée sur un clair palier qui dessert les diverses pièces nous fait pénétrer sans crainte dans les chambres. Elles sont claires et spacieuses et la joliesse des cheminées pompadour, se mariant agréablement avec les teintes adoucies des papiers de tenture, donne, malgré les plus strictes économies réalisées, l'impression de richesse.

Le deuxième étage nous montre deux chambres d'amis des plus confortables. A l'une de ces deux chambres, une porte-fenêtre ouvre sur un balconnet qui, d'une pointe osée, lance son élégante silhouette dans le vide. Les matériaux employés sont tous de première qualité. La terre des fouilles est régalée dans le jardin. Les rigoles remplies de béton de cailloux. Les murs en fondations jusqu'au rez-de-chaussée sont en meulière du pays, hourdée en mortier de chaux hydraulique.

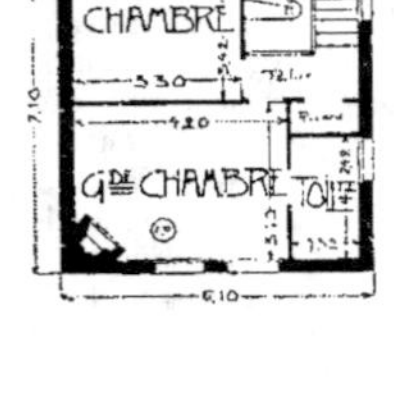

Les murs des façades sont en brique décorative. Les appuis des fenêtres, les seuils, les perrons sont en agglomérés de ciment. La cuisine carrelée en carreaux rouges et blancs, le vestibule en carreaux de ciment formant dessins au choix du propriétaire. Les plafonds sont enduits au plâtre sur un lattis en chêne. Les murs sont chaînés en tous sens. La charpente assemblée suivant besoin. La couverture est en tuiles. Les parquets sont en chêne. Les volets sont en fer. Toutes les portes intérieures sont en sapin à petits cadres, celles extérieures en chêne suivant dessin. Toutes les menuiseries sont peintes à l'huile deux couches, ainsi que la charpente apparente à l'extérieur.

Cette maison, du prix de revient de *soixante-deux mille francs*, comprend :

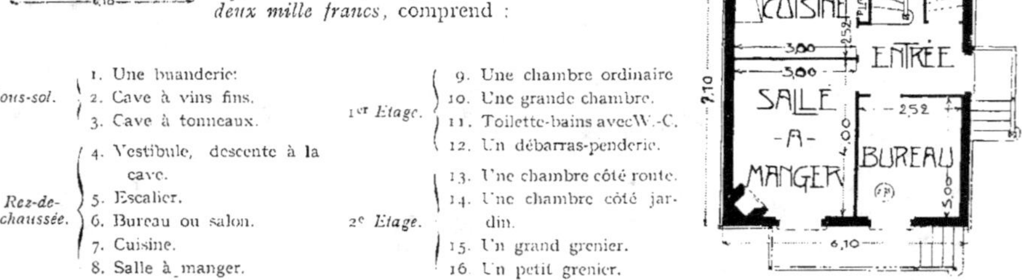

Sous-sol.	1. Une buanderie.	
	2. Cave à vins fins.	
	3. Cave à tonneaux.	
Rez-de-chaussée.	4. Vestibule, descente à la cave.	
	5. Escalier.	
	6. Bureau ou salon.	
	7. Cuisine.	
	8. Salle à manger.	
1er Étage.	9. Une chambre ordinaire	
	10. Une grande chambre.	
	11. Toilette-bains avec W.-C.	
	12. Un débarras-penderie.	
2e Étage.	13. Une chambre côté route.	
	14. Une chambre côté jardin.	
	15. Un grand grenier.	
	16. Un petit grenier.	

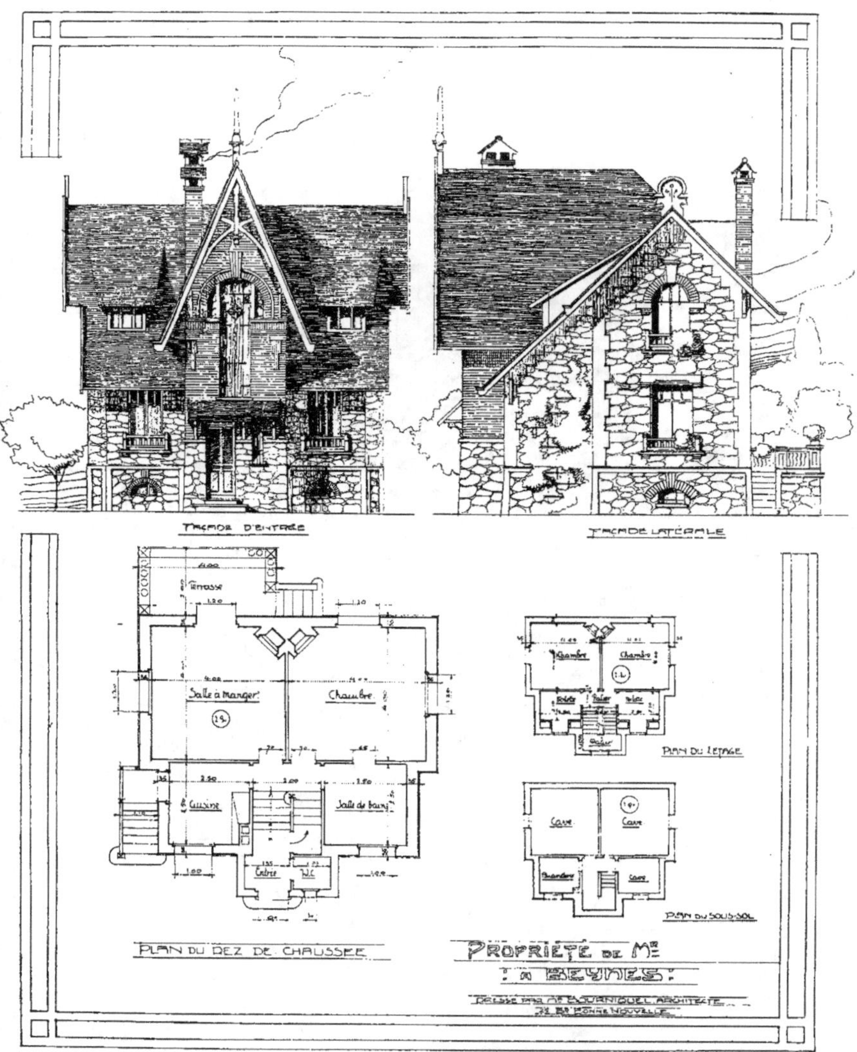

MANOIR, A BEYNES. — *Prix de revient : 72.000 francs.*

MAISON RUSTIQUE, A FONTENAY-AUX-ROSES. — *Prix de revient :* 59.300 francs.

PAVILLON DE GARDE. — *Prix de revient* : 43.000 francs.

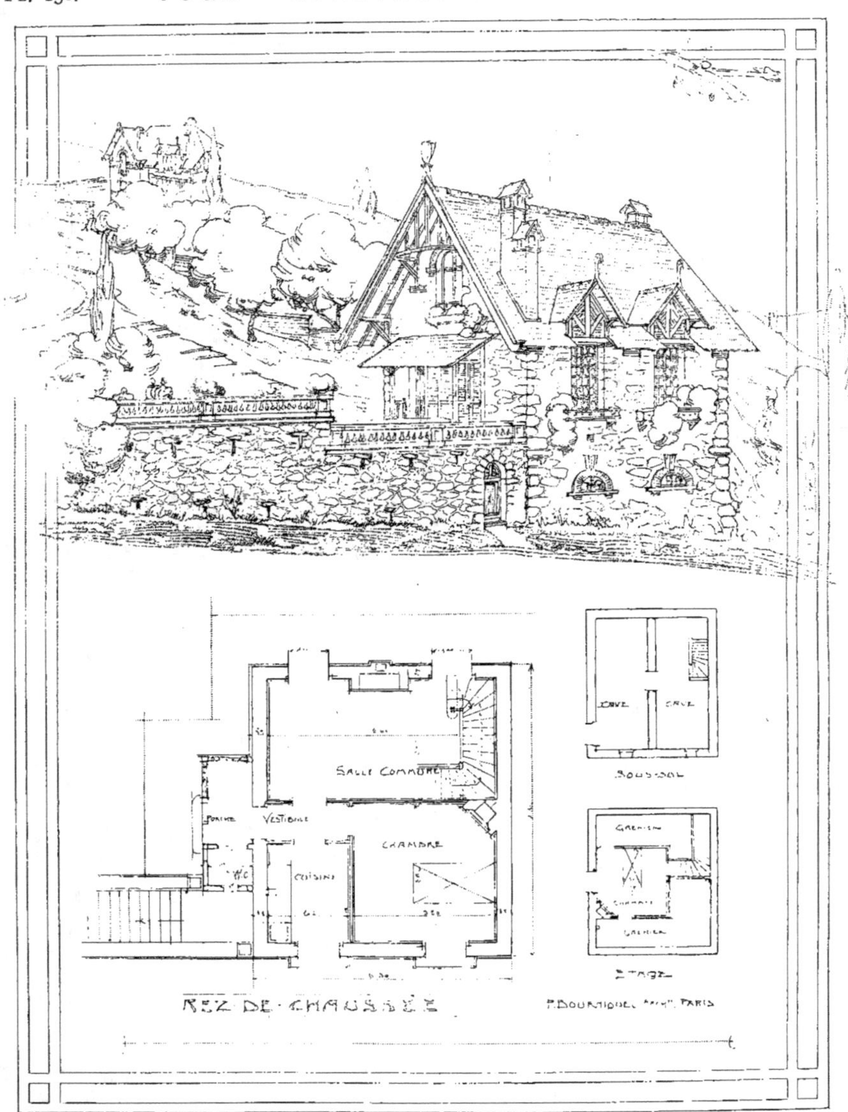

PAVILLON DE GARDE A PALAISEAU. — *Prix de revient* : 45.000 francs.

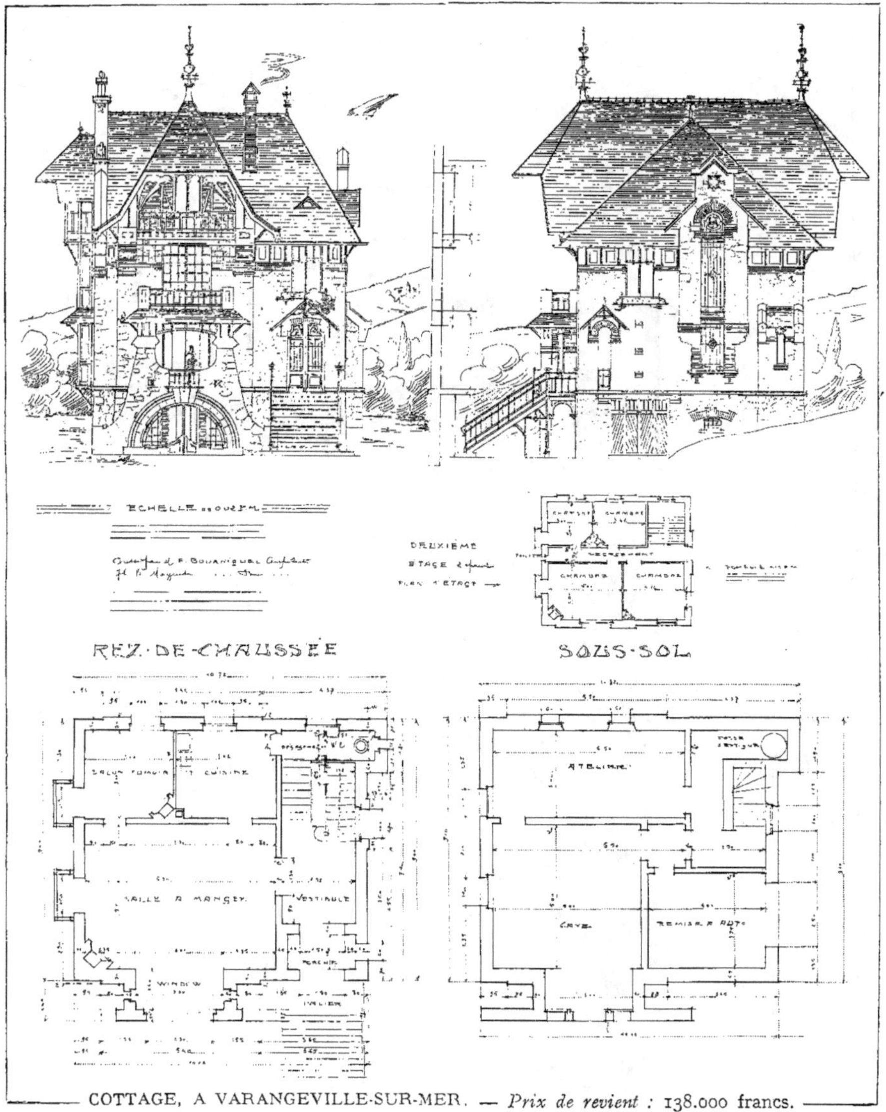

COTTAGE, A VARANGEVILLE-SUR-MER. — *Prix de revient :* 138.000 francs.

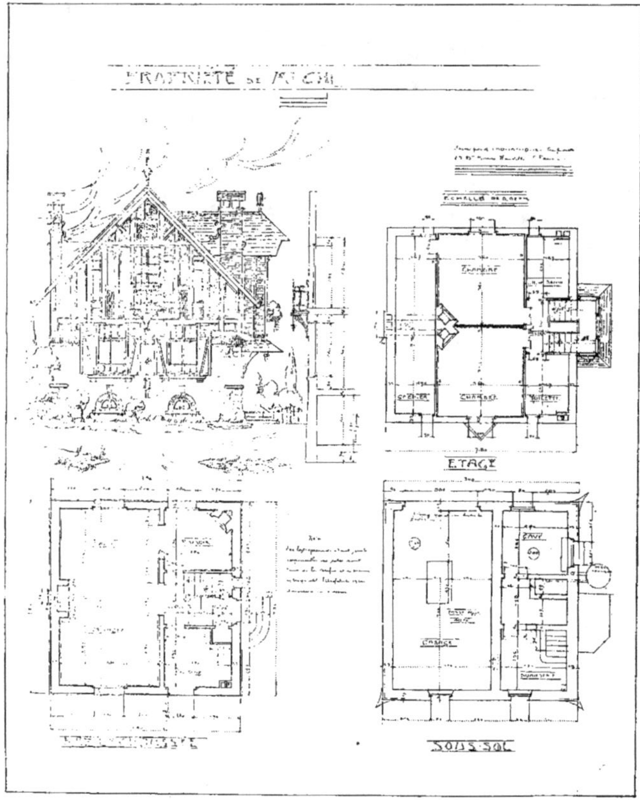

MAISON RUSTIQUE, FORÊT DE SÉNART
Prix de revient : 52.000 francs.

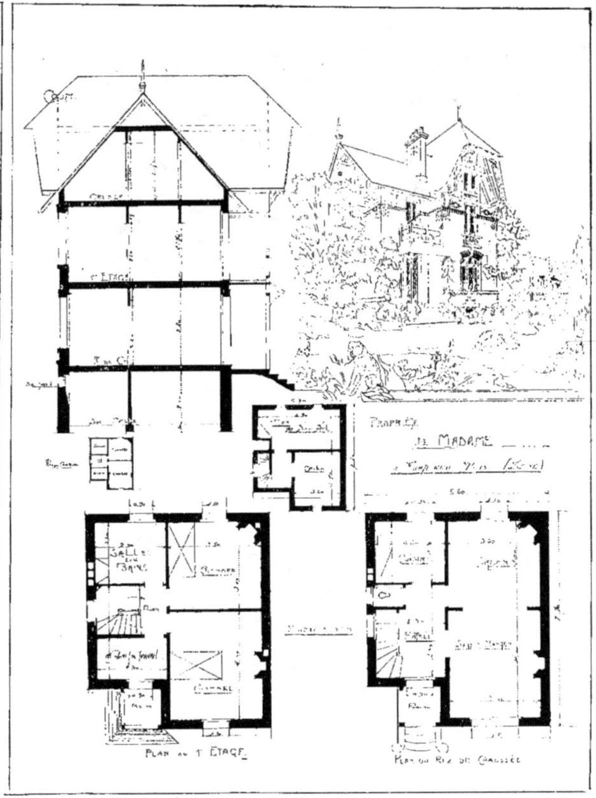

COTTAGE, A FONTENAY-SOUS-BOIS
Prix de revient : 72.500 francs.

LES
GRANDES
VILLAS

ÉLÉGANTE VILLA, AU BOIS DE VINCENNES

ÉLÉGANTE VILLA
au
BOIS DE VINCENNES

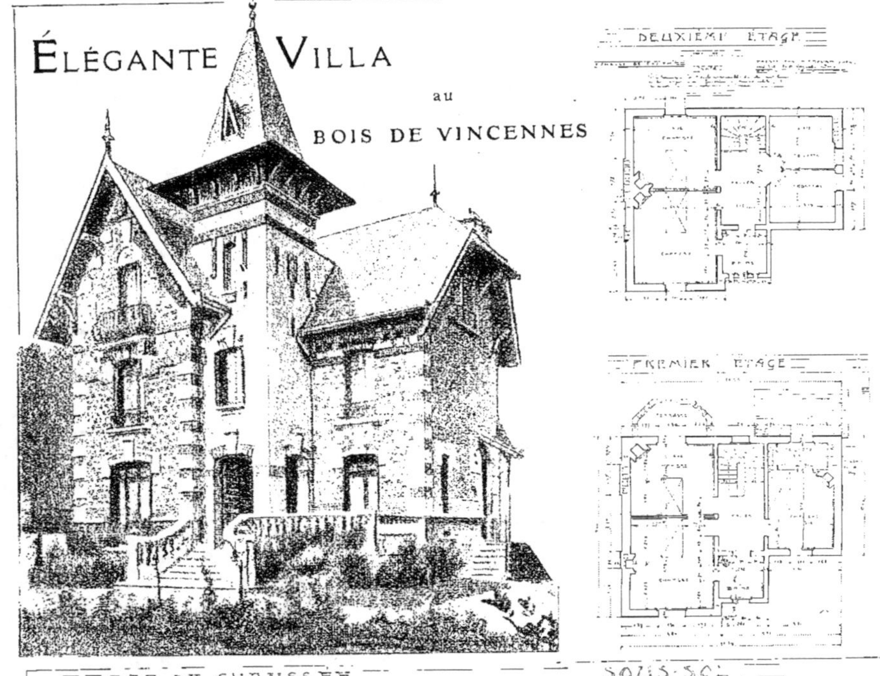

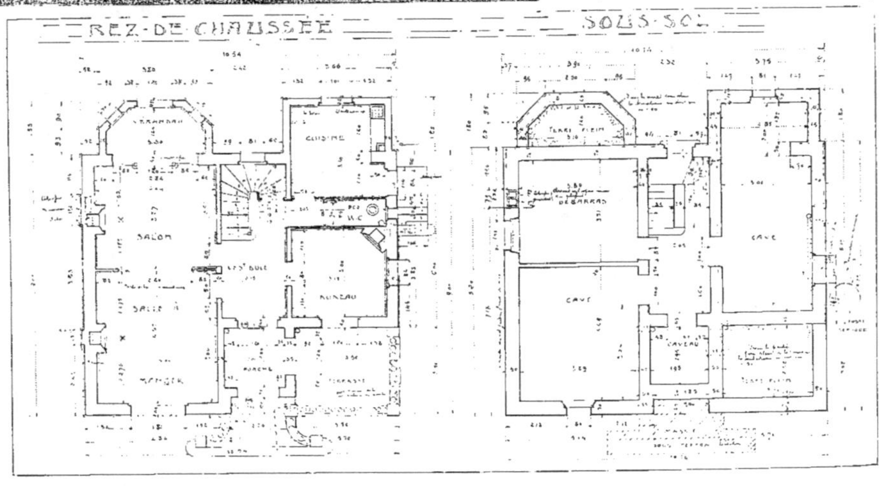

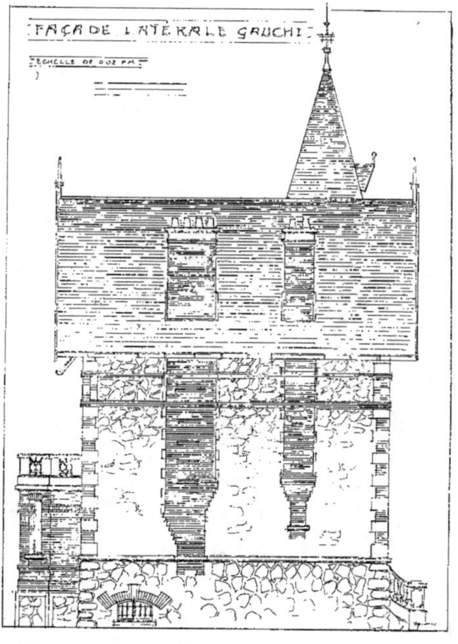

DÉTAILS D'EXÉCUTION DES 4 FAÇADES
DE LA VILLA DU BOIS DE VINCENNES

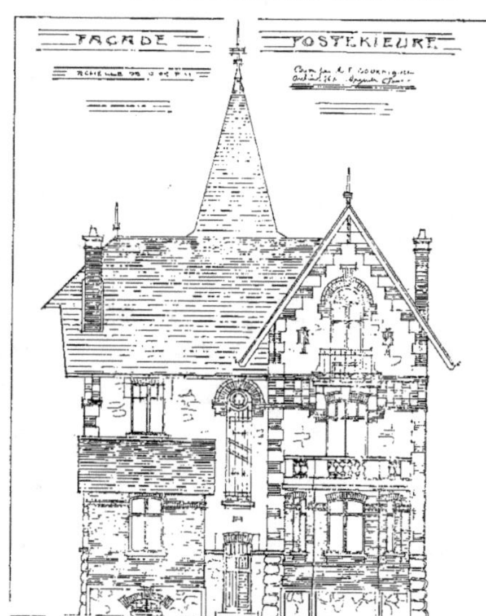

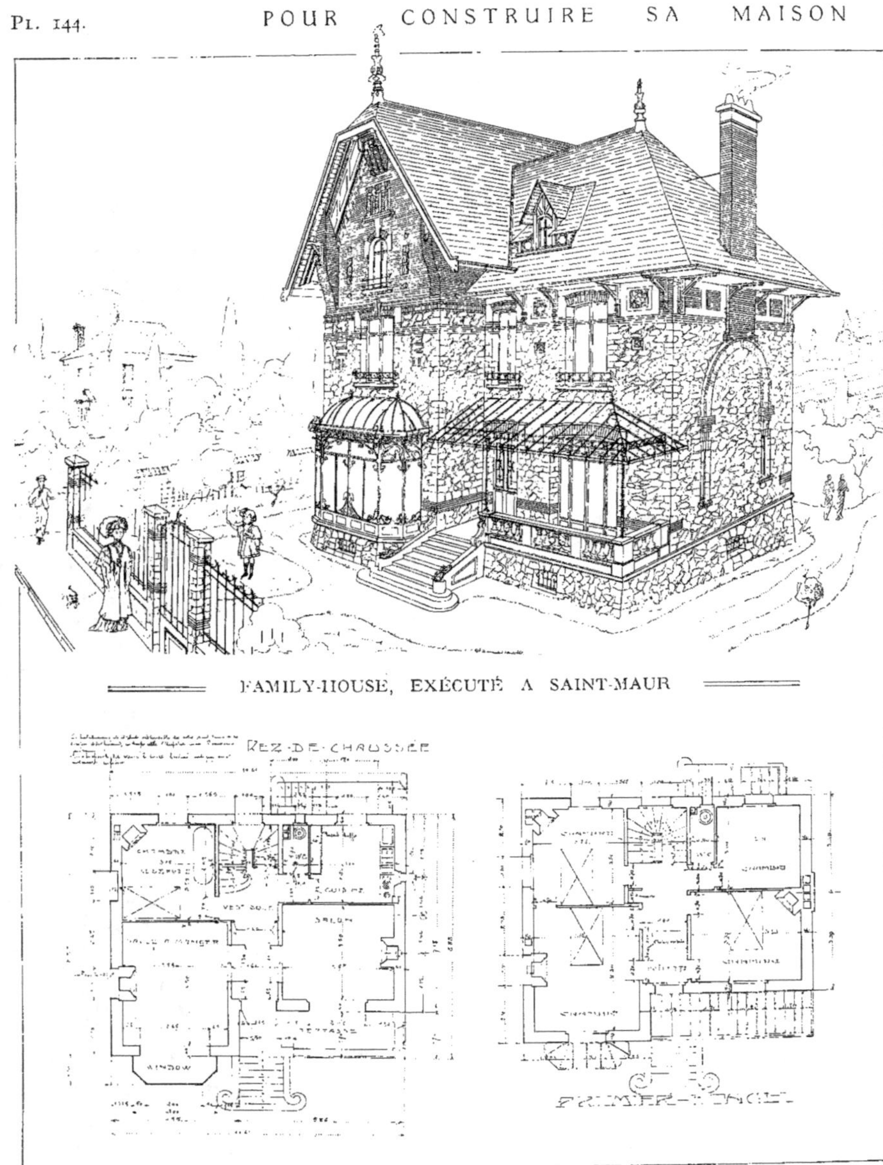

FAMILY-HOUSE, EXÉCUTÉ A SAINT-MAUR

VUE D'ENSEMBLE DU FAMILY-HOUSE, A SAINT-MAUR

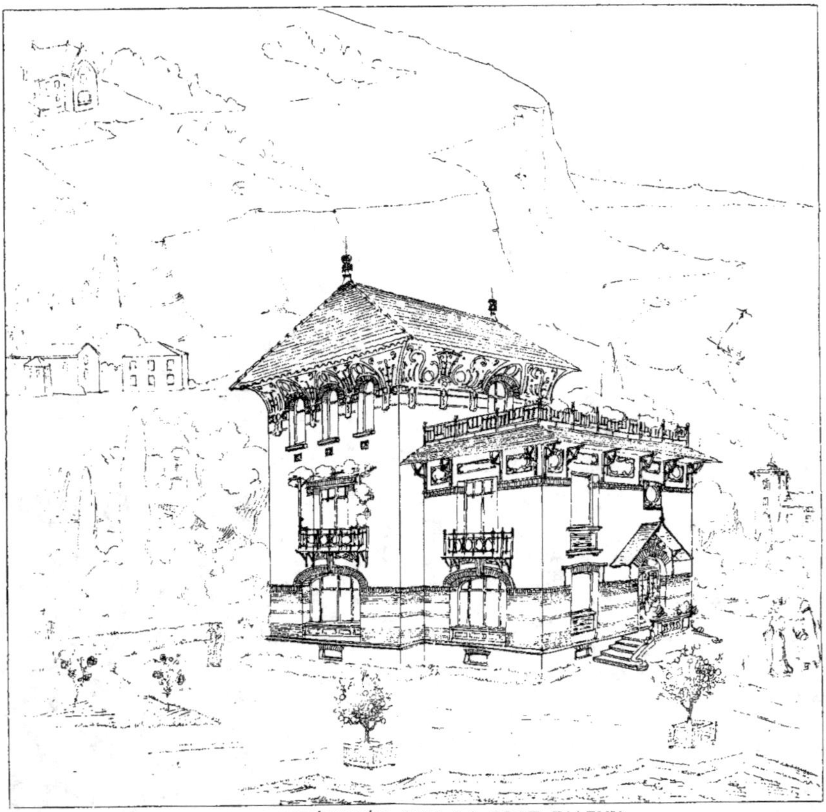

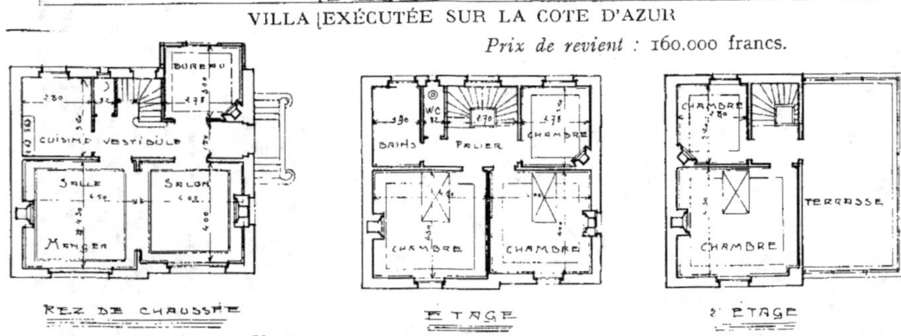

VILLA EXÉCUTÉE SUR LA COTE D'AZUR

Prix de revient : 160.000 francs.

REZ DE CHAUSSÉE

ETAGE

2e ETAGE

Voir la vue en couleurs à la préface de l'ouvrage.

FAÇADES ET PLANS DE LA PROPRIÉTÉ DE GALATZ

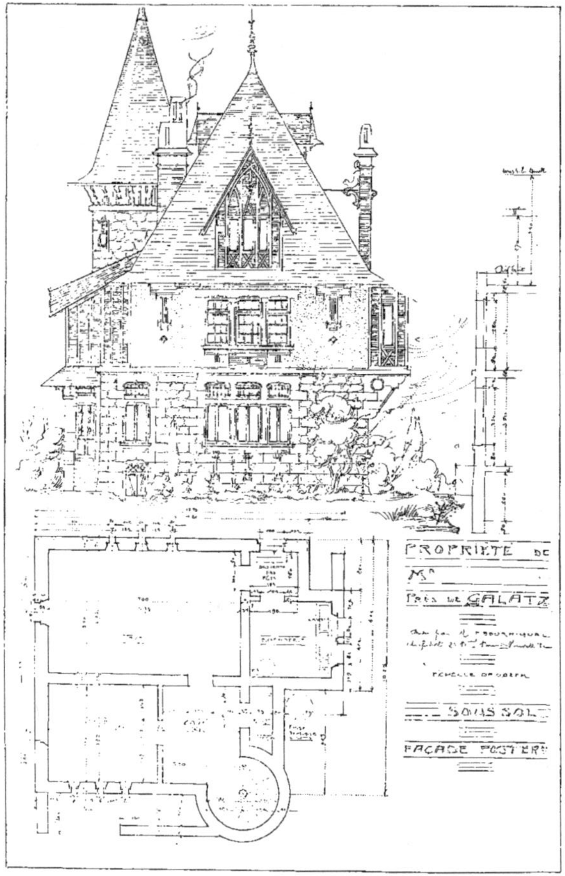
PROPRIETE DE
Mr
PRES DE GALATZ
ECHELLE DE 0.02 P.M.
SOUS SOL
FACADE POSTERIEURE

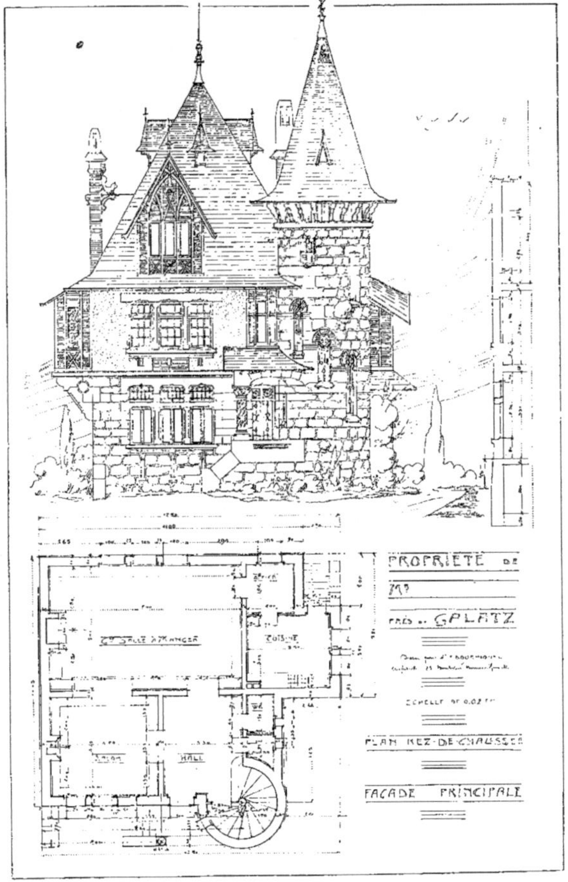
PROPRIETE DE
Mr
PRES DE GALATZ
ECHELLE DE 0.02 P.M.
PLAN REZ-DE-CHAUSSEE
FACADE PRINCIPALE
SALLE A MANGER
CUISINE
SALON
HALL

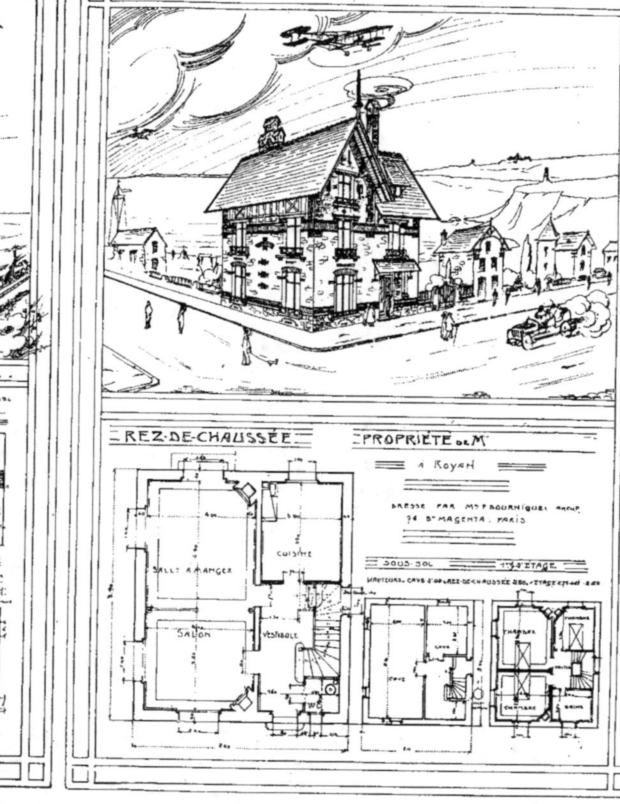

HABITATION DE DIRECTEUR D'USINE. — *Prix de revient* : 120.000 francs.

VILLA, A ROYAN. — *Prix de revient* : 96.500 francs.

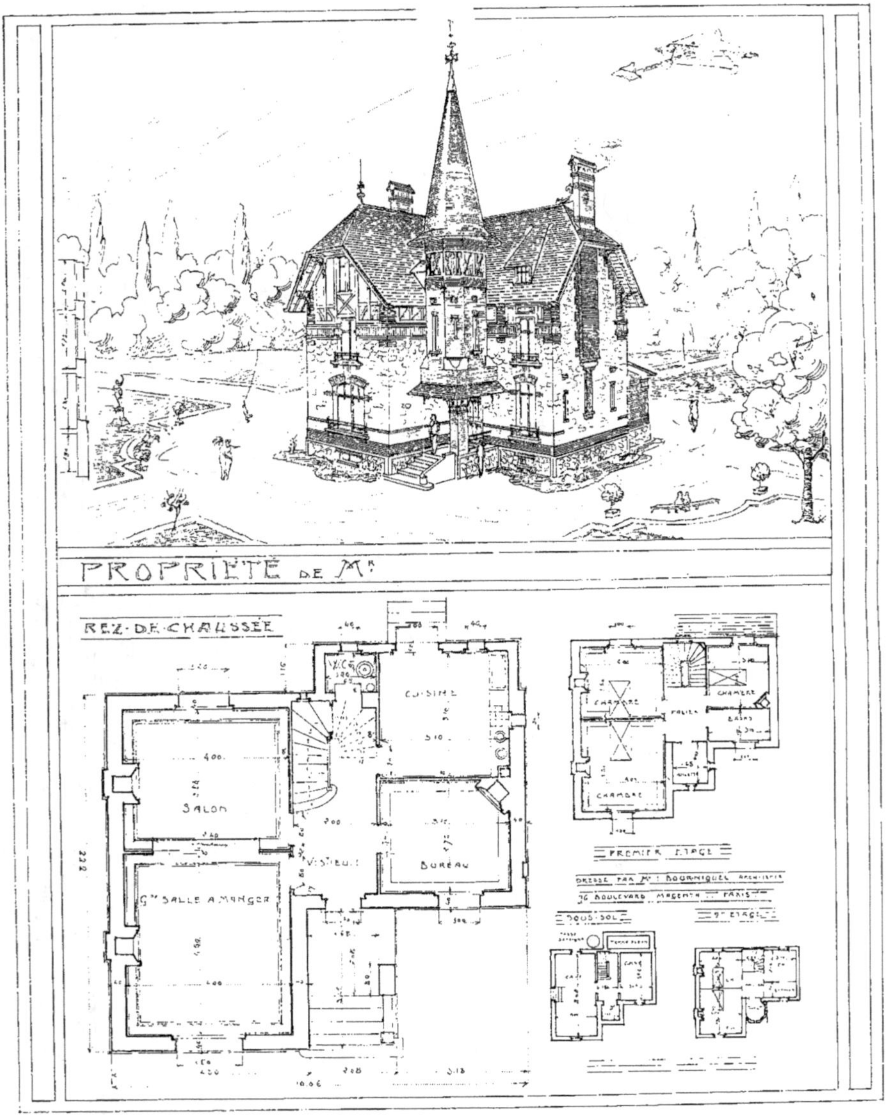

VILLA, A ROYAN. — *Prix de revient :* 150.000 francs.

GRANDE PROPRIÉTÉ
D'INDUSTRIEL PARISIEN

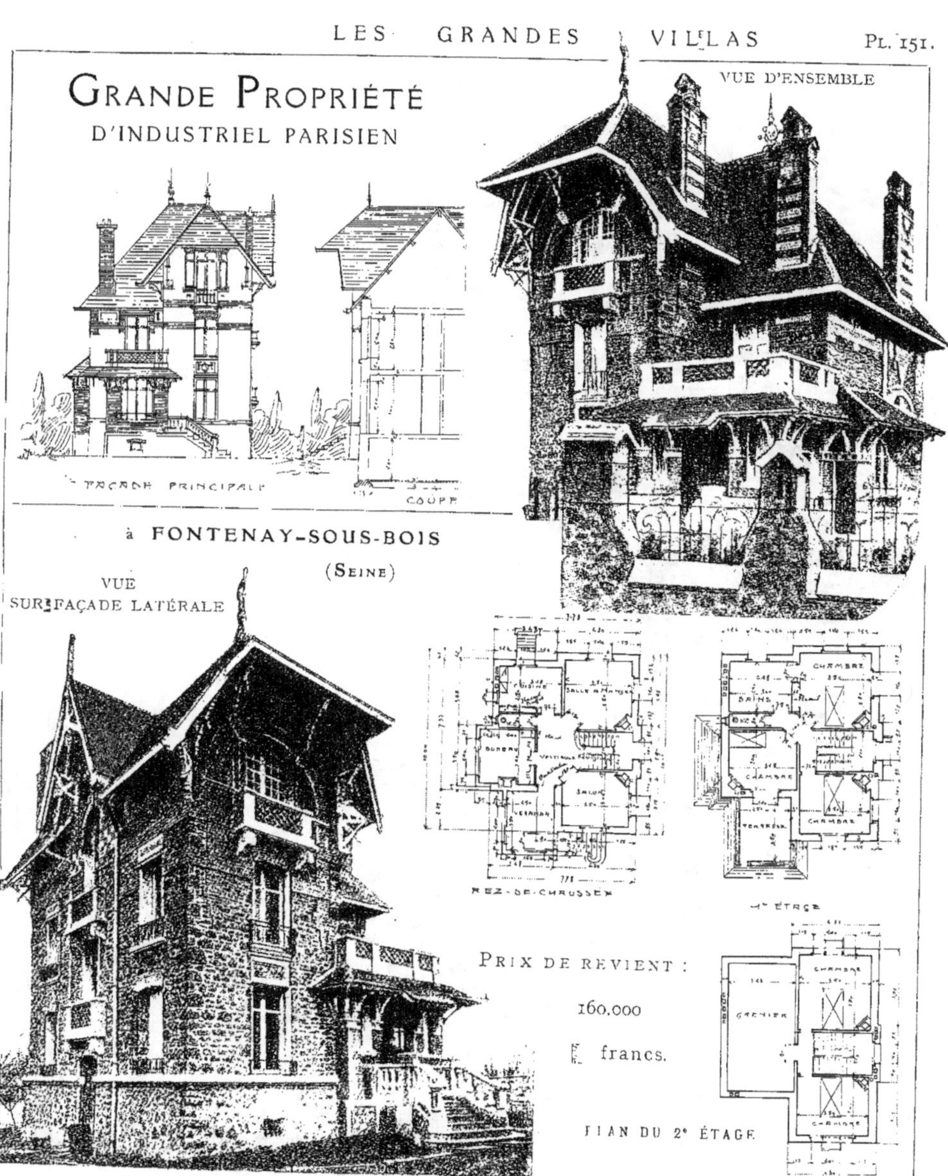

à FONTENAY-SOUS-BOIS
(Seine)

(Voir planches Nos 290 et 293. Cette propriété en construction, et sa vue d'ensemble, planche No 164.)

MAISON

BOURGEOISE

à

VILLIERS-SUR-MARNE

PRIX DE REVIENT :

100.000 francs.

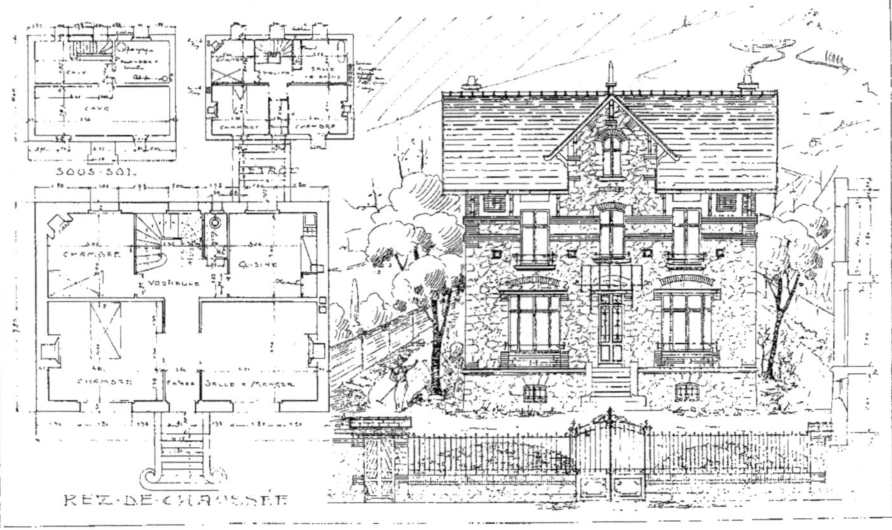

Villa a Pierrefitte

PRIX DE REVIENT :

130.000

francs.

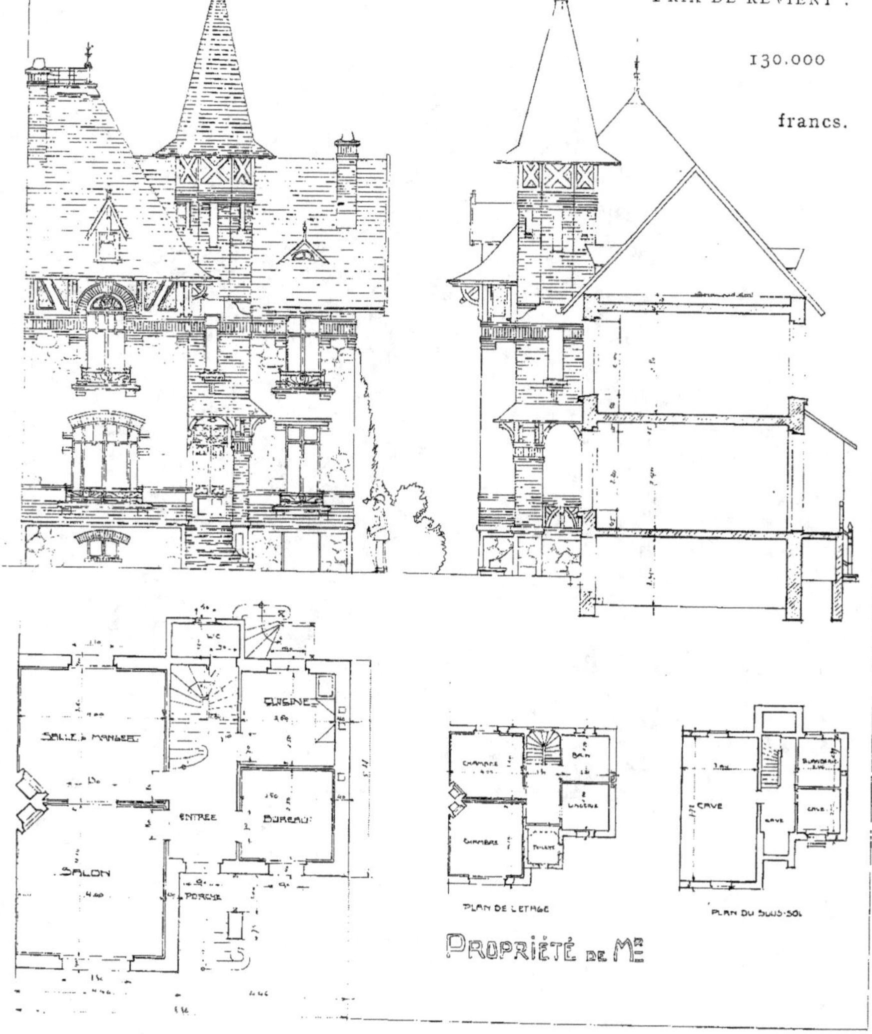

SALLE A MANGER.
VUE DU CHEMIN DE FER.

GRANDE VILLA A VILLIERS-SUR-MARNE
(SEINE-ET-OISE.)
M. BOURNIQUEL, ARCHITECTE

A l'intérieur, distribution ordinaire, mais bien éclairée, avec deux sorties sur le jardin — à l'avant et à l'arrière; — escalier illuminé par le trio de ses baies en gradins, garnies de vitraux coloriés; placards à la cuisine, à la salle, aux chambres et à la toilette-bain; au sous-sol, puits et pompe pour alimentation d'eau au rez-de-chaussée et à l'étage (réservoirs); la salle à manger décorée d'une cheminée en fine menuiserie, d'un plafond à compartiments et d'une verrière à rameaux fleuris garnissant la grande baie; un porche au perron bien accueillant, et dont le toit-terrasse à balcon abrite, encore, un cabinet w.-cl. discret, bien qu'ainsi placé; car on y entre, sous l'escalier, par le palier haut de la descente au sous-sol; il prend jour en face latérale de droite et deux portes pleines le séparent du vestibule. Enfin, une plate-forme à l'arrière-façade, devant la porte extérieure d'une cuisine dont l'usage devient agréable par ce lieu de travail en plein air, durant la saison chaude. Telles sont les qualités aimables de la villa très parisienne dont il s'agit.

— N'a-t-on pas bien raison de faciliter le *service* en une « maison de plaisance » pour les maîtres? Cette terrasse, pour la cuisinière, émane d'une judicieuse prévoyance, de la part d'une maîtresse de maison, qui, sans doute, l'aura ainsi voulue.

A l'étage sous comble sont deux chambres à feu (dont une petite pour la servante) et la chambre du réservoir d'eau. Au sous-sol, un petit calorifère de cave alimente, d'air chaud, le rez-de-chaussée, l'escalier et l'étage.

Une porte s'ouvre, au soubassement de la façade latérale de droite (p. 156), sous le triolet de baies, pour, à 7 ou 8 marches au-dessus du sous-sol, donner entrée de service.

L'aspect extérieur de la villa est d'une coquetterie laissant voir la solidité de la structure; murs en meulière aux encoignures graduées de briques rouges et blanches. Les cordons bandeaux sont en béton de ciment profilé, comme aussi le perron antérieur et le balcon de salle à manger, les appuis et les seuils. Le reste du ravalement est en sable-mortier. L'annexe du porche est montée en pan de bois à remplissage de briques apparentes en damier.

Façade principale et sa coupe.

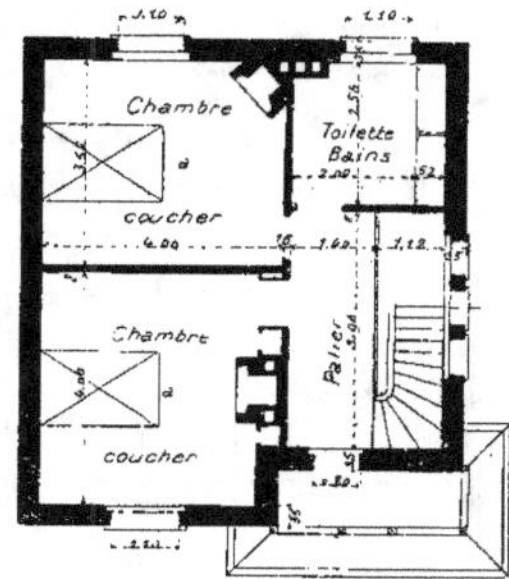

Plan du rez-de-chaussée.

Plan du premier étage.

La façade postérieure et la façade latérale de droite, avec leurs ouvertures nombreuses, garnies de volets pleins, en bois à barre et à écharpe de décharge, sont d'un effet agréable, sous leur coiffure de toits rapides

FAÇADE POSTÉRIEURE ET FAÇADE LATÉRALE DE DROITE (Villiers-sur-Marne).

laissant monter les hautes souches en briques apparentes. Le pavillon est couronné d'une crête et d'épis en zinc estampé.

La planche double (p. 265) contient tout le détail de la charpente apparente décorant l'extérieur de cette villa et celui de la ferronnerie moderne fermant les barres en gradin de la cage d'escalier.

Remise d'automobile. — Adossée au mur de clôture du fond (v. pl. 154) surélevé pour former pignon, cette petite remise est formée de deux murs goutterots en briques (0,15 ép.) avec face principale en pan de bois (chêne) à remplissage de briques apparentes

et de vitrages entre fers I (pour laisser apercevoir les machines du dehors, et éclairer l'intérieur). Une fosse d'examen et d'entretien enfonce une partie du dallage en ciment. Les battants de porte en sapin et chêne, à remplissage de frises en épi, sont vitrés par le haut, à fers I. Un soubassement en ciment isole le pan de bois de l'humidité terrestre. La toiture est d'ardoises, sur lattis apparent par le dessous.

RÉSUMÉ DU MÉTRÉ (Quantit. princip.)

MAÇONNERIE : Béton fond. et foss. cub ... 10,540
Meulière p. murs, s.-sol et fosse, cub... 34,040
— p. soubass., parem. mosaïque, c... 26,400
— en élévation, comp. pignons, c... 80,585
Briques ord. p. mur refend. ($0^m,22$), sup... 10,30
— appar. ($0^m,11$), p. porche, w.-cl., s... 6,00
— w.-cl., p. band., appuis, souch., n... 4,000
Hourdis de plancher fer I (rez.), sup. 43,50
— — angets (1er et 2e), s... 87,75
— — et ramp. sup... 60,00
Enduits plaf. (rez., 1er et 2e, escal.), sup... 190.00
Cloisons distrib. ($0^m,14$), s.-sol, briques, s... 18,00
— — ($0^m,06$), (rez., 1er et 2e), s... 81,40
Carrelage cuis. et w.-cl. et dégag., sup... 8,70
— vestibule et porche, sup... 8,60
Marches du perron, béton cim., lin... 12,00
Seuils et appuis, béton cim., lin... 13,25
1 balcon rez., béton cim., sup... 2,40
Bandeau rez., béton (dév. $0^m,35$), lin... 25,00
Conduits de fum. et deventil., lin. 72,00

Conduits de chaleur (calorif.), lin... 20,00
SERRURERIE : Fers I p. planch. (rez.), p... 316,000
Entretoises et fentons, p... 246,000
Linteaux, fers I, poids... 90,000
Chaînage ord. et en diagonale, p... 220,000
Ancres, p... 70,000
Ferrage de 12 portes intér., 11 croisées, 6 châssis.
CHARPENTE : Escalier, marches... 55
Comble sapin et faux planch., cub... 3,000
Planchers (sur rez. et 1er étage), cub... 3,256
Linteaux, fermes appar. pan-de-bois en chêne, cub... 3,300
COUVERTURE : Ardoises sur crochets p. toiture, sup... 120,00
Ardoises écailles p. 2 porches, sup... 11,00
Terrasse en plomb sur porches, sup... 3,00
Faîtage, zinc (n° 14), sup... 6,00
Noues, zinc (n° 14), sup... 3,60
Gouttières, zinc (n° 12), lin... 29,00
Tuyaux de descente, lin... 45,00
Petits chéneaux des porches, lin... 12,00
MENUISERIE : Fenêtres chêne, sup... 32,90
Portes intér., sapin, sup... 23,12
— d'armoires, sapin, sup... 13,00
Huisseries sapin, lin... 80,00
Faux lambris, moulures, sup... 35,00
Chambranles, portes et fenêtres, lin... 131,00
Parquets chêne, rez-de-ch., sup... 28,40
— pitchpin, 1er étage, sup... 39,20
— sapin, 2e étage, sup... 38,90

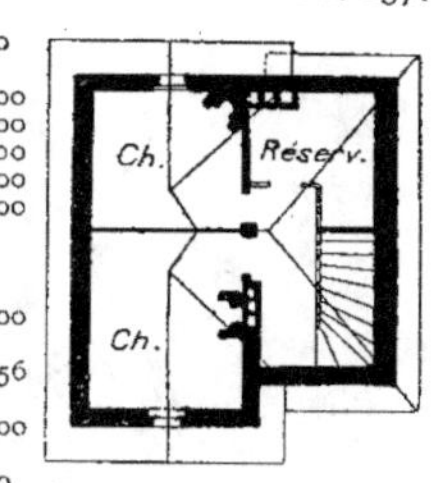

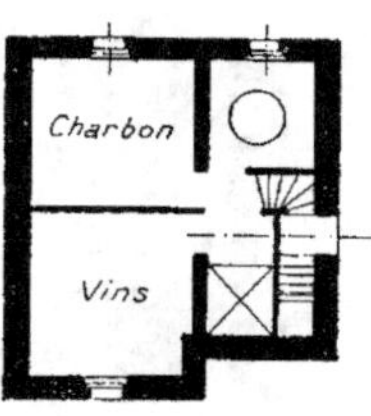

Plans du comble et du sous-sol.

Comme renseignement particulier, disons : le forfait du carrelage de cuisine et couloir est de 145 francs, celui de la fosse d'aisances (meulière épaisseur $0^m,40$, hauteur $2^m,10$, radier $0^m,30$, enduit ciment) est de 500 francs. Les murs de clôture en briques creuses ($8 \times 16 \times 30$) non compris fers I, sur hauteur de $2^m,10$ ont coûté 13 francs le mètre lin. Les poteaux en fer I ($0^m,100$) hauteur $2^m,50$, à 39 francs les 100 kilos; le chaînage en fer forgé à 1 kil. 909 par mètre lin., à 45 francs les 100 kilos. Le puits de cave (diamètre extérieur $1^m,30$, diamètre intérieur $0^m,80$, épaisseur de maçonnerie $0^m,25$, « mise d'eau » $1^m,50$, a été payé à raison de 32 francs le mètre jusqu'à 10 mètres de profondeur, et chaque mètre en plus 35 francs jusqu'à la « mise d'eau » ci-dessus indiquée ; la dépense a été de 625 francs. Les murs de la cuisine et de la salle de bains ont été revêtus d'un produit artificiel, sorte de toile cirée imitant et suppléant la céramique : le forfait pour la cuisine est de 100 francs, celui de la salle de bains est de 250 francs. Le réservoir en tôle (2e étage) pour la distribution d'eau a coûté 220 francs (tôle $0^m,003$; longueur $3^m,50 \times 0^m,50 \times 0^m,80$).

La pompe sur puits de cave à volant et engrenage ($0^m,080$ diamètre) à retour rapide, corps en cuivre, tuyaux d'aspiration et de refoulement en plomb, crépine d'aspiration et récipient d'air au refoulement, levier compensé (permettant de régler le débit à volonté et ainsi l'effort), borne à robinet, conduit de refoulement au grenier (plomb de $0^m,040$) ; 2 réservoirs tôle ($0^m,003$) accouplés par niveau, capacité totale 2.000 litres, terrassons plomb réservoirs (en cas de fuite) avec descente d'évacuation; distribution à la toilette (1er étage), poste d'eau émaillé; robinets à la cuisine, au water-closet et à la cave, au jardin, et tous accessoires nécessaires : forfait de 1.290 francs pour le tout.

RÉSUMÉ DES DÉPENSES DES TRAVAUX EXÉCUTÉS EN 1905

Maçonnerie	fr. 10.379 »
Charpente	3.765 »
Serrurerie	2.250 »
Couverture, plomberie	3.100 »
Menuiserie	3.245 »
Fumisterie	929 »
Pâtes (décoration)	450 »
Peinture, vitrerie	1.170 »
Vitraux	300 »
Miroiterie	100 »
Travaux supplém. divers, remise à auto, clôt. ext., puisard, jardin, etc.	5.120 »
Total	fr. 30.808 »

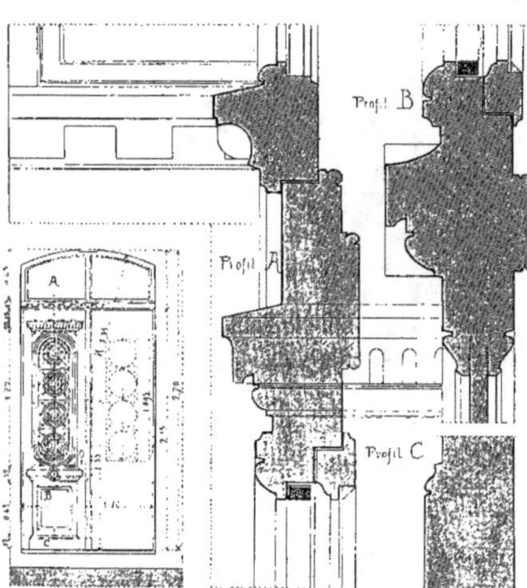

Détail de menuiserie : porte d'entrée en façade principale
(éch. de la porte, 0,025 p. m ; éch. des profils, 0,250 p. m.).

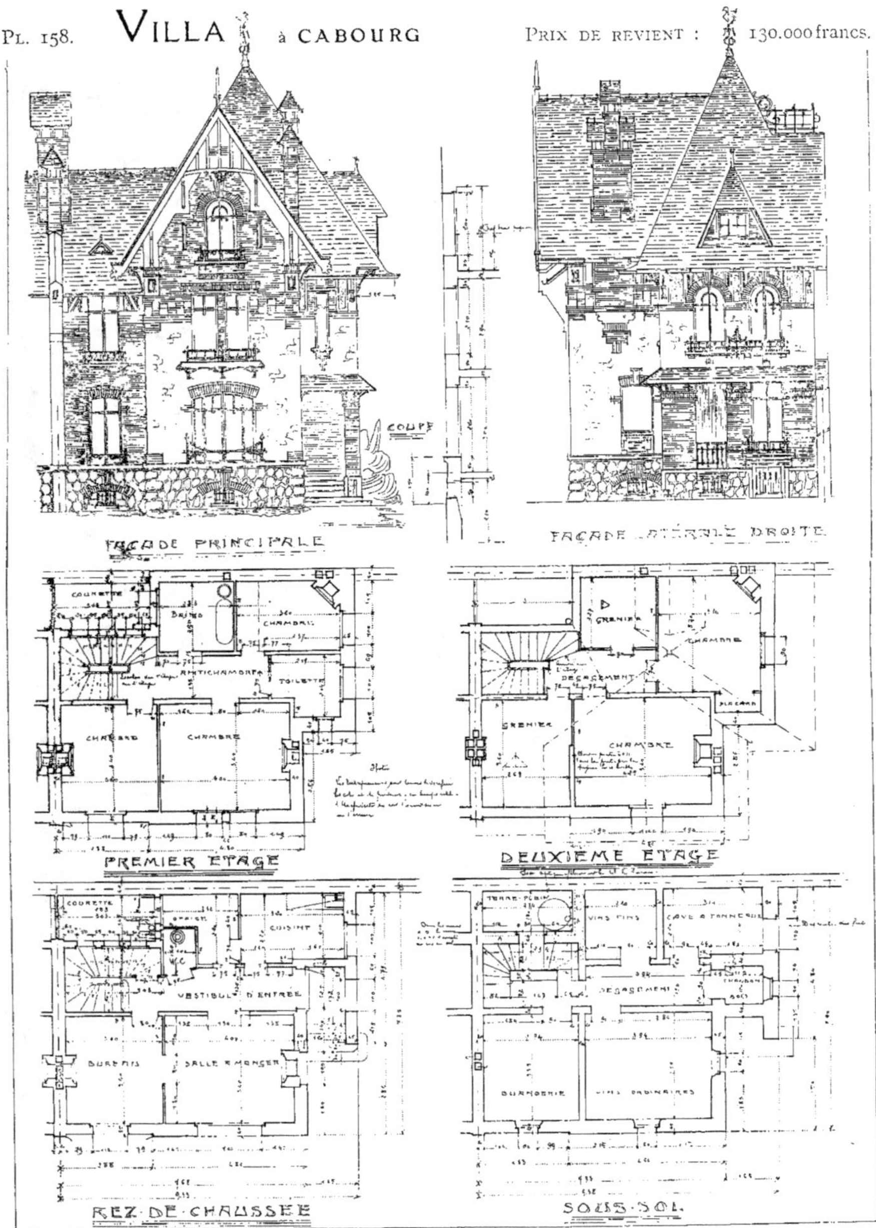

PL. 158.   VILLA à CABOURG   PRIX DE REVIENT : 130.000 francs.
COUPE
FACADE PRINCIPALE
FACADE LATÉRALE DROITE
PREMIER ETAGE
DEUXIEME ETAGE
REZ-DE-CHAUSSEE
SOUS-SOL

LES GRANDES VILLAS

VILLA A TOURELLE

au

PARC DES PRINCES

Bois de Boulogne

Prix de revient :

100.000 francs.

Voir détails des 3 façades

au verso.

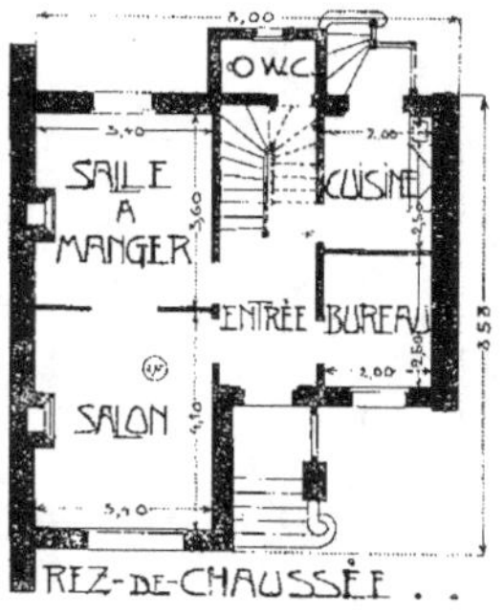

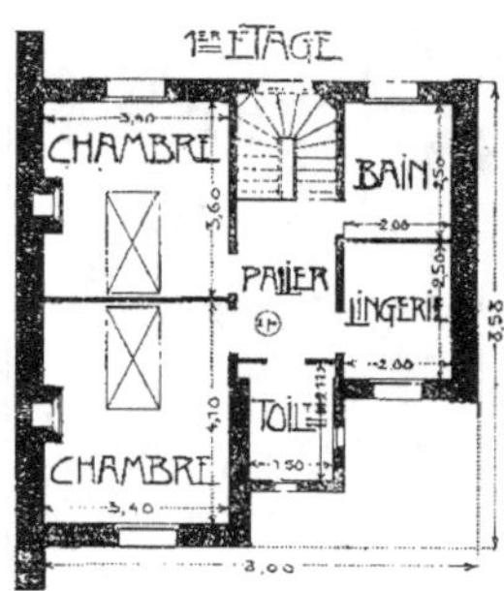

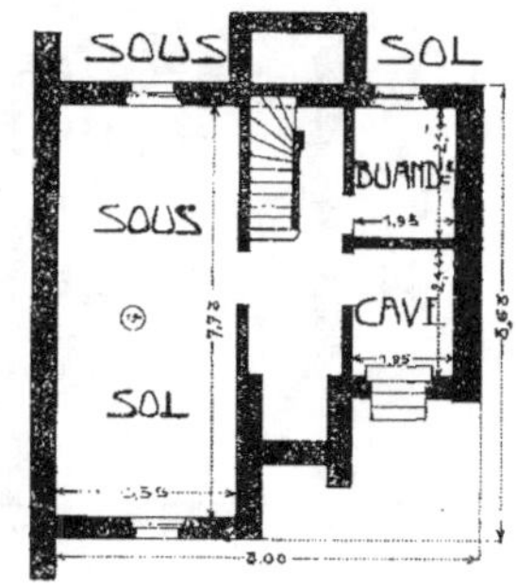

VILLA A TOURELLE à MONTLUÇON

PRIX DE REVIENT :

120.000 francs.

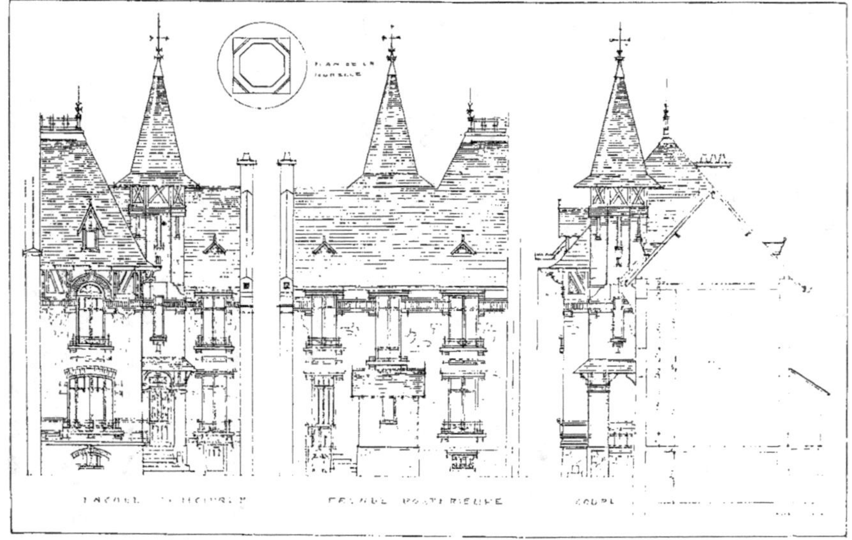

3 FAÇADES D'UNE VILLA A TOURELLE (Voir les plans à la planche nᵒ 159.)

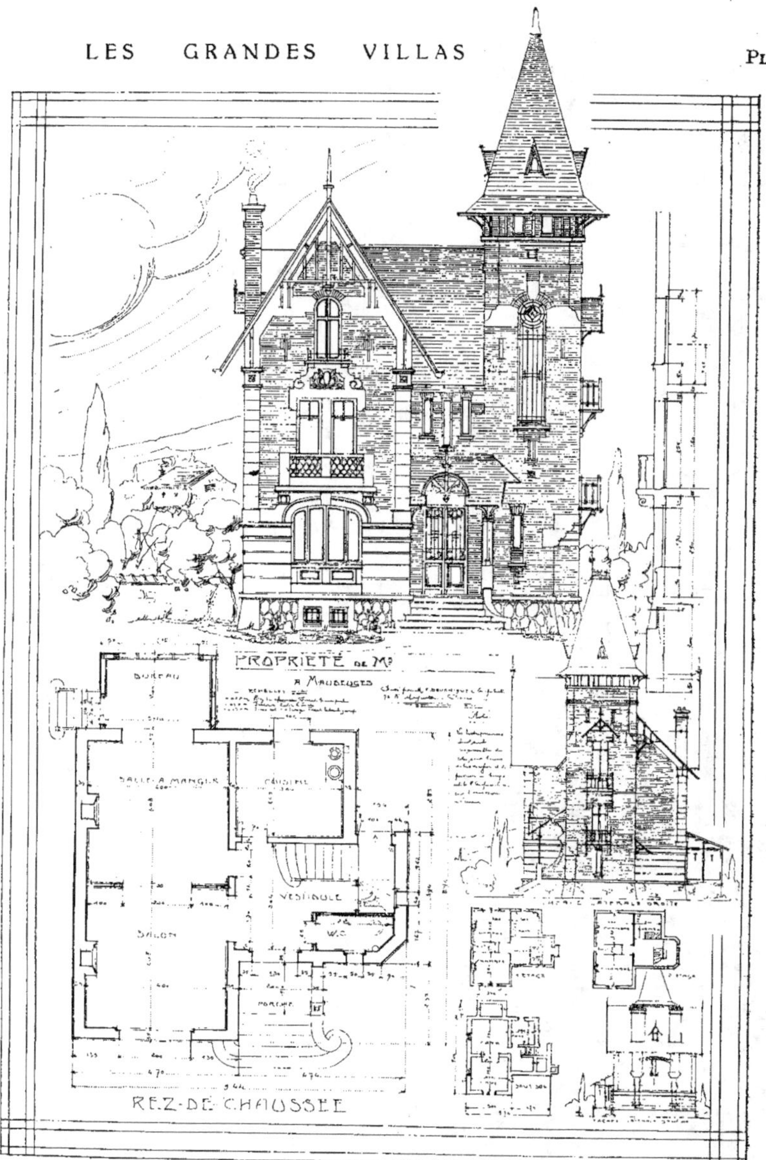

VILLA, A MAUBEUGE. — *Prix de revient :* 140.000 francs.

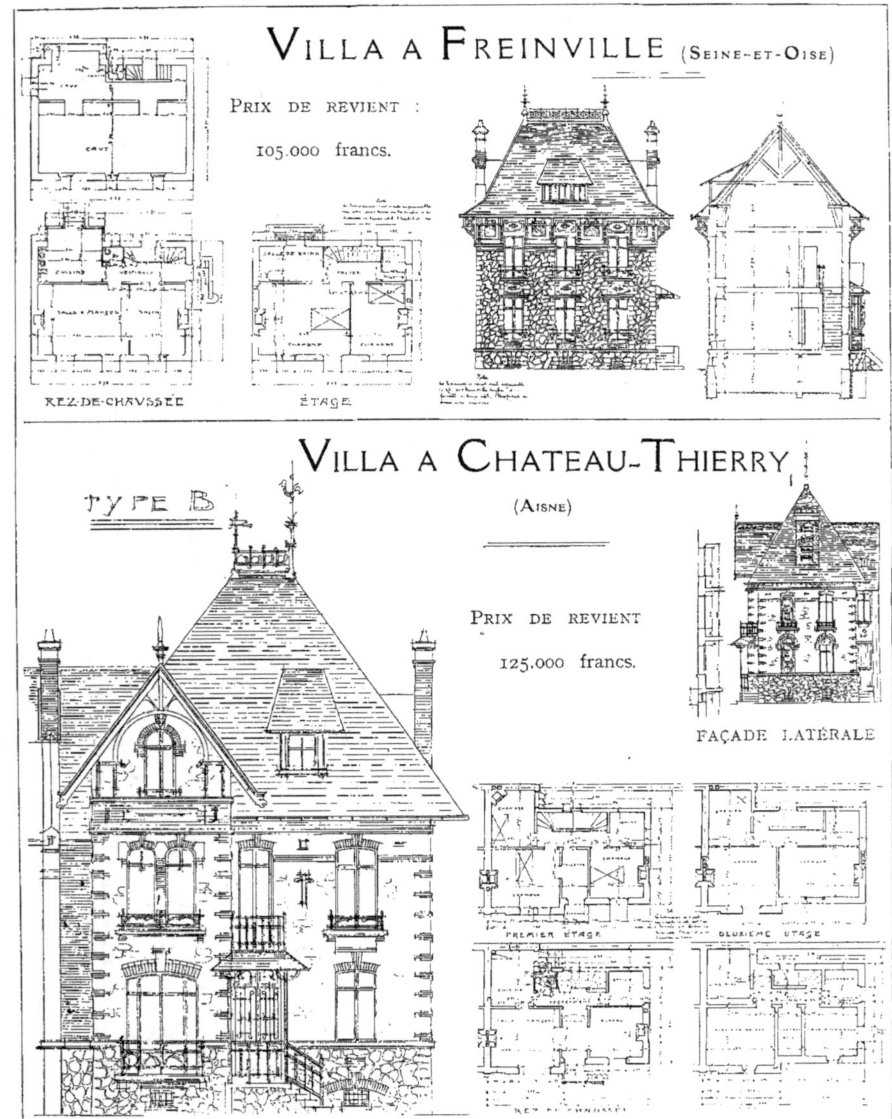

VILLA A FREINVILLE (Seine-et-Oise)
PRIX DE REVIENT :
105.000 francs.
REZ-DE-CHAUSSÉE
ÉTAGE
VILLA A CHATEAU-THIERRY
(Aisne)
TYPE B
PRIX DE REVIENT
125.000 francs.
FAÇADE LATÉRALE
PREMIER ÉTAGE
DEUXIÈME ÉTAGE
REZ DE CHAUSSÉE

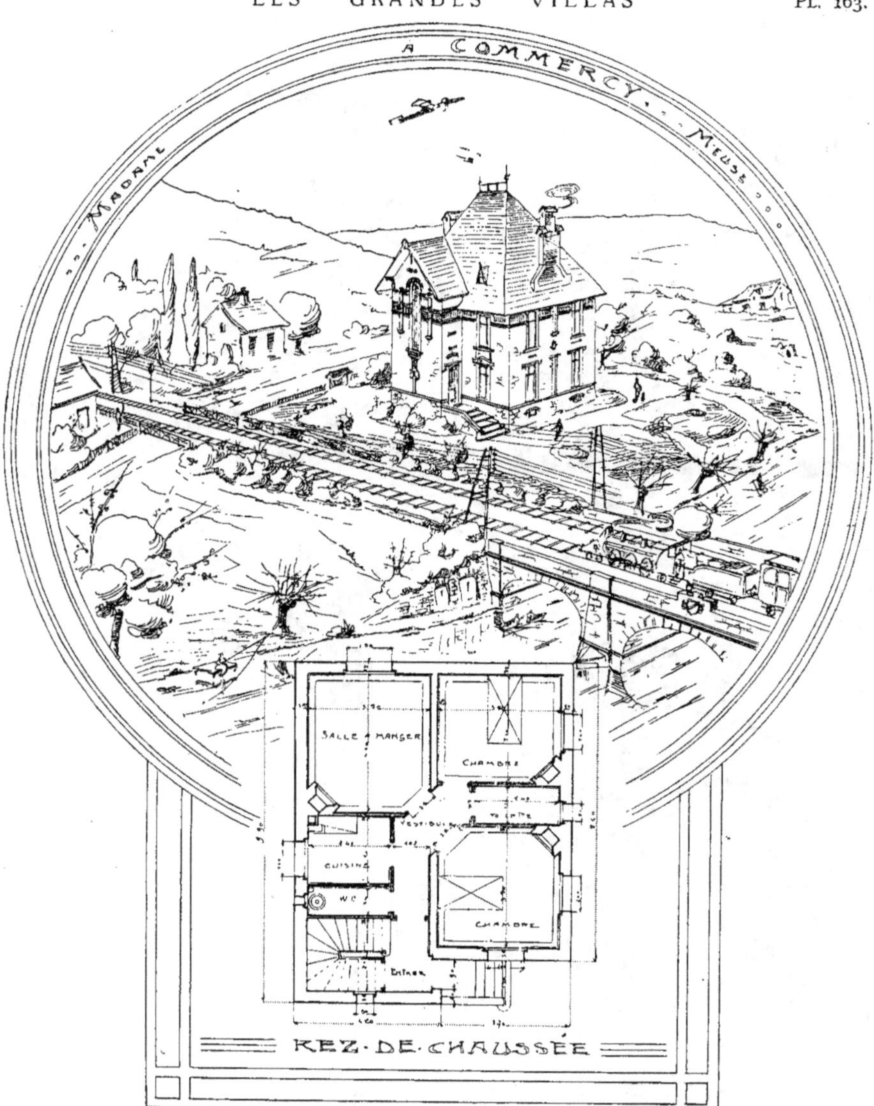

VILLA, A COMMERCY (MEUSE). — *Prix de revient :* 116,500 francs.

PL. 164.

LES
GRANDES
VILLAS

LES MAISONS D'ARTISTES

VESTIBULE
CUISINE
SALON
SALLE À MANGER
GARAGE
ATELIER
PLAN DU REZ DE CHAUSSÉE

MAISON D'ARTISTE DANS LA VALLÉE DE CHEVREUSE

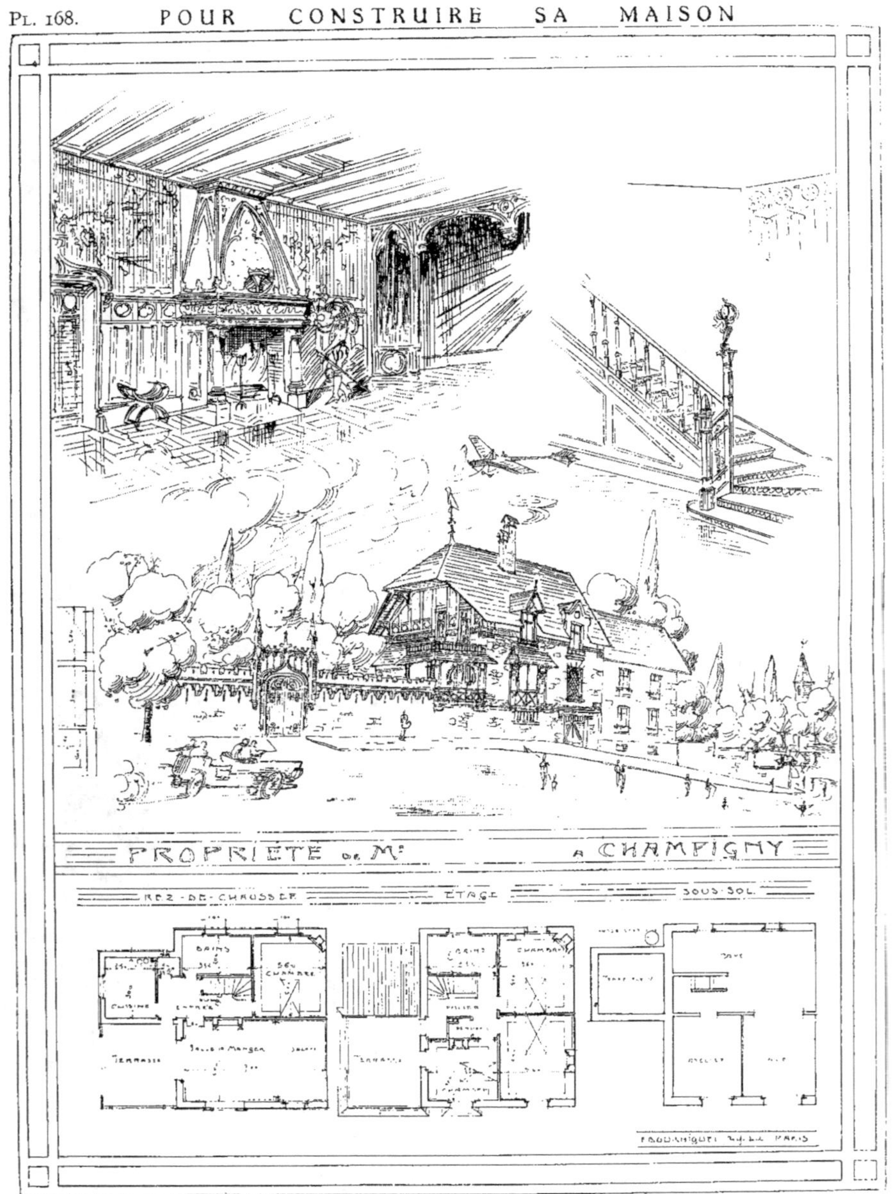

MAISON DE REPOS D'UN ARTISTE DÉCORATEUR, AUX BORDS DE LA MARNE
(Voir l'exécution, Pl. 169.)

ARTISTIQUE

ET

MOYENAGEUSE

MAISON DE REPOS

D'UN

ARTISTE

DÉCORATEUR

Voir les détails pl. 168.

22

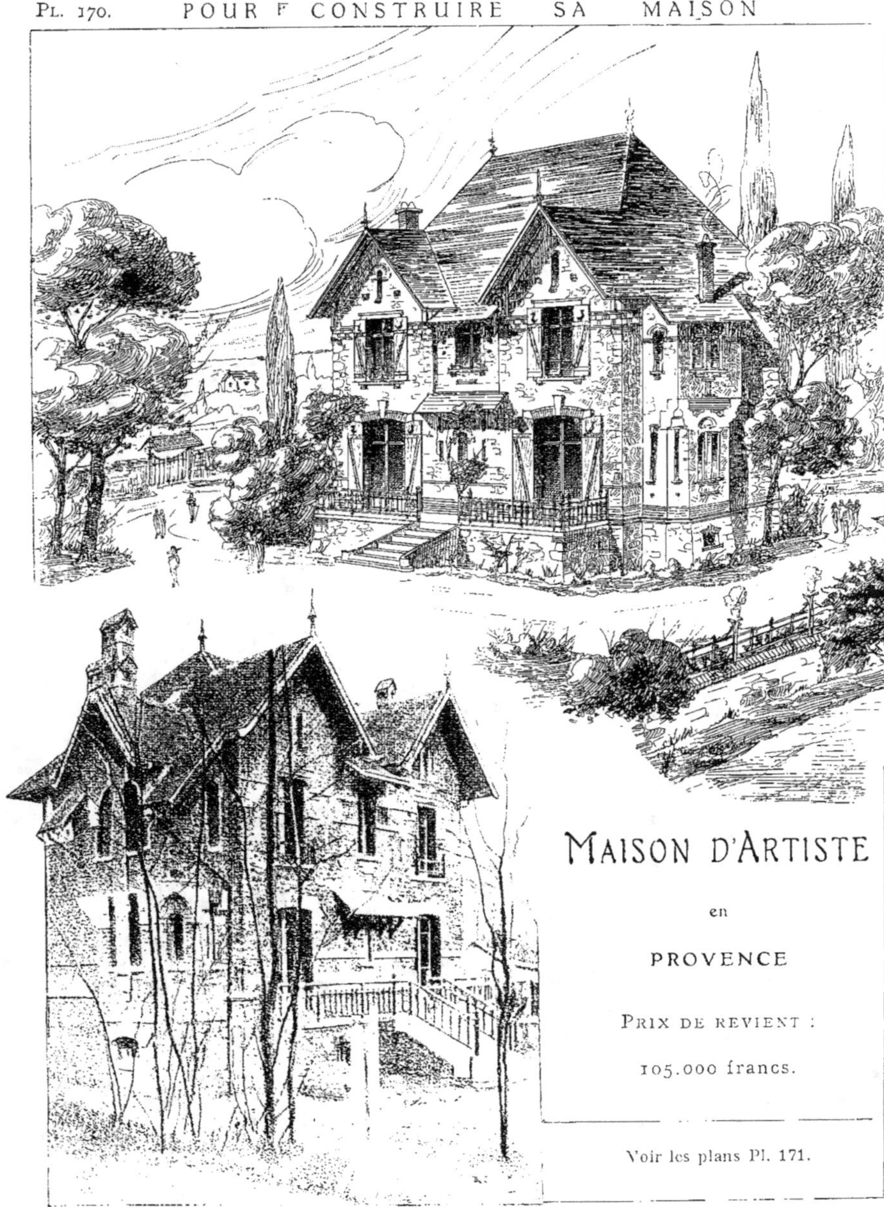
MAISON D'ARTISTE
en
PROVENCE
PRIX DE REVIENT :
105.000 francs.
Voir les plans Pl. 171.

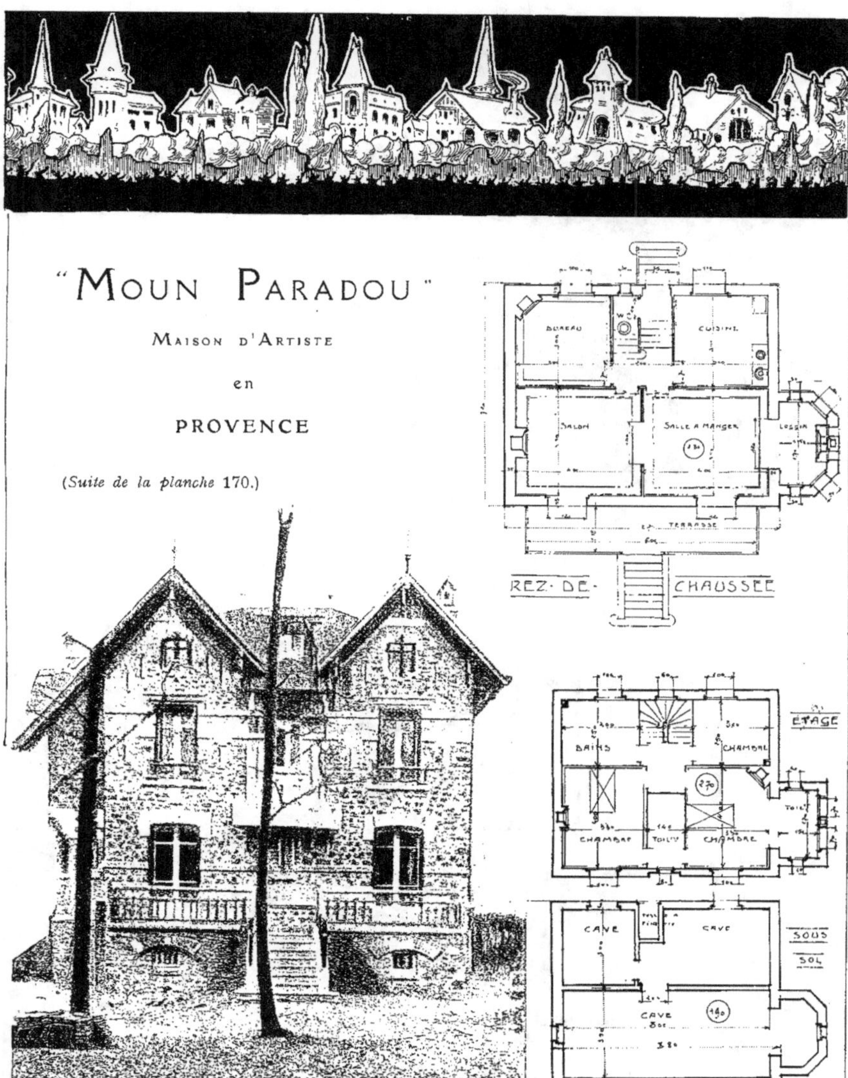

"MOUN PARADOU"

MAISON D'ARTISTE

en

PROVENCE

(Suite de la planche 170.)

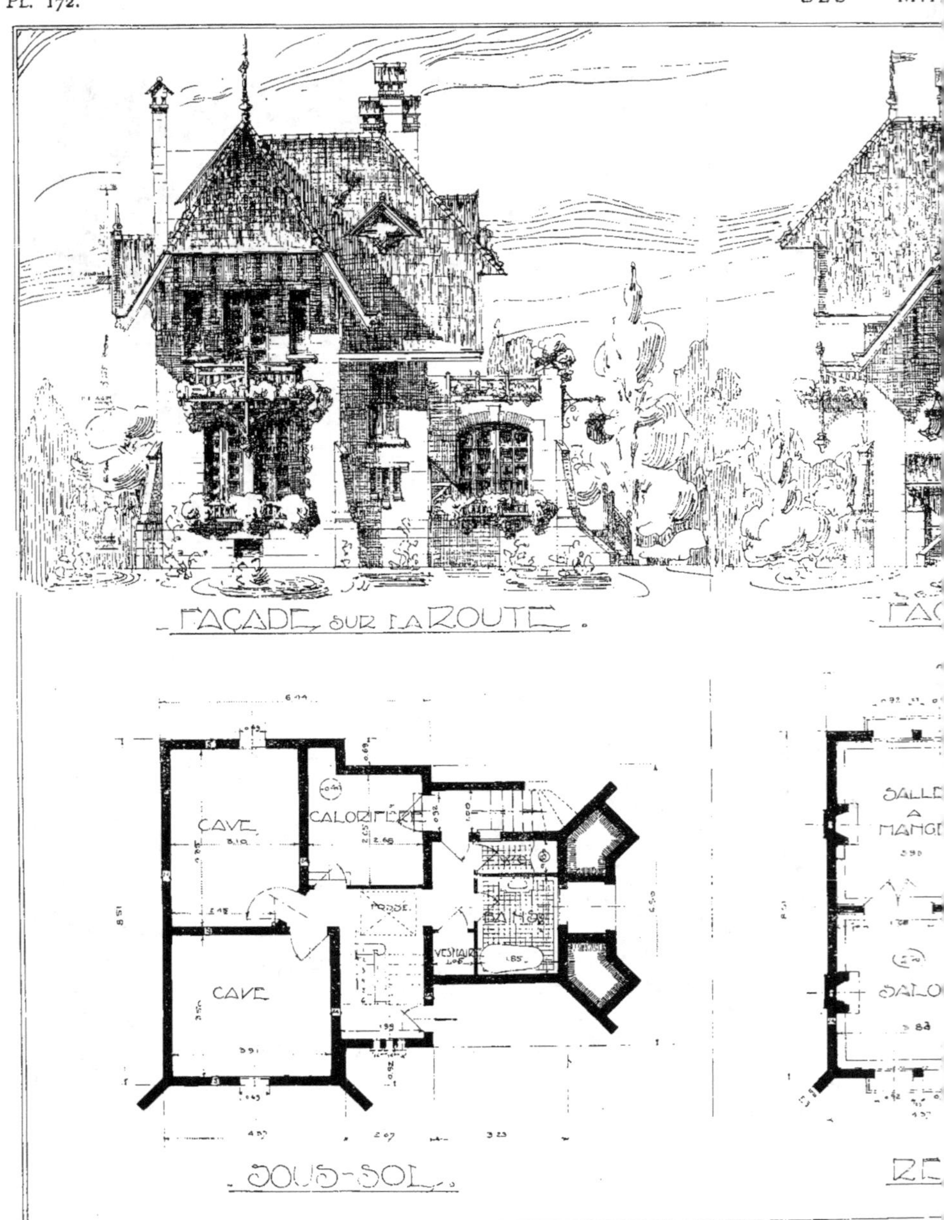

LA BUISSONNIÈRE, A LOUVECIENNES. —

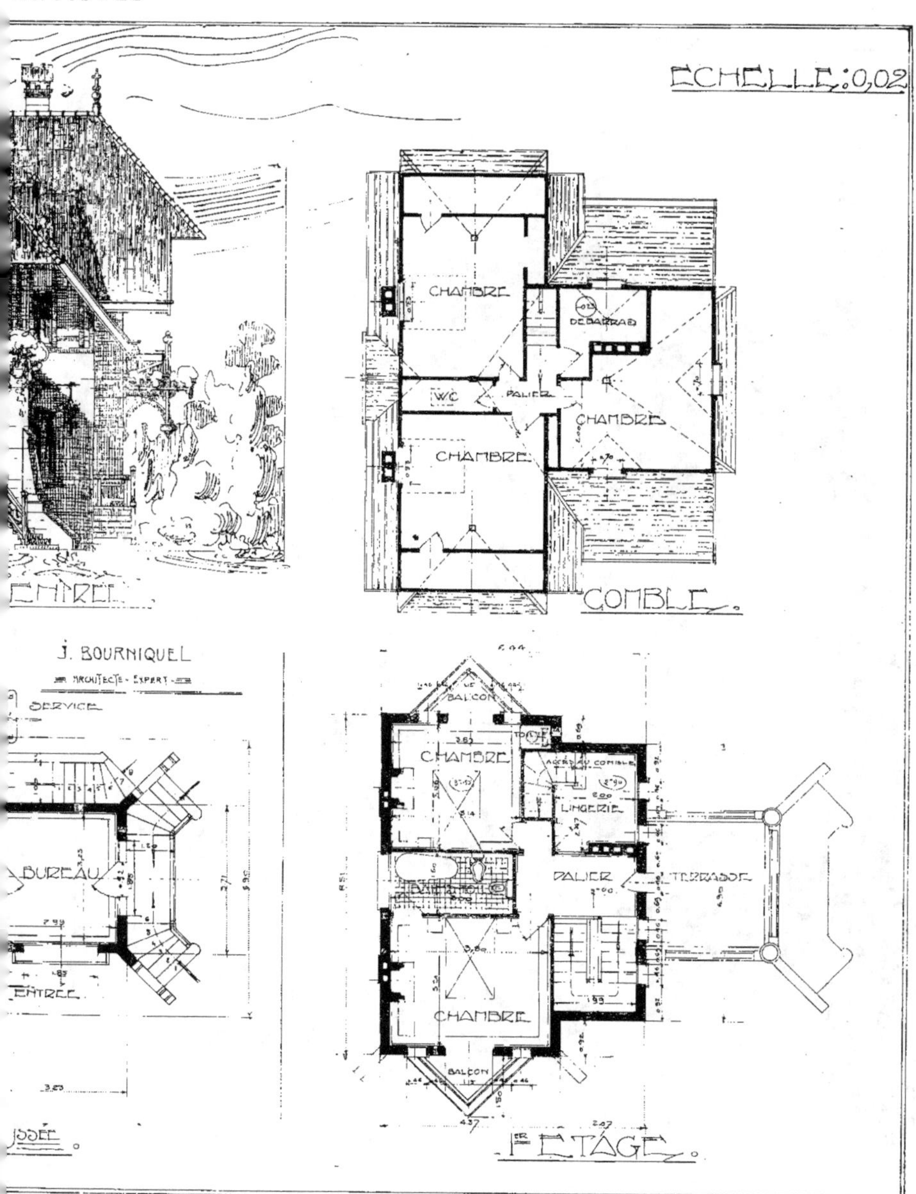

construction aux planches nos 295. 296. 297, 298).

FONTENAY-AUX-ROSES, VUE SUR LE JARDIN

FONTENAY-AUX-ROSES

VUE D'ENSEMBLE SUR L'ATELIER ET SUR LA VÉRANDA

FONTENAY-AUX-ROSES

SILHOUETTES
DES
3 FAÇADES

VUE D'ENSEMBLE SUR L'ATELIER

VUE DE LA SALLE A MANGER DE L'HABITATION D'ARTISTE, A FONTENAY-AUX-ROSES

HOTEL PARTICULIER
à
TROYES
-AUBE-
CASTEL
-à-
ÉPERNAY
ÉLÉGANTE VILLA
à
EAUBONNE
MAISON d'industriels
à
AULNAY
s/
-BOIS-
VILLA à TOURELLE
au
BOIS de VINCENNES

Les Hotels
Particuliers

ROUSTCHOUK

BULGARIE

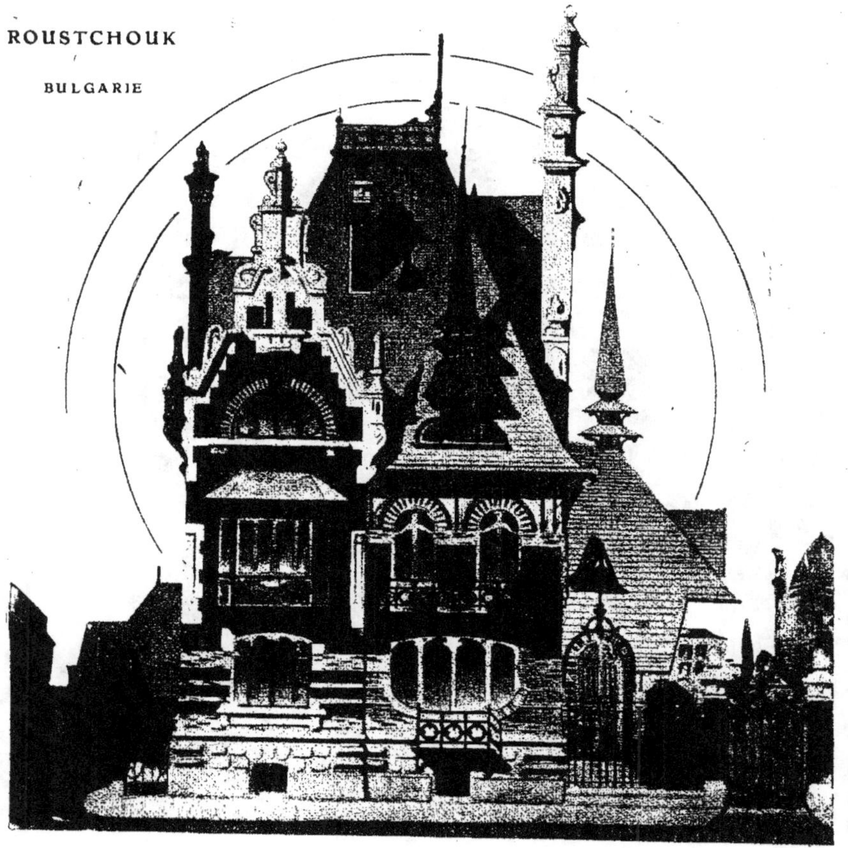

HOTEL PARTICULIER, A NEUILLY-PLAISANCE

Un Hotel Particulier

à

NEUILLY-PLAISANCE

(Seine-et-Oise.)

M. BOURNIQUEL, Architecte.

Nous sommes heureux d'attirer l'attention de nos lecteurs sur le délicat problème qu'a eu à résoudre M. F. Bourniquel, notre sympathique confrère parisien, auteur de cette belle construction.

Sur une esquisse trop séduisante qui avait enthousiasmé le propriétaire, l'exécuter sans dépasser ses prévisions budgétaires.

Pour y arriver, l'architecte eut recours à la brique et à la cimentaline armée de fer, ce qui lui a permis d'éviter la coûteuse pierre de taille. La brique, de tout premier choix, n'a été employée que dans les parties vues. L'ensemble de l'imposante façade est de fantaisie; un entablement aux lignes sobres, mais bien étudiées, permet un jeu de lumière que la sculpture vient agrémenter de taches grises.

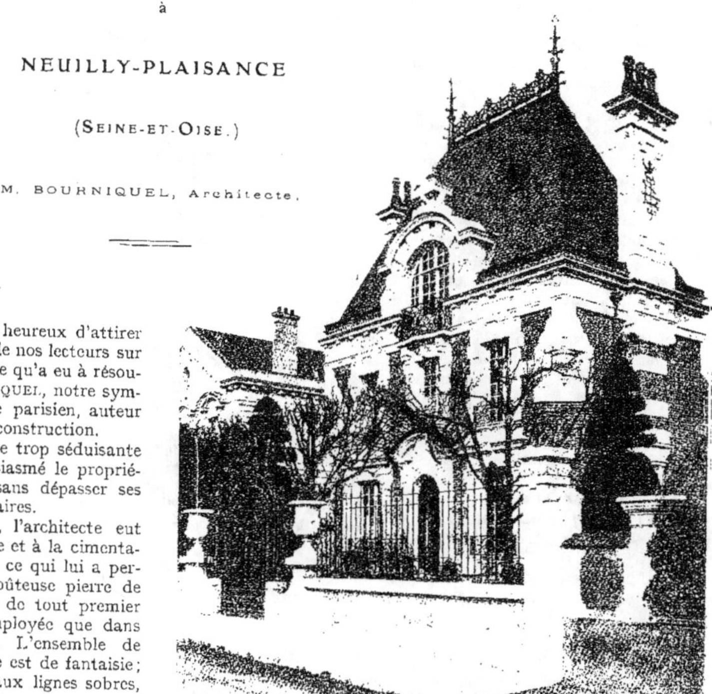

VUE DE LA FAÇADE PRINCIPALE

Les joints du briquetage très en creux, complètent le dessin de cette façade. Une grande baie, avec balcon se découpant avec élégance sur la haute toiture, éclaire une salle de billard prise dans la charpente du comble. Le distingué auteur s'est appliqué, en construisant sa charpente, à ce qu'aucune pièce de bois ne soit apparente dans cette salle.

Un grand vestibule, entièrement revêtu de stuc, donne accès à la salle à manger et à une chambre d'apparat. Une cuisine et un cabinet de toilette complètent ce rez-de-chaussée. Au fond du vestibule, l'escalier en charpente décorative conduit aux étages.

Il est bon de rappeler, pour expliquer la simplicité de ce plan, que cet Hôtel n'est considéré que comme pied-à-terre.

Au sous-sol, on trouve une confortable buanderie, avec lavoir, lessiveuse, etc.; deux caves, un réduit pour bois et charbon, et la fosse.

Au 1er étage, trois chambres, desservies par un grand palier, prennent jour sur la façade principale. Une petite chambre, aménagée en salle de bains, les w.-c. et un débarras complètent cet étage.

Le 2e étage, pris entièrement dans les combles, se compose des greniers et de la salle de billard.

Cette dernière pièce est traitée dans le style moderne et l'effet décoratif y est obtenu avec des lambris et une cheminée monumentale, où les queues de billard trouvent une place appropriée. Du côté opposé à la cheminée, une petite logette, garnie de bancs, permet aux invités non joueurs de regarder sans gêner. (Voir planche n° 268.)

Les façades latérales sont décorées dans le même esprit que la principale, en utilisant les cheminées qui sont apparentes.

La façade postérieure, plus sobre, est caractérisée par la fantaisie du pignon et la grande verrière de l'escalier.

La rampe d'accès du perron, les balcons, ont été faits spécialement pour se marier agréablement avec l'ensemble de la décoration. La marquise, très élégante, vient chapeauter gracieusement le fronton de la porte d'entrée et la grille du vestibule.

Quant à la clôture, un difficile problème restait à résoudre. La présence de deux grands vases décoratifs venant encadrer la grille extérieure, a nécessité un arrangement très spécial. On peut voir sur la planche N° 252 avec quel sens artistique cet arrangement a été obtenu par l'Architecte.

(Voir les détails d'exécution aux planches 184, 185, 186, 254, 259, 260 et 271.)

DÉTAIL DE LA FAÇADE PRINCIPALE

MATÉRIAUX EMPLOYÉS

Maçonnerie. — Les murs, dans les caves, sont construits en meulière et mortier de chaux hydraulique de Beffes, les cloisons en briques pleines de pays et mortier *idem*.

La fosse, en meulière enduite de ciment Portland; au sol, radier en béton de gravillon et ciment de $0^m,10$ d'épaisseur.

Le plancher des caves est hourdé en voûtains. La descente de cave est composée de marches en aggloméré Coignet. La buanderie, dallée en ciment Demarle et enduite, au pourtour, en ciment sur 1 mètre de hauteur. Lavoir en ciment, suivant détail de l'architecte.

Les murs des étages cotés $0^m,25$, sont en briques Muller dans les parties vues et en briques du pays dans les parties enduites. Tous les murs, plafonds, cloisons, tableaux, ébrasements, sont enduits en plâtre au sas. Pierre d'évier en grès

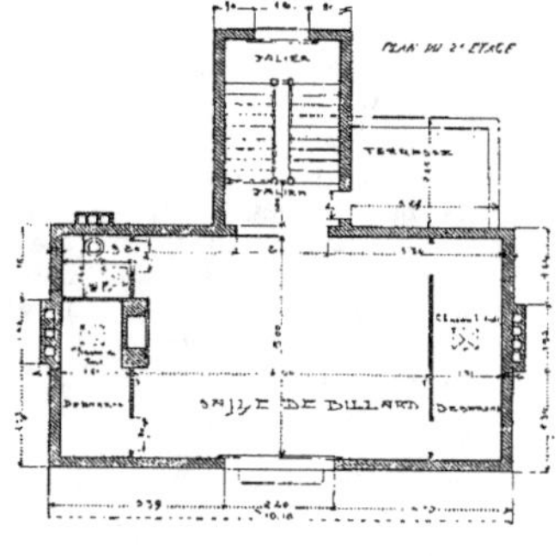

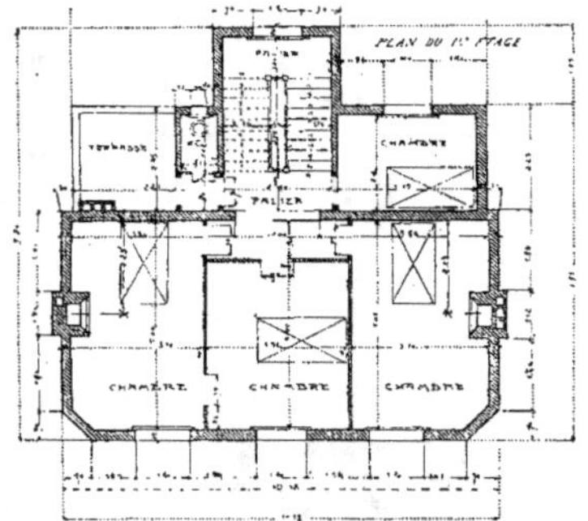

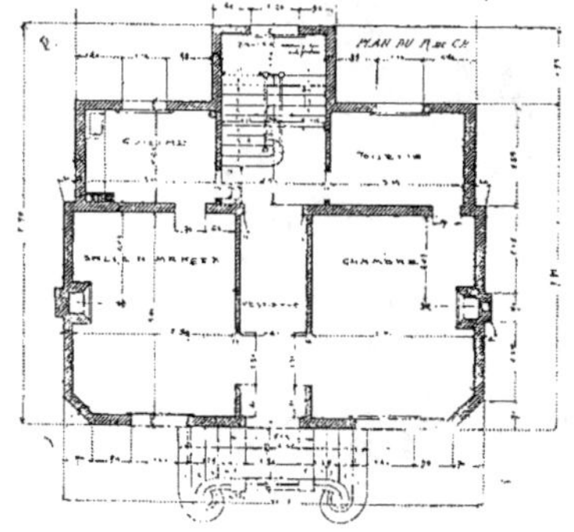

vernissé. Murs de cuisine, de toilette et salle de bains, ainsi que les w.-c., sont revêtus de faïence blanche avec bordure formant dessin.

La cuisine, la toilette, les w.-c. sont carrelés en carreaux d'Auneuil rouges et blancs. Le vestibule et le palier en céramique.

Ravalements. — En cimentaline suivant dessin de l'architecte, les joints de briques très creux, tirés à la règle et équarris. Bandeau de socle, en Coignet, de même, le perron et ses marches.

Canalisation. — En grès vernissé de $0^m,12$ de diamètre conduisant les eaux pluviales et ménagères au puisard, regard à chaque descente, avec dalle de recouvrement.

Serrurerie. — Le plancher haut des caves et celui du 1er étage, en fer I de $0^m,12$ P. N., et en fer I de $0^m,08$ P. N. A toutes les baies, linteaux I de $0^m,10$ P. N. suivant les besoins. A hauteur des planchers du rez-de-chaussée et du 1er étage, chaînage sur tout le périmètre du bâtiment ainsi que sur le mur de refend, en fer méplat de 35×7 avec boulons, ancres, tirants, etc. Chaînage en fer rond pour les cheminées en briques, avec ancres en fer forgé suivant dessin. La quincaillerie est de premier choix.

Charpente. — Le faux plancher en 1/2 bastings $0^m,034$ cintré suivant plan. La charpente du comble tout sapin, assemblé, quatre demi-fermes d'angle, reliées par une croix de Saint-André. Faîtages, pannes, noues, arêtiers, en sapin de 8×23.

Escalier. — L'escalier tout chêne avec balustrades, poteaux profilés avec têtes découpées, marches en chêne $0^m,054$, contre-marches chêne de $0^m,027$, moulures sur le limon. La marche de départ en ciment Coignet à volute.

Suite de l'Hôtel Particulier de Neuilly-Plaisance.

Menuiserie. — Toutes les croisées, chêne mouluré, un parement dormant 0^m,054 × 8, partie ouvrante chêne 0^m,034 à noix et gueule-de-loup, petits bois à la demande, pièce d'appui avec gorge d'écoulement. Tubes de buée et tapées pour persiennes en fer. Les parties intérieures tout sapin à cinq panneaux. Les huisseries, poteaux d'angles et de remplissage tout sapin 8 × 8 et 8 × 15. Plinthe dans la salle à manger, salle de billard. Stylobates dans les chambres. Chambranles au pourtour de toutes les baies.

Parquets : salle à manger et chambre d'apparat, chêne de premier choix de 0^m,027 par frises de 0^m,085, posé à point de Hongrie sur lambourdes chêne 0^m,034 × 0^m,08. 1er étage : parquet chêne deuxième choix. 2e étage : parquet sapin.

Couverture. — La couverture des combles est en ardoise violette de Fumay carrée, de 0^m,11 de pureau, posée au crochet sur volige neuve peuplier. Faîtage zinc estampé. Recouvrement en zinc n° 12 de l'entablement. Chéneaux à l'anglaise en zinc n° 12 avec tous accessoires pour le corps principal du bâtiment. Les tuyaux de descente en zinc n° 12 de 0^m,08 de diamètre. Dans les w.-c., appareil dit système Havard, cuvette porcelaine à effet d'eau avec tirage, etc.

(Extrait de l'*Habitation Moderne*.)

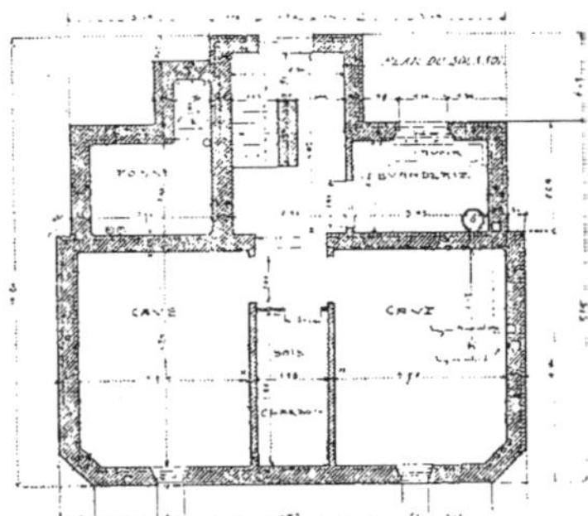

RÉSUMÉ DES DÉPENSES EN 1908

Maçonnerie	20.500 »
Sculpture	1.750 »
Serrurerie	7.800 »
Charpente	2.500 »
Menuiserie	6.300 »
Couverture et Plomberie	3.650 »
Fumisterie	1.900 »
Peinture et Vitrerie	4.700 »
TOTAL.........	49.100 »

Vue de la salle à manger
DE L'HOTEL PARTICULIER DE NEUILLY-PLAISANCE

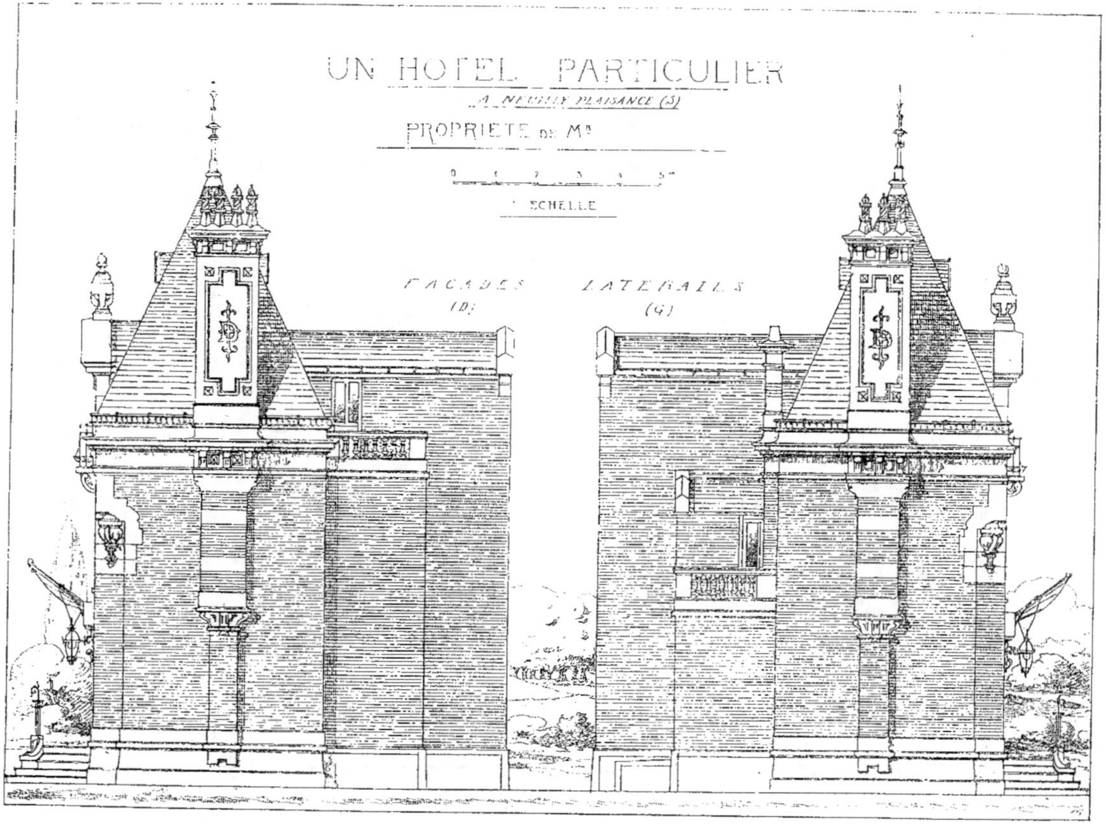

UN HOTEL PARTICULIER
A NEUILLY PLAISANCE (S.)
PROPRIETE DE M.
ECHELLE
FACADES LATERALES
(D) (G)

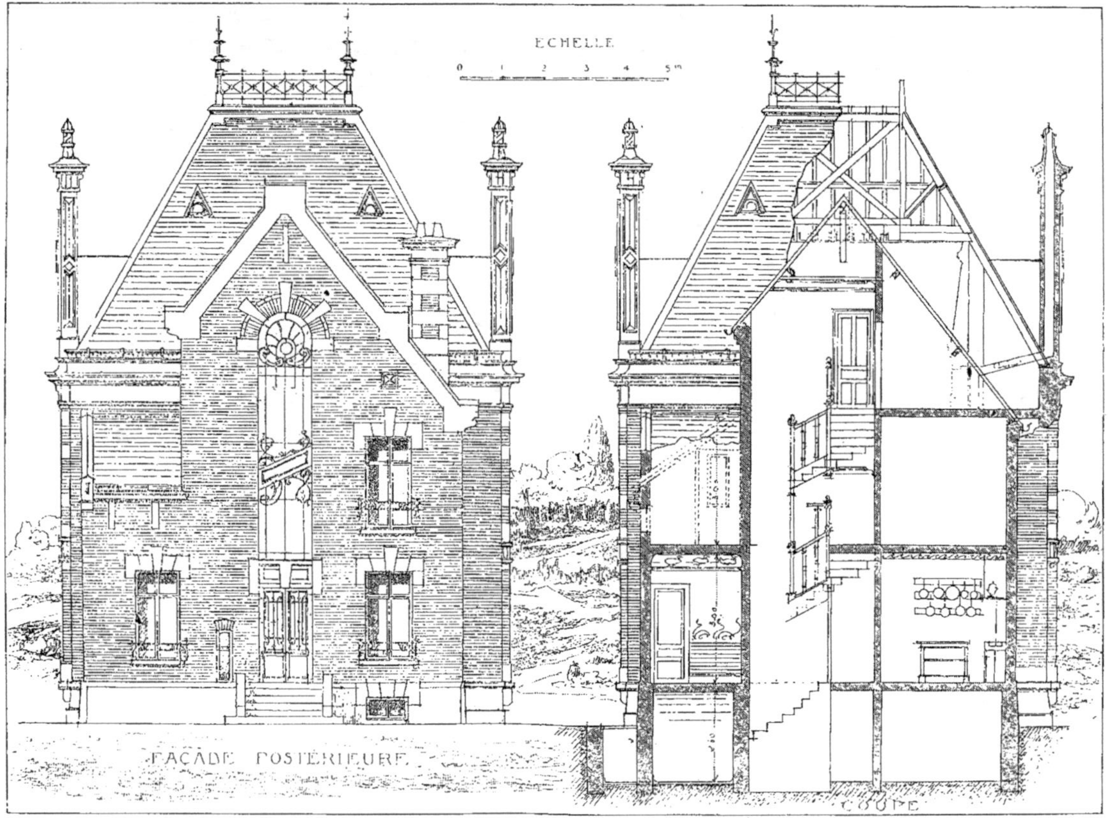

ÉCHELLE
0 1 2 3 4 5m
FAÇADE POSTÉRIEURE
COUPE

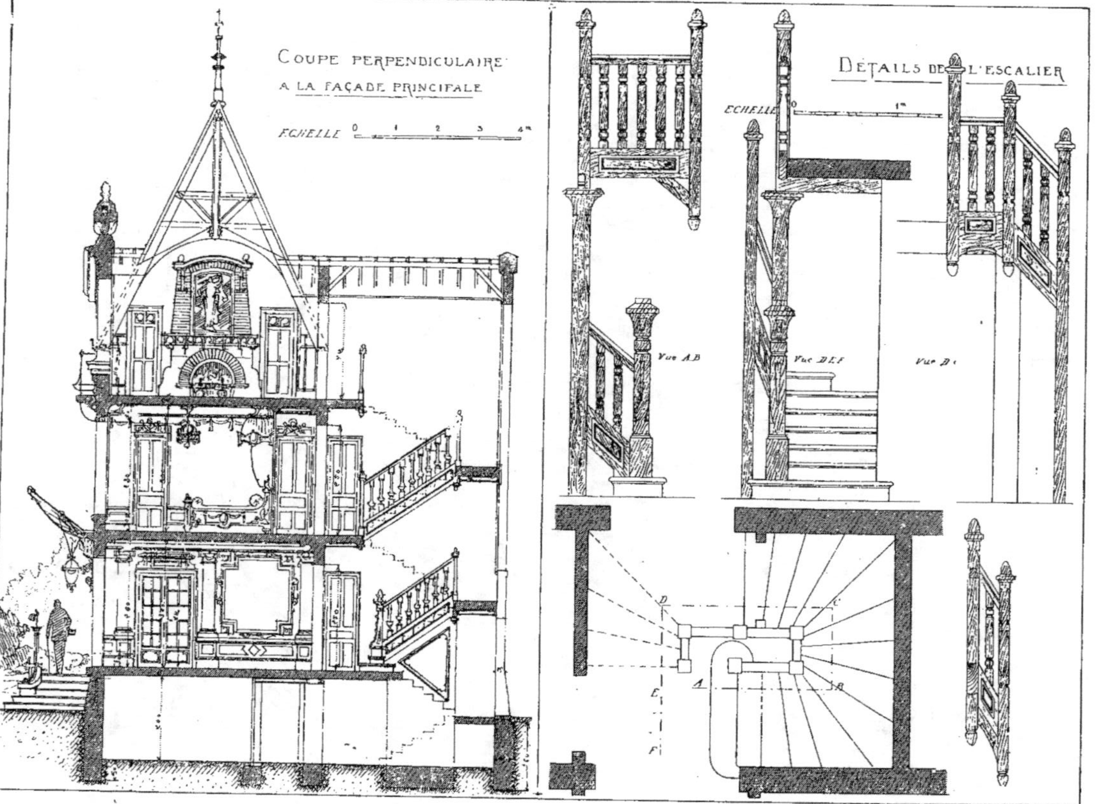

Coupe perpendiculaire
a la façade principale
ECHELLE 0 1 2 3 4m
Détails de l'escalier
ECHELLE 0 1m
Vue A.B
Vue D.E.F
Vue D.
D
E
F
A
B

PETIT HOTEL

à

DON CHERY

(Ardennes)

PROPRIÉTÉ DE M٠ A٠ DONCHÉRY

PRIX DE REVIENT:

250.000

francs.

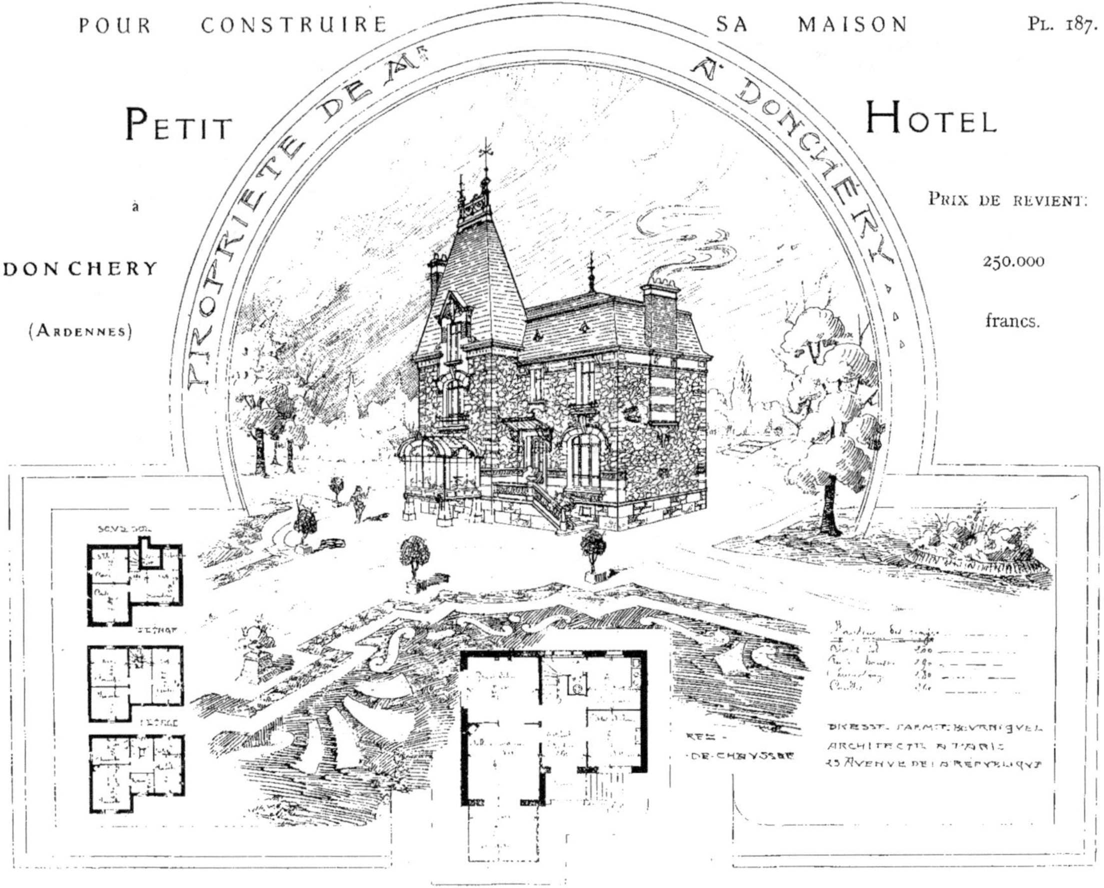

HOTEL PARTICULIER

à

TROYES

(Aube)

Hotel Particulier

à TROYES (Aube)

Voir les planches 188 à 191, 249, 251, 257, 258, 261, 262, 284 et 292.

VUES GÉOMÉTRALES DES 2 FAÇADES

VUE SUR FAÇADE LATÉRALE GAUCHE

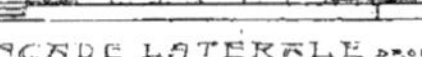

Pl. 190.

DÉTAILS DE LA PORTE D'ENTRÉE
PLANS ET VUE D'ENSEMBLE

L'HOTEL PARTICULIER DE TROYES

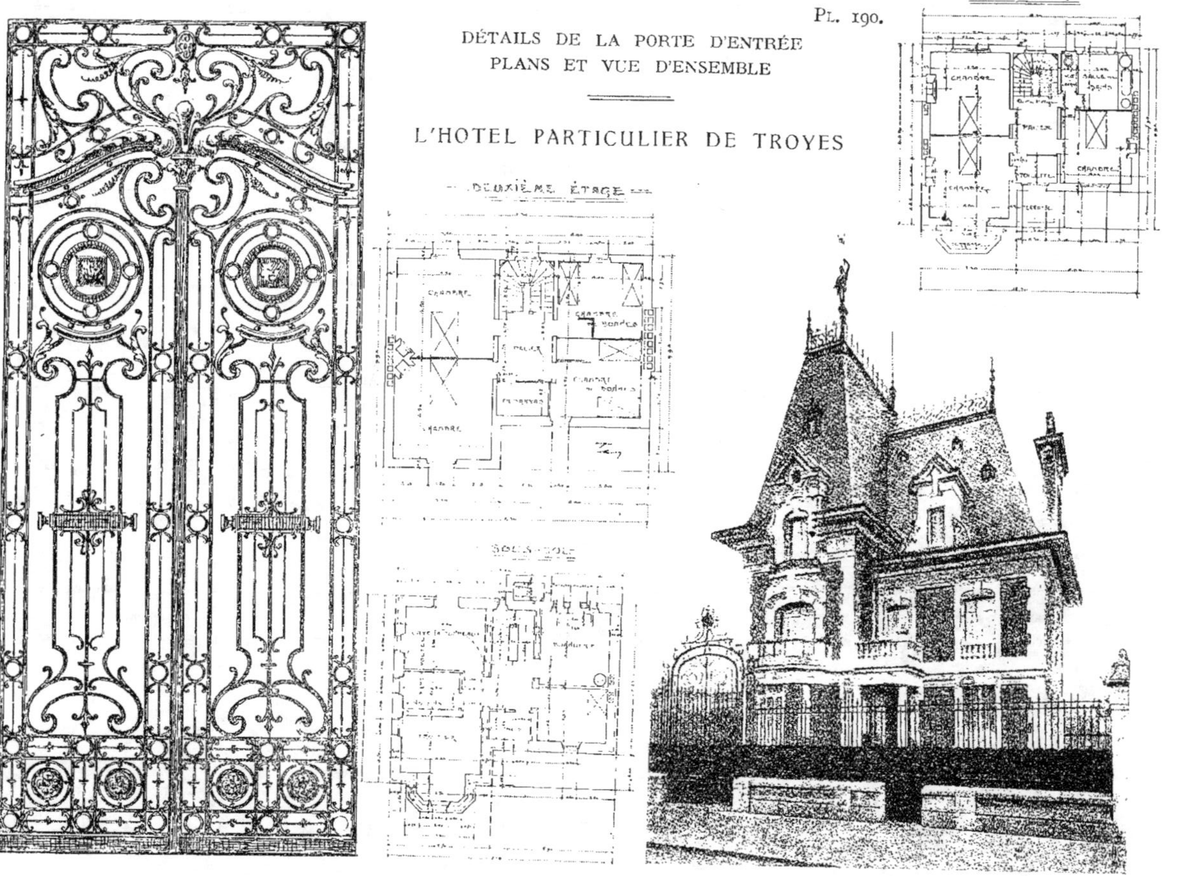

DÉTAILS D'EXÉCUTION DE L'HOTEL PARTICULIER

COUPE TRANSVERSALE

COUPE LONGITUDINALE

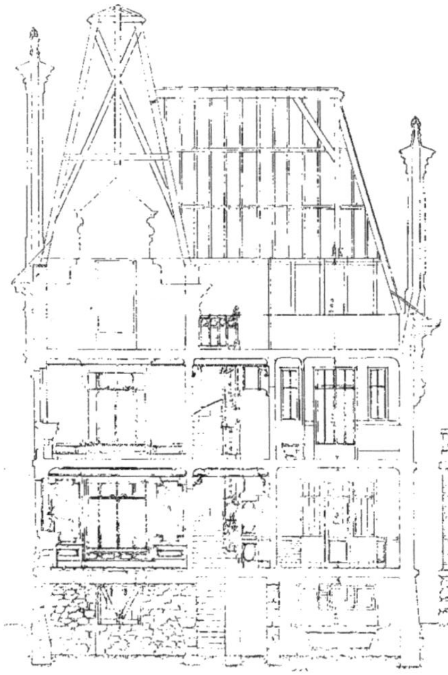

VUE PERSPECTIVE

(Voir planche 190,
les plans des autres étages.)

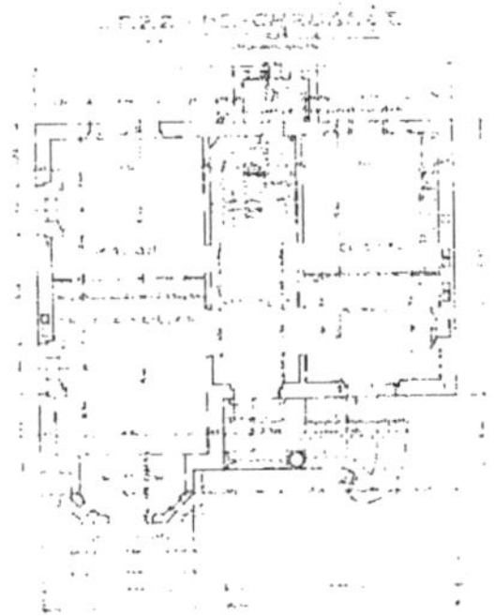

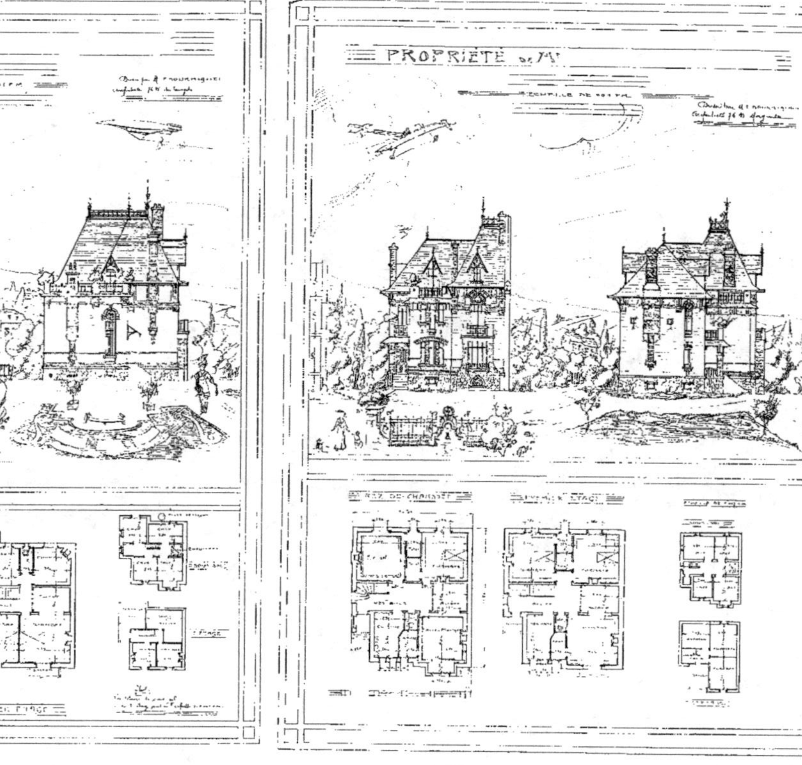

HOTEL PARTICULIER, A TROYES (Aube)

HOTEL PARTICULIER, A ORLÉANS (Loiret)

GROUPE DE PETITS HOTELS

A JOINVILLE-LE-PONT (Seine.)

M. BOURNIQUEL, Architecte.

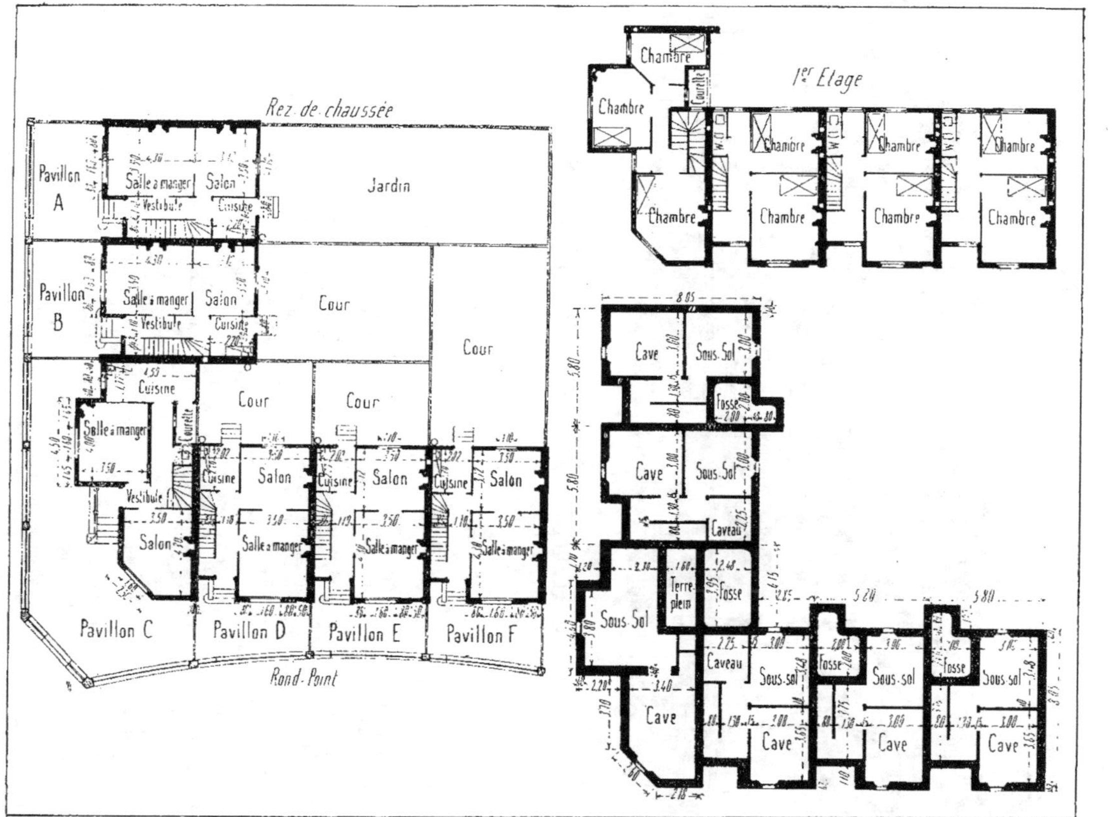
Rez de chaussée
1er Etage
Pavillon A
Salle a manger
Salon
Vestibule
Cuisine
Jardin
Chambre
Chambre
Courette
W.C.
Chambre
Chambre
Chambre
Chambre
Chambre
Chambre
Chambre
Chambre
Pavillon B
Salle a manger
Salon
Vestibule
Cuisine
Cour
Cour
Cuisine
Salle a manger
Courette
Cour
Cour
Cave
Sous-Sol
Fosse
Cave
Sous-Sol
Vestibule
Salon
Cuisine
Salon
Cuisine
Salon
Cuisine
Salon
Caveau
Salon
Salle a manger
Salle a manger
Salle a manger
Terre plein
Fosse
Sous-Sol
Caveau
Cave
Caveau
Sous-sol
Fosse
Sous-sol
Fosse
Sous-sol
Cave
Cave
Cave
Cave
Pavillon C
Pavillon D
Pavillon E
Pavillon F
Rond-Point

GROUPE DE PETITS HOTELS

A JOINVILLE-LE-PONT (Seine)

M. BOURNIQUEL, Architecte.

Dispositions d'ensemble. — A l'angle formé par le débouché d'une rue sur une petite place en rond-point, un terrain se limite, de forme à peu près quadrangulaire et presque carrée, par ladite rue, un arc de cercle du rond-point, un pan coupé à l'intersection et deux lignes droites de mitoyenneté se coupant à angle droit. Les dimensions de cet emplacement : 26 mètres en un sens et 27 mètres en l'autre, produisent une surface d'environ 700 mètres superficiels.

Là-dessus il s'agissait, pour l'architecte, d'employer une soixantaine de mille francs en la construction de six petits hôtels d'égale importance, propres à la location, avec, à chacun, un peu de terrain réservé pour y faire cour ou jardinet. C'était un immeuble de rapport à établir, divisé par tranches verticales d'habitation particulière, au lieu des tranches horizontales ou étages des maisons ordinaires d'habitation collective.

La dépense, y compris clôtures sur rue, place et cours — mais sans compter le prix du terrain — s'est élevée, comme on le verra plus loin, à la somme totale de 63.650 francs.

Quant au revenu espéré en location, nous n'en parlerons point, parce que, tout comme le prix du terrain, le revenu varie suivant les avantages locaux et les facilités de communication, le nombre et la condition sociale de la clientèle.

Ce genre d'opérations s'offre, de plus en plus fréquent, aux recherches de l'architecte, et cela pour l'emploi de terrains suburbains et de capitaux d'importance limitée, avec l'espoir de la part du capitaliste d'un revenu au moins égal, sinon supérieur, à celui d'un immeuble de construction plus importante, plus luxueuse, situé en pleine ville. Il nous a donc paru opportun de signaler, ici, un nouvel essai en ce genre.

L'intention du propriétaire, concernant le peu d'importance de chaque petit hôtel — louable, à un prix modeste, par annuité — a été ici observée; et, encore, se montre la préoccupation de particulariser chacun des compartiments habitables de l'ensemble, de le différencier de ses voisins; et cela sans outrepasser les bornes d'une exécution courante, pratique, sans entraîner les entrepreneurs en des difficultés d'exécution pouvant détruire l'avantage du groupement en un seul lot, pour la construction des six maisonnettes.

C'est-à-dire que trois types de façade ont suffi à cette variété exigée, en les alternant, à droite et à gauche du type d'angle, — tout particulier à la rencontre des deux voies publiques, — en démarquant bien la masse de chaque hôtel, au moyen d'un enfoncement partiel de chaque façade vers la rue (perron et balcon couvert), enfoncement qui dégage la silhouette particulière de chaque « home », tranchant mieux, ainsi, sur ses voisines de droite et de gauche.

Le *plan type* est unique pour cinq des petits hôtels en question, le sixième, celui de l'angle, étant complètement différent, de par son adossement au pignon voisin; c'était l'essentiel pour la facilité et la rapidité d'une construction d'ensemble. Aux façades était réservé le rôle de la *variété* dans l'aspect.

Au surplus, le lotissement, en six parcelles, du terrain donné, sur les bases égales de façades larges seulement de 6 mètres vers la voie publique, cette division fournit une inégalité forcée de surface découverte (cours ou jardinets) à l'arrière de chaque maison. A l'avant, l'une des cours d'isolement bordant rue et place, celle de l'angle, est de beaucoup plus importante que les voisines : ce qui, pour cette maison d'angle, adossée en partie, compense l'exiguïté d'arrière-cour.

Dispositions particulières à un hôtel. — Deux pièces principales, au rez-de-chaussée comme à l'étage, occupent la partie du plan qui s'accuse, en façade, par l'avant-corps à motif en pavillon ou en croupe de pignon; la cage d'escalier et la cuisine occupent l'autre partie, dont la retraite en façade principale se traduit par un avant-corps à la façade postérieure, ce dernier facilitant l'installation de la cuisine au rez-de-chaussée (avec une descente extérieure latérale), puis celle des cabinets d'aisances et de toilette à l'étage. Ces derniers sont, ainsi que la cage d'escalier, éclairés par des châssis à tabatière, de diverses grandeurs, disposés, avec ou sans trémie, dans le rampant postérieur de comble prolongé sur l'avant-corps, à la façade postérieure.

Dans les combles, sont des greniers dont l'accès peut s'effectuer par une trappe pratiquée au-dessus du palier de dégagement, et au moyen d'une échelle mobile à crochets. Au sous-sol, des caves et dépôts ont, de l'intérieur, accessibles par une descente à marches de ciment, disposée sous le rampant de l'escalier qui dessert l'étage.

CONSTRUCTION. — *Maçonnerie.* — Rigoles de fondation remplies en béton hydraulique ($0^m.40$ prof.); murs et sous-sol et caves en plaquette de pierre dure et mortier hydr. Murs intér. ($0^m,11$ ép.) en briques de plaine jointoyées mortier de ch. Murs de fosse et voûte en meulière et ciment; enduit Portland; radier béton de ciment; linteaux de baies hourdis en « garnis » et mortier hydr. Planchers sur caves et sous-sol hourdés en plâtre et plâtras. Descente audit sous-sol formée de marches en béton de ciment (aggloméré) scellées dans les murs (gros ou d'échiffre); murs intérieurs jointoyés mortier hydr.

Ferronnerie. — Plancher fer I ($0^m,10$ sur sous-sol); fers I ou linteaux bois apparents (suiv. façade) à rosaces fonte; chaînage des murs; panneau en fonte ornée ou en fer forgé (simple) à la porte d'entrée; motifs fer ou fonte aux soupiraux; rampe d'escal. à col de cygne fer rond ($0^m,016$), etc. Balcons en bois ou en fonte; barres d'appui en bois ou en fonte; grilles de clôture fer sur bahut en maçonnerie. Quincaillerie ordinaire « Union ». Persiennes en fer à la grande baie (façade vers rue), avec arrêt en tôle forte découpée par le haut, rachetant le cintre (V. façades et détail, planche nº 272).

Charpente. — (Point de ferme au droit des murs mitoyens dont la pointe fait cet office), tout sapin, sauf poinçon chêne de croupe avant-corps; escalier (voir Métré).

Couvertures, plomberie. — Couverture du comble en grandes ardoises carrées ($0^m,30 \times 0^m,30$) posées, en diagonale, à crochets fer galvanisé, sur voligeage sapin; ce dernier, jointif et moucheté sur rives aux parties vues extér., en saillie de toiture. L'aîtage et arêtiers cou-

verts en zinc (nº 12); épi de poinçon, en zinc; derrières de cheminée en zinc à dos d'âne. Recouvrement des têtes de murs mitoyens en zinc (nº 10) à bandes d'agrafe, etc., collerettes aux mitrons, etc.

Parquets chêne (2º ch.; frises $0^m,085$ max.) à l'anglaise, à salle et salon; cloués sur lambourdes; au 1er étage, parquet sapin ($0^m,025$) par frises ($0^m,025$) brochées sur solives sapin.

Fumisterie. — Cheminées à rétréc. de faïence blanche, à chambranles de marbre (pompadour au salon, capucines aux chambres) et poêle faïence à la salle à manger (avec chauffe-assiettes fonte, etc.).

DÉTAILS D'EXÉCUTION DU PORCHE

des

PETITS HOTELS DE JOINVILLE-LE-PONT

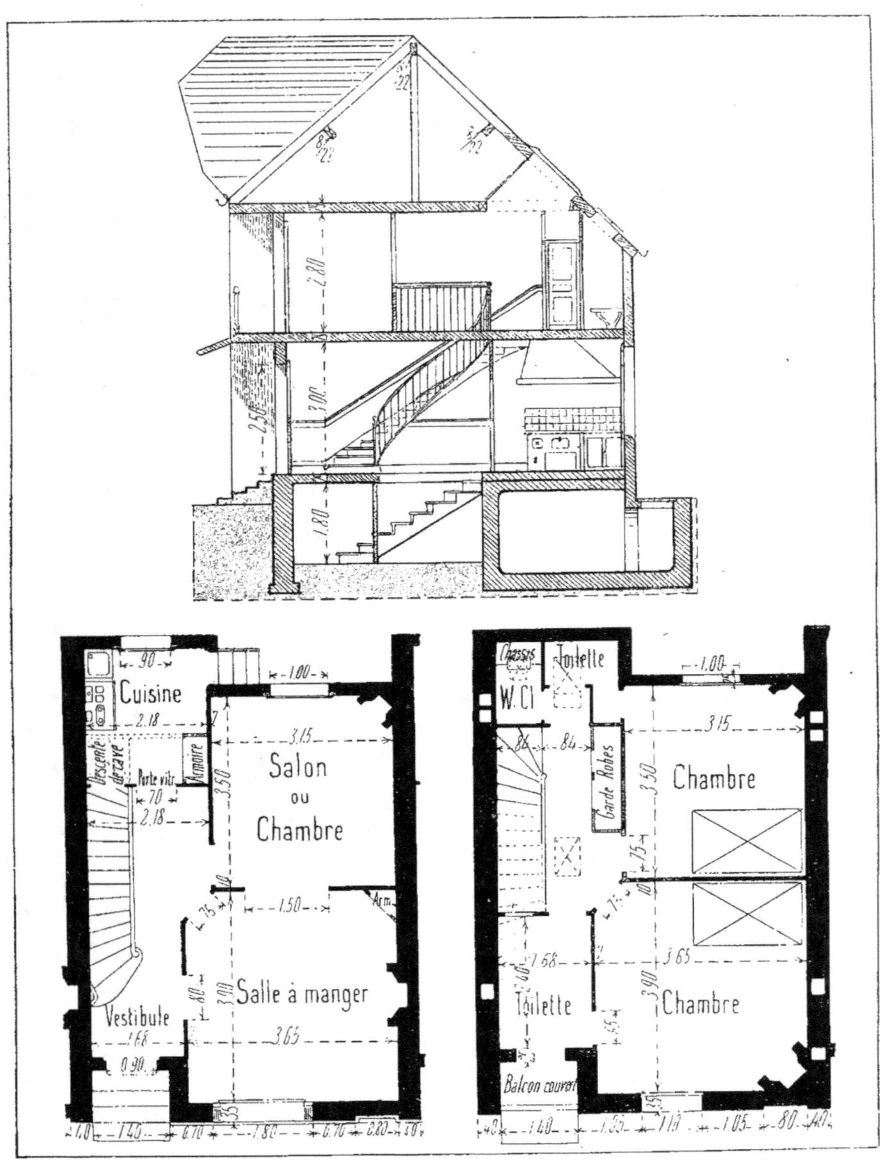

PLANS ET COUPE D'UN PETIT HOTEL   Les six autres, sauf le pan coupé, sont semblables.

RÉSUMÉ DU MÉTRÉ

DRESSÉ PAR L'ARCHITECTE

(Quantités principales pour l'un des six petits hotels groupés.)

MAÇONNERIE

Gros murs en plaquette dure de moellon et mortier ch. hydr. (caves, sous-sol, pignon de droite) sur haut. 2,30; pignon en élévation (y compris pointe) ens., cube	42,184
Maçonnerie de meulière pour fosse et extract. cube	16,060
Maçonnerie de béton pour rigoles et fosse, cube.	7,548
Murs en briques ($0^m,11$ ép.) en cave, sup	16,39
— ($0^m,16$), déduct. faite des vides, baies, sup	25,96
Murs en briques ($0^m,22$) déduct. f. d. v., sup.	16, »
— ($0^m,34$) déduct. f. d. v., sup.	20,84
Plancher sur sous-sol, hourdis plein, sup	27,77
— à augets sur lattis (rez-de-ch. et 1er étage), sup	78,50
Cloisons, carreaux de plâtre ($0^m,06$ ép.), rez-de-ch., 1er étage, déduct. faite des portes, sup	64,49
Enduits ciment au soubass. de façade vers la rue, sup	11,45
Enduits de plafonds, sup	78,50
Conduits de fumée (wagons) terre cuite, lin	39, »
— de chute ais, et ventil., ens., lit	15, »
Carrelage en carreaux céramiques, cuisine, w.-cl., vestibule, sup	11,52

SERRURERIE

Plancher, haut du sous-sol, solives fers I ($0^m,10$).	372,440

QUINCAILLERIE

Portes intér. à 1 vant. ferr. suiv. us	7 »
Persiennes bois, paires, ferr. suiv. us	3 »
Rampe à col de cygne, fers ronds ($0^m,016$), lin .	4, 1

PERSIENNES EN FER

1 paire pers. fer à 2 vant., sup	3,55
1 barre de sûreté	1 »

CHARPENTE

Sapin assemblé p. plancher haut du rez-de-ch. (filet, solives, chevêtres, enchevêtr.) et du 1er étage, compris poteaux de remplissage, cube	2,774
Sapin pour comble : faîtage et pannes (8×23), liens (8×11), plate-forme (8×11), chevrons (7×8), noues (8×23), arbalét. de croupe (8×23), cube ens.	2,082
Consoles en sapin	4 »
Balcon en tableau (1er étage) estimé 25, »	
— (1er étage) estimé 35, »	
— (rez-de-ch.) estimé 45, »	
Auvent sur perron, estimé 10, »	
Total charp. d'art.	115, »
Escalier du rez-de-ch., au 1er étage, crémaillère, chêne, quartiers tourn. marches chêne astrag., contrem. sapin, marches	18
Linteaux de baies, fenêtres, chêne refait, sciage.	
Plancher, haut du sous-sol, solives fers I ($0^m,08$), poids	
Entretoises et fentons, poids	
Linteaux fers I ($0^m,08$) et boulons, poids	
Gros fers coupés : ancres, linteaux de cheminée, semelles et cales, poids	
Gros fers coudés : chaînage (compris plus-val.), armature de hotte, fourneau, ferrage du comble, du faux plancher et des planchers en bois, ens. p.	
Clous à bateau, poids	
Rappointis, poids	
Fonte :	
1 tampon de fosse, poids	
Tuyau de chute fonte, culottete conduit \ ventilat., ens. poids	

COUVERTURE, PLOMBERIE

Ardoises d'Angers, grand moule ($0^m,30 \times 0^m,30$), à crochets, sur voliges, sup	77,50
Faîtage en zinc (n° 14), lin	9,90
Noues en zinc (n° 12), lin	11, »
Gouttières zinc (n° 12), lin	10, »
Conduits de descente ($0^m,08$ diam., n° 12), lin	21, »

MENUISERIE

Parquets chêne ($0^m,027$) 2e ch., à l'anglaise ($0^m,08$ à $0^m,11$), sur lambourdes chêne ($0^m,032 \times 0^m,08$), à la salle à manger et au salon, rez-de-ch., sup	22,54
Parquet sapin ($0^m,027$) au 1er étage à l'anglaise ($0^m,11$), broché sur solives sapin, sup	20,52
Parquet sapin cheminée, pan coupé	1,35
Croisées chêne, sup	13,98
Barres d'appui chêne, prof. à gorge, lin	6,38
Persiennes, bâtis chêne, lames et pann. sap. (part. bass. des volets pers. compt. comme pers. p. compens., plus-val. des pann.), sup	11,66
Bâtis chêne, lin	6,90
Huisseries sapin ($0^m,08 \times 0^m,08$), rez-de-ch. et 1er étage ens., lin	60,09
Portes intér. tout sapin, 3 pann. à petit cad. sup.	14,93
Poteaux rempliss. sapin, lin	2,37
Socles rampants d'escal. sapin, nomb	40, »
Chambranles sapin ($0^m,013 \times 0,^m05$), lin	109, »
Socles desdits, nomb	36, »
Stylobates sapin (chambres), lin	22, »
Plinthes sapin, lin	39, »
Cimaises sapin, lin	23, »
Moulures-cadres sapin (salle à m. et salon), compris angles et coupes (ch. 0,12,) ens., lin	137,26

PEINTURE, VITRERIE

Plafonds à la colle, sup	78,50
Murs, bois, fers (huile 3 c.) sup	243,04
Surface tendue de papiers peints, sup	121,52
Plinthes et stylobates, lin	108,16
Verre simple pour vitrage, sup	14,26

RÉSUMÉ DES DÉPENSES

POUR LES SIX PETITS HOTELS

Et d'après les traités, à forfait, de l'adjudication de X^bre 1901.

Terrasse, maçonnerie, carrelage	29,500	fr.
Ferronnerie : serrurerie, quincaillerie	6,500	»
Charpente	7,500	»
Couverture, plomberie	6,200	»
Menuiserie, parquets	7,800	»
Peinture, tenture, vitrerie	3,800	»
Fumisterie, marbrerie	2,200	»
Staff	150	»
Total	63,650	»

(Extrait de Petites Maisons Modernes.

Détail d'imposte en tôle forte découpée, fenêtres rez-de-chaussée.

VOIR LES DÉTAILS D'EXÉCUTION DES 3 FAÇADES A GRANDE ÉCHELLE A LA PLANCHE N° 272.

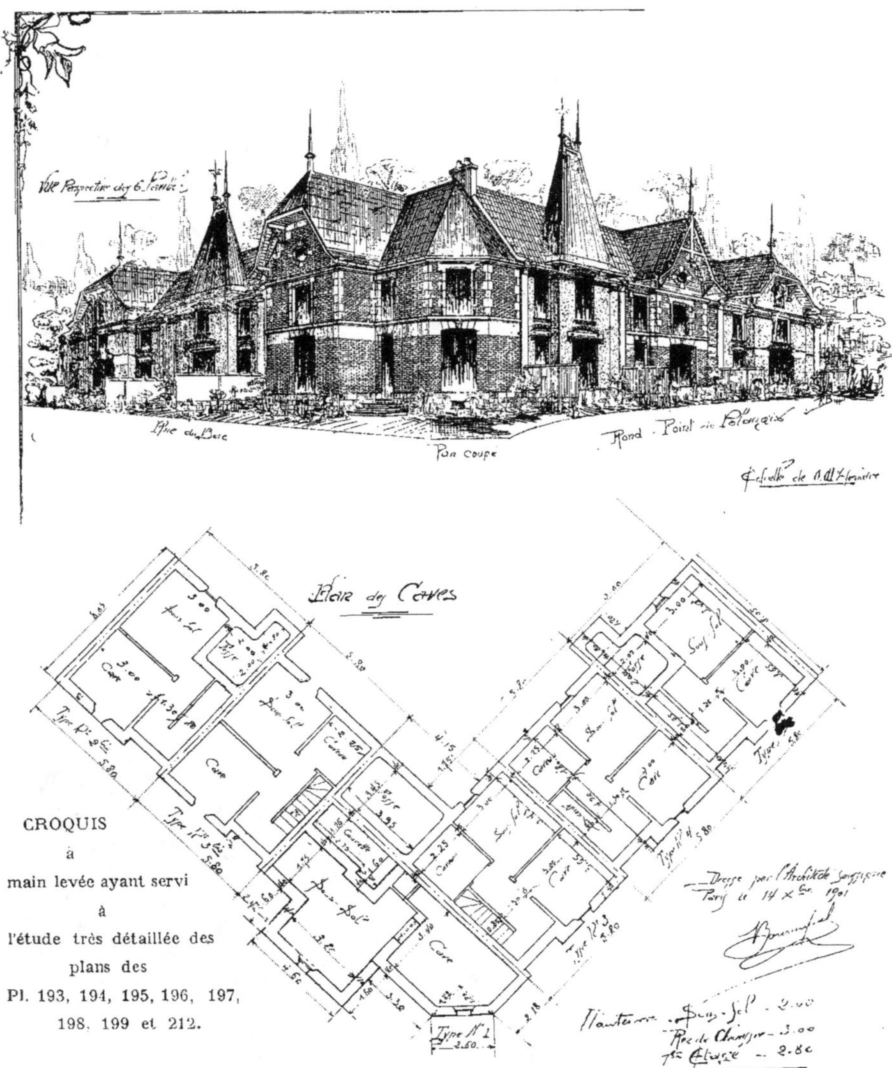

CROQUIS

à

main levée ayant servi

à

l'étude très détaillée des

plans des

Pl. 193, 194, 195, 196, 197,

198, 199 et 212.

CET HOTEL COMPREND :

Sous-sol ....
1. Buanderie.
2. Cave à tonneaux.
3. Cave à bois et à charbon.
4. Cave à vins.
5. Descente à la cave.
6. Fosse septique système diviseur.

Rez-de-chaussée.
7. Porche d'entrée abrité.
8. Grand vestibule.
9. Salon.
10. Salle à manger.
11. Bureau.
12. Cuisine.
13. W.-C.
14. Escalier descente directe à la cave.

1er *Étage* .....
15. Grande chambre sur rue.
16. Grande chambre sur jardin.
17. Palier de dégagement.
18. Toilette.
19. Lingerie ou petite chambre.
20. Salle de bains.

2e *Étage* ......
21. Chambre sur rue.
22. Chambre sur jardin.
23. Toilette.
24. Grenier.

A quelque cent mètres de nos fortifications parisiennes, à proximité de ce parc féerique qu'est le Bois de Boulogne, dans une avenue meublée de petits hôtels particuliers, s'érige ce coquet petit hôtel.

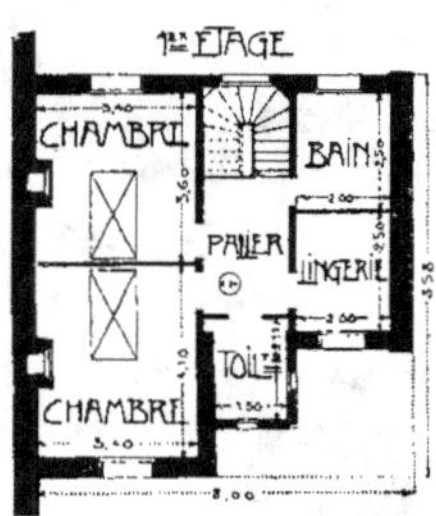

L'une des façades de l'hôtel est accotée le long du mur mitoyen de la propriété voisine (*ce détail a son importance*); le plan a dû être étudié pour donner le confort voulu et prendre le moins de terrain possible. L'autre façade parallèle est destinée elle-même à devenir mitoyenne. La proximité des riches hôtels qui environnent ce bâtiment a obligé son créateur à une décoration qui cherche son effet dans l'élégance de la silhouette. Le problème était difficile mais non insoluble. En effet, le fin découpage de cette tourelle couronnant le porche, qui, partant d'un plan carré, devient octogonal et se termine par un toit rond, justifie la maîtrise du constructeur. Pénétrons dans la maison. Le porche, bien abrité, nous conduit au vestibule large, terminé par un escalier monumental; ce vestibule dessert toutes les pièces du rez-de-chaussée. A gauche, un grand salon ouvrant par une large baie vitrée sur la salle à manger. A droite, un bureau et la cuisine; dans le fond, les W.-C. et la descente de cave. La beauté de ce bel escalier qui nous mène au premier étage mérite que nous en causions. Le pilier de départ taillé à même en cœur de chêne, les balustres trapus, la robustesse des marches et contre-marches, font de cet escalier un véritable meuble. Le premier étage nous révèle deux grandes chambres, un cabinet de toilette, une confortable lingerie et une salle de bains, le tout desservi par un immense palier; au 2e étage, deux chambres aussi grandes que celles du 1er, une toilette et grenier. Cette construction, entièrement en pierre meulière et brique décorative de 1er choix, est entièrement couverte en ardoises avec faîtage en zinc orné.

Les rigoles remplies en béton de cailloux. La décoration comporte des panneaux de grès flammé suivant dessins de l'architecte.

Les appuis, bandeaux, seuils, perrons sont en agglomérés de ciment.

Cuisine carrelée carreaux noirs et blancs; le vestibule en carreaux de ciment formant dessins, au choix du propriétaire.

Les plafonds enduits au plâtre sur lattis chêne. Les parquets en chêne. Volets en fer. Balcons de saillies en fonte ornée. Portes intérieures à grands et petits cadres, pour les pièces principale chêne, sapin pour les autres.

Portes et menuiseries extérieures en chêne suivant dessins.

Toutes les menuiseries peintes à l'huile ainsi que la charpente à l'extérieur.

26

HOTEL SUR LA COTE D'AZUR, POUR DIVERSES FAMILLES

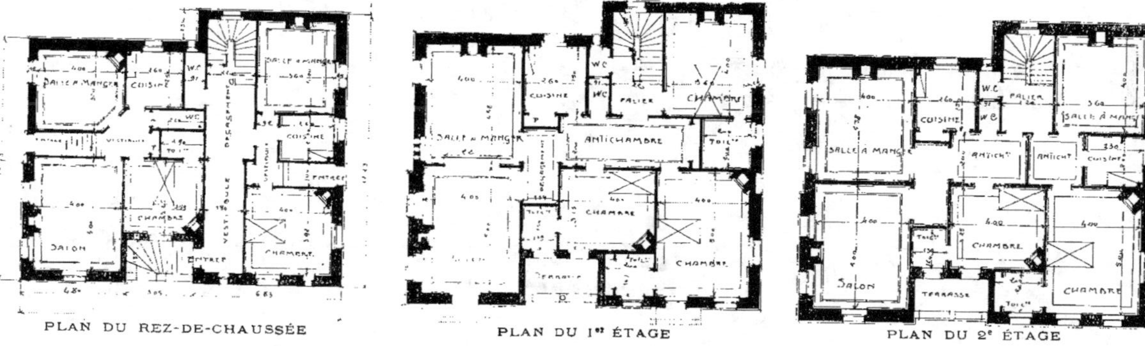
= Façade Principale =
= Coupe Longitudinale =
= Coupe Transversale
HOTEL POUR PLUSIEURS FAMILLES SUR LA COTE D'AZUR
PLAN DU REZ-DE-CHAUSSÉE
PLAN DU 1er ÉTAGE
PLAN DU 2e ÉTAGE

PETIT HOTEL DE GRAND STYLE, A NOYON (AISNE)

Prix de revient : 250.000 francs.

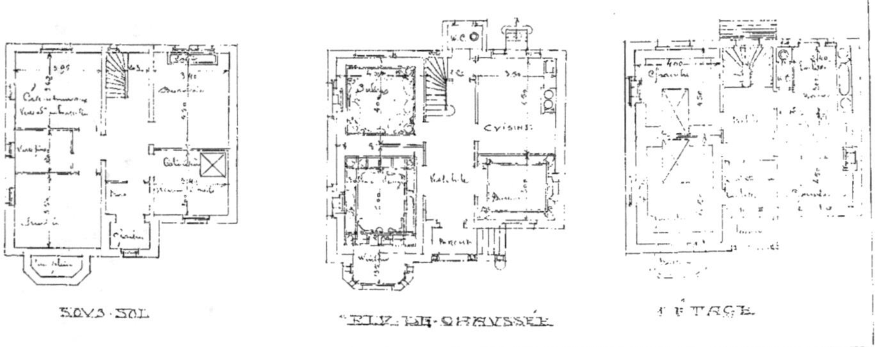

Hotel Particulier

à

ROUSTCHOUK (Bulgarie)

Voir la Façade principale à la planche nº 178.

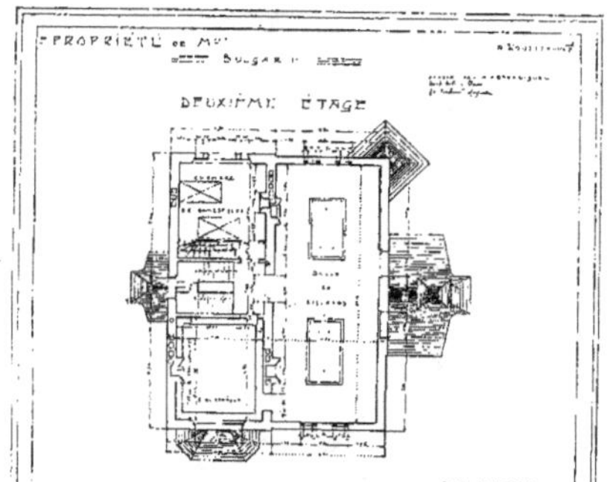

FAÇADE SUR LE DANUBE

FAÇADE PRINCIPALE

VUE PERSPECTIVE, SUR LE DANUBE

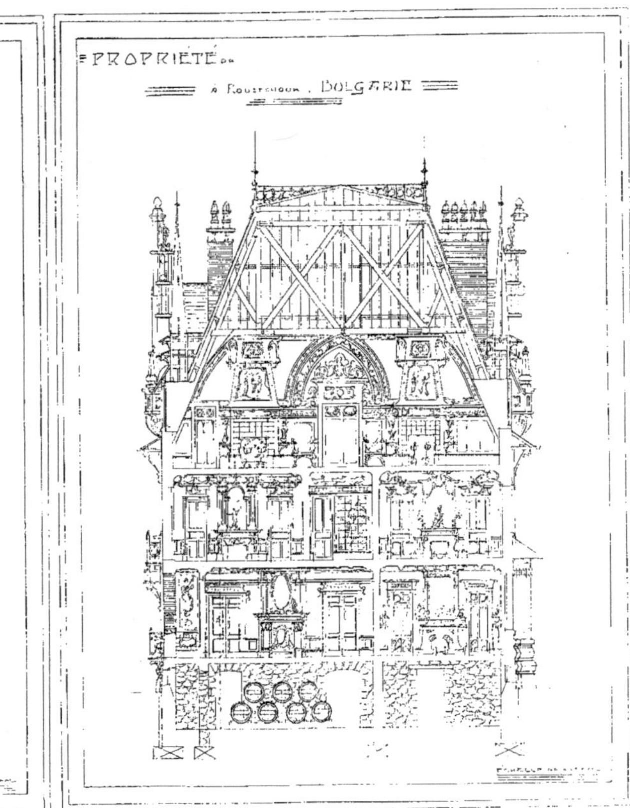

COUPE TRANSVERSALE

COUPE LONGITUDINALE

HOTEL PARTICULIER
à
ROUSTCHOUK
(Bulgarie)

GRANDE VUE PERSPECTIVE

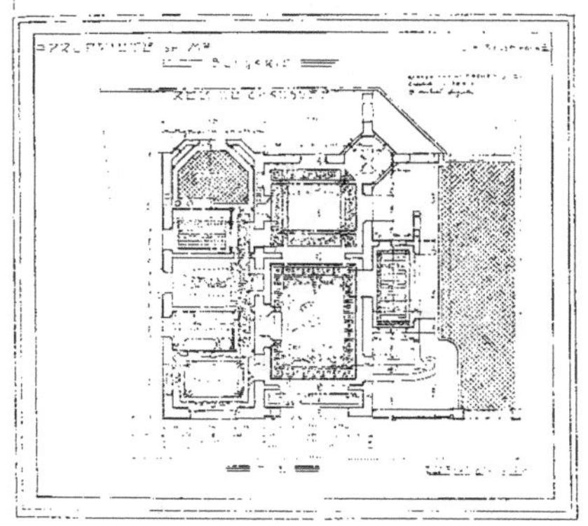

REZ-DE-CHAUSSÉE

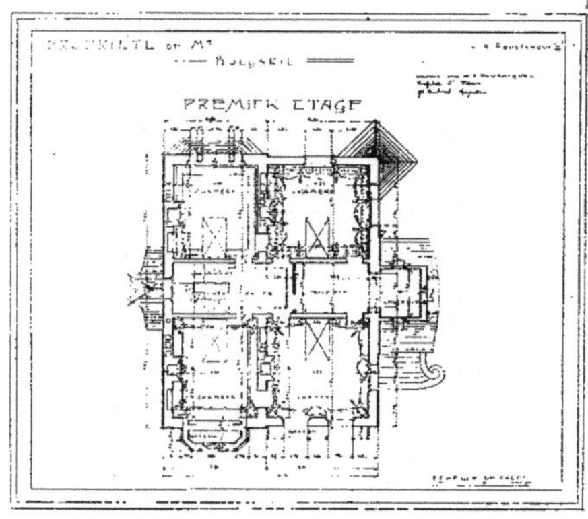

PREMIER ÉTAGE

GRANDE PROPRIÉTÉ A BEYROUTH

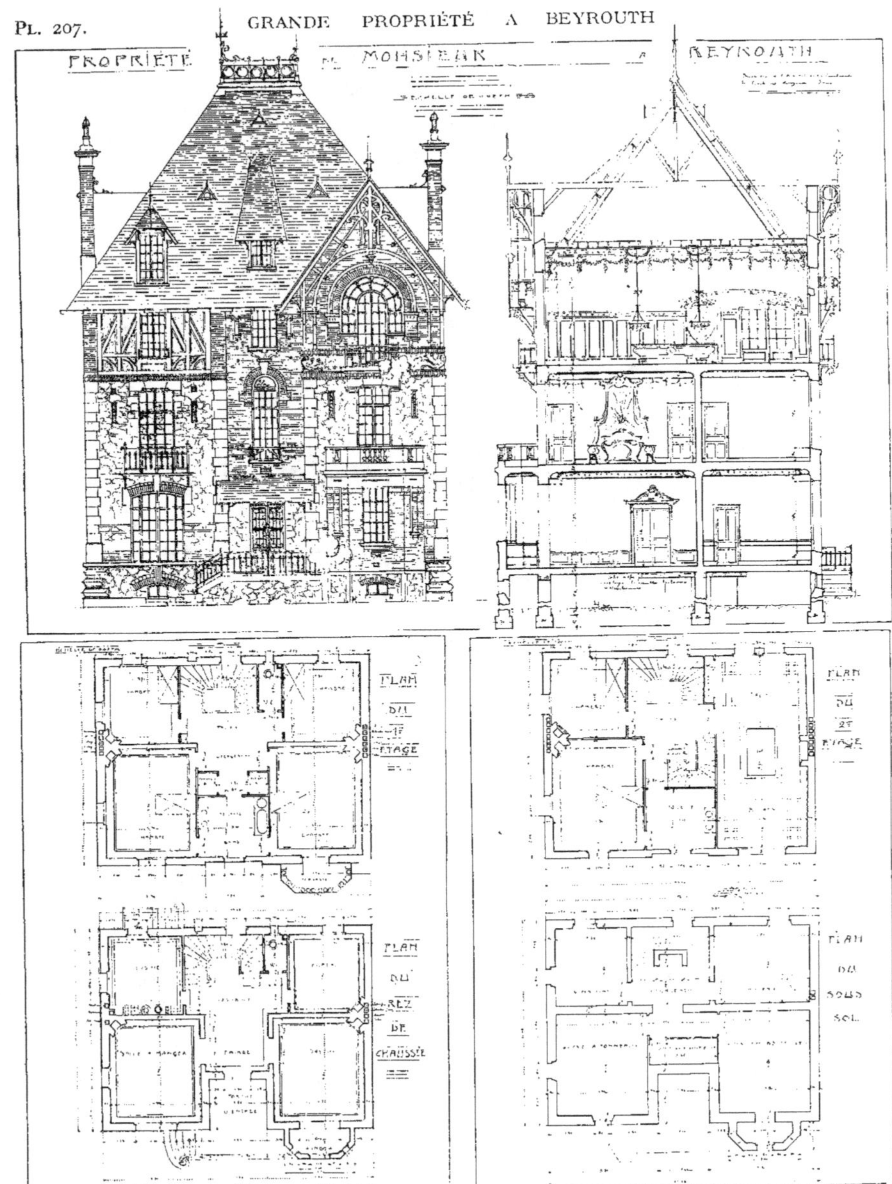

HOTEL DE VOYAGEURS

et

MAISONS DE COMMERCE

HOTEL DE VOYAGEURS, A EQUIHEN (Pas-de-Calais)

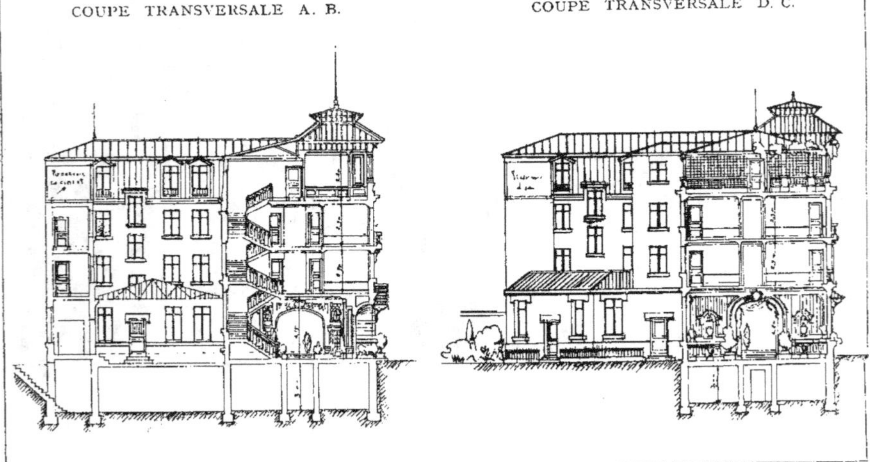

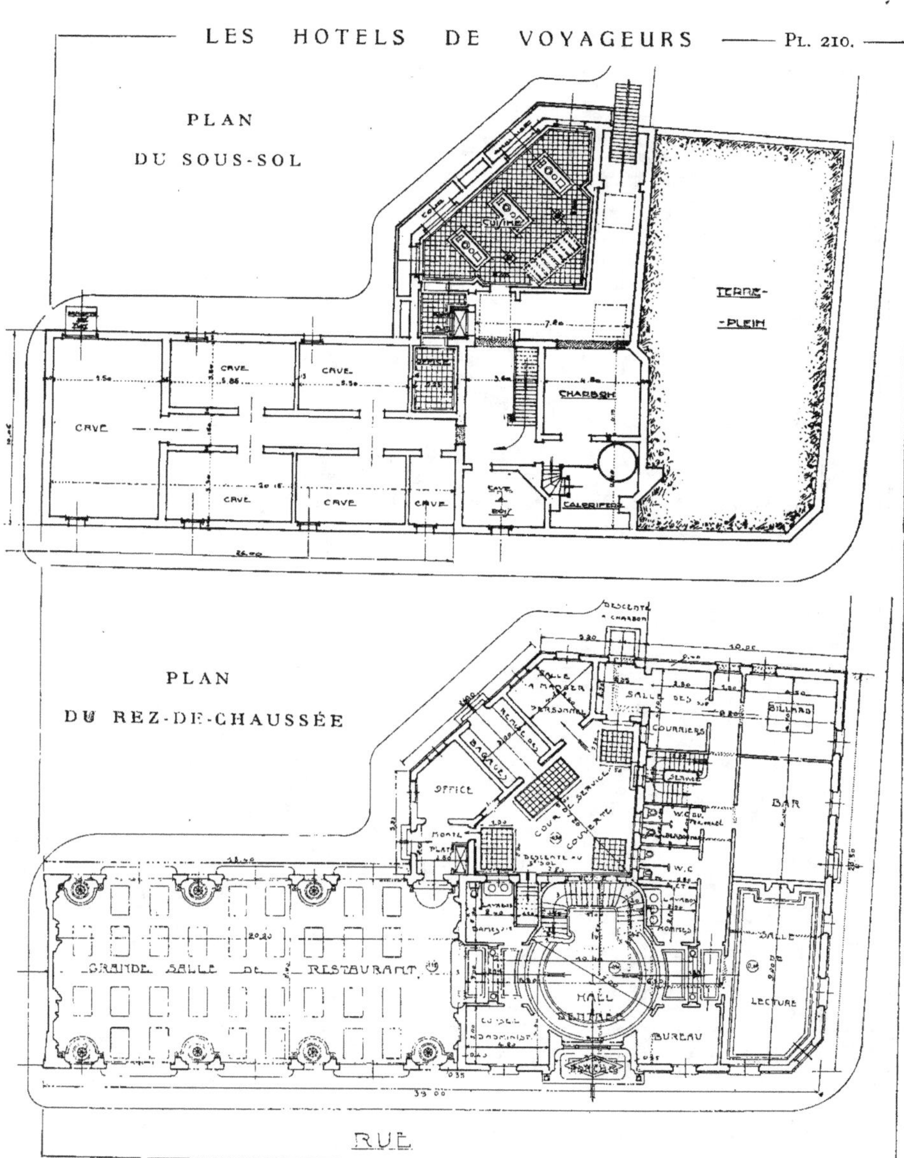

PLAN DU SOUS-SOL
CUISINE
TERRE-PLEIN
CAVE
CAVE
CAVE
CAVE
CAVE
CAVE
CAVE
CHARBON
CALORIFÈRE
PLAN DU REZ-DE-CHAUSSÉE
DESCENTE À CHARBON
SALLE À MANGER DU PERSONNEL
SALLE DES
BILLARD
COURRIERS
BAGAGES
OFFICE
COUR DE SERVICE COUVERTE
BAR
MONTE-PLATS
DESCENTE AU SOUS-SOL
W.C. DU PERSONNEL
W.C.
GRANDE SALLE DE RESTAURANT
HALL D'ENTRÉE
SALLE DE LECTURE
BUREAU
RUE

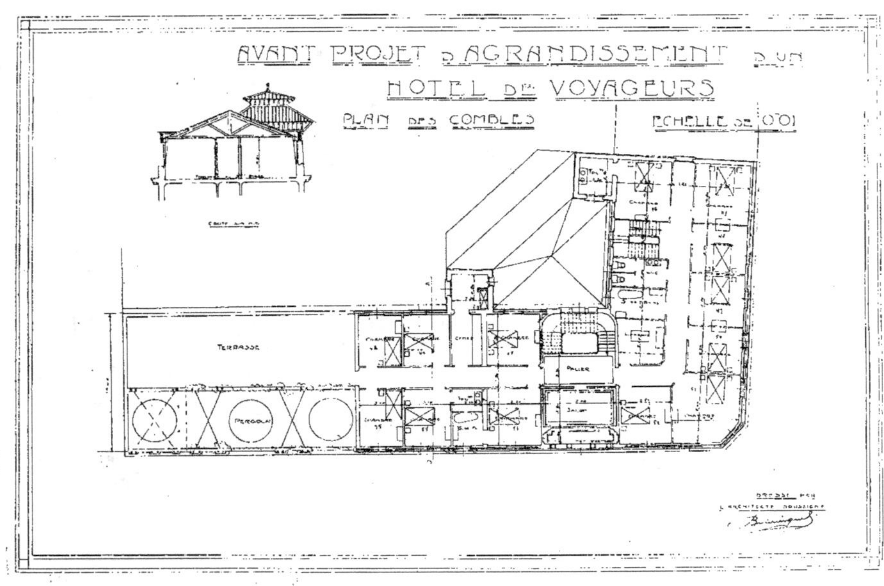

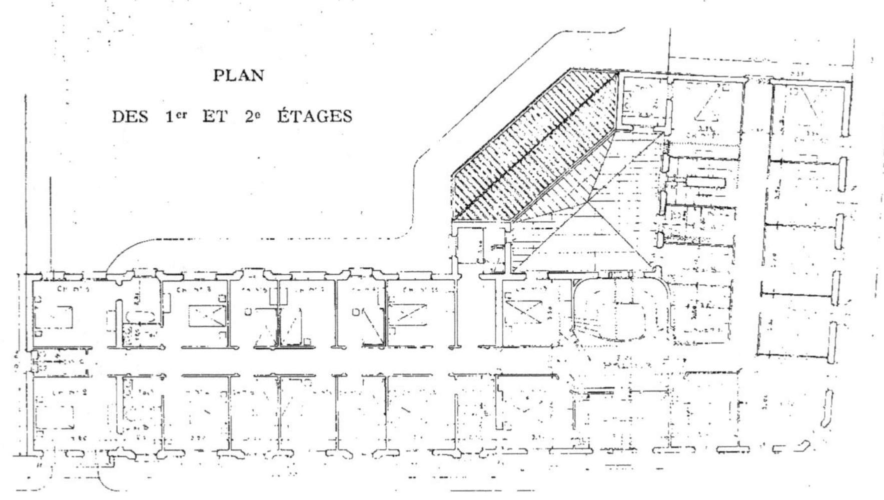

PLAN

DES 1er ET 2e ÉTAGES

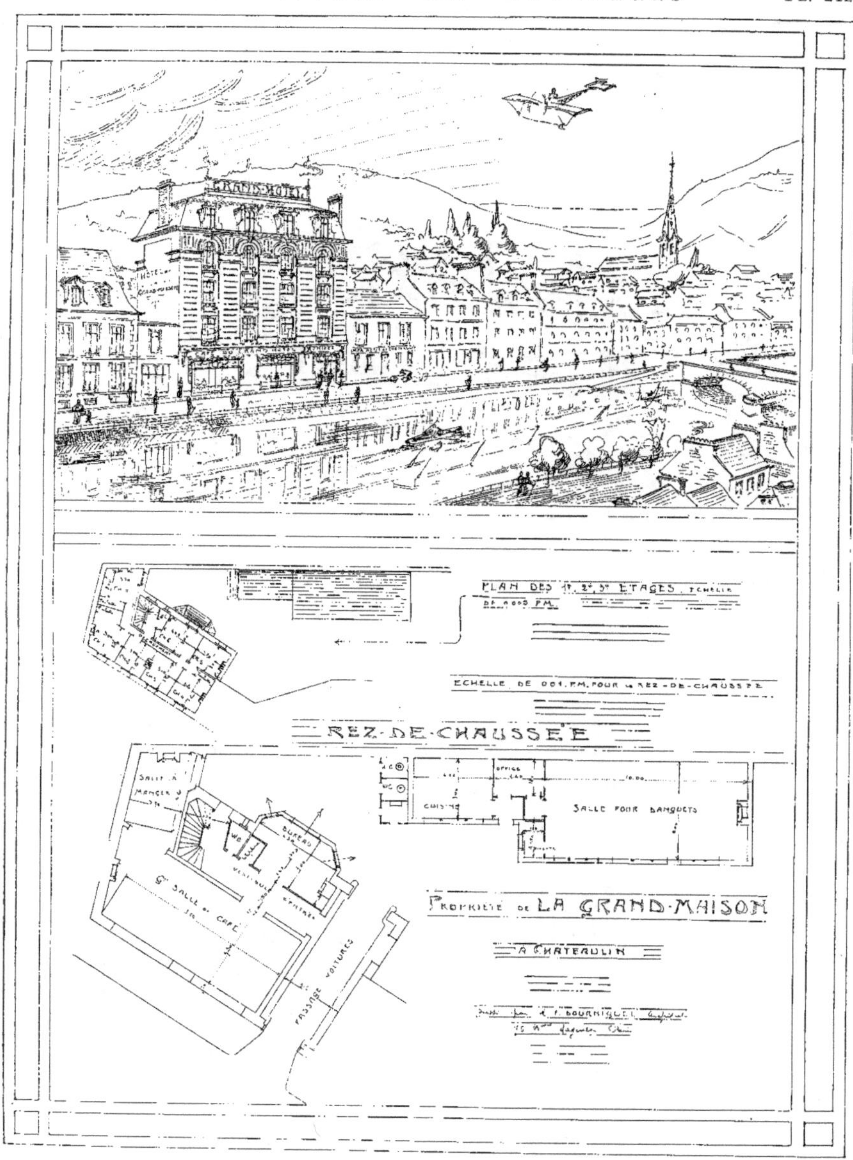

HOTEL A VOYAGEURS, DANS LE FINISTÈRE

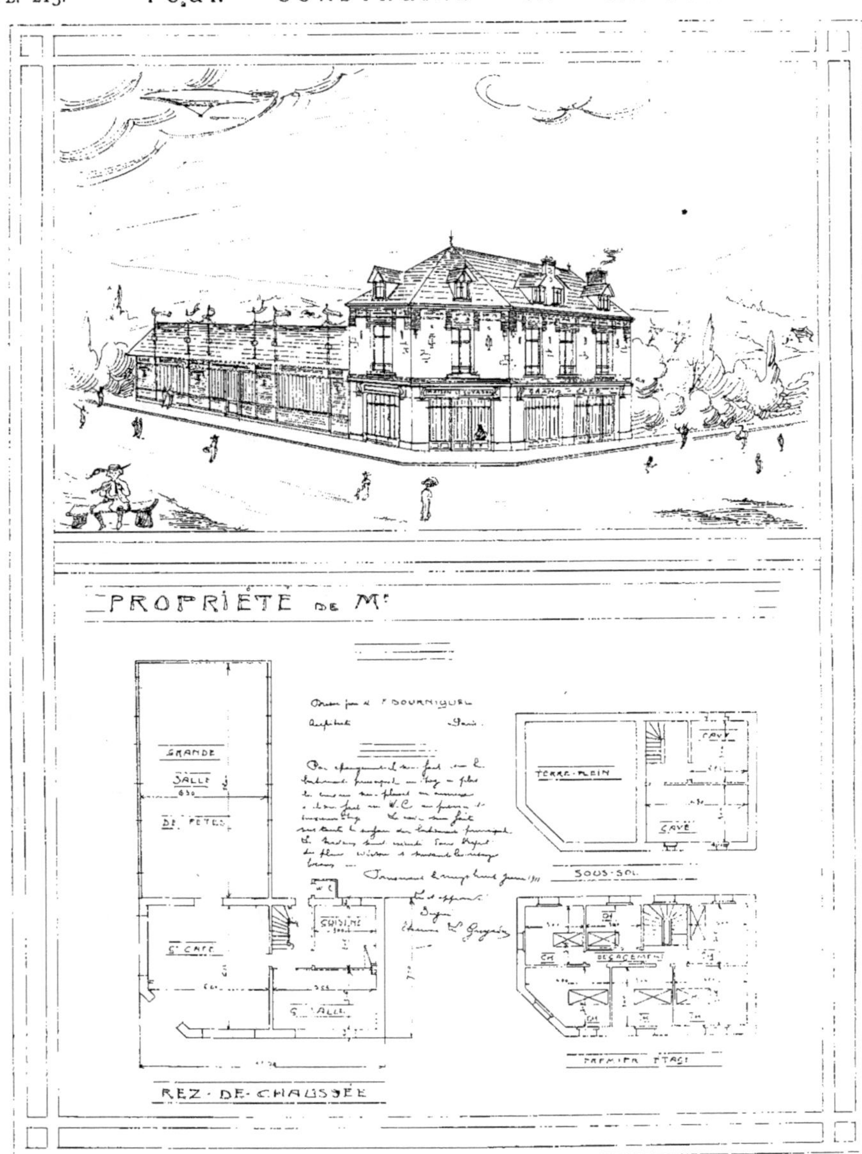

HOTEL DES VOYAGEURS A BEG-MEIL (FINISTÈRE). (Salle de fêtes. Café-hôtel. Restaurant.)

VUE DU PAN COUPÉ, DE LA FAÇADE D'HABITATION PARTICULIÈRE ET DES COMMUNS
(*Extrait de l'Architecture Usuelle.*)

VOICI un petit programme, peu important, mais au moins exempt de banalité courante. Un commerçant « fait les marchés » de la banlieue nord de Paris et, entre temps, tient boutique à domicile en un faubourg suburbain. Il a voulu joindre à ses magasins de dépôt et, aussi, de vente intermittente, l'écurie et la remise pour son attelage, une cour de service et encore son propre logis. Au pan coupé est le magasin, à porte et fenêtres, servant de boutique deux ou trois fois par semaine. En retour, sur une rue, s'alignent un second magasin, l'entrée charretière de la cour de service et le pavillon d'écurie et remise. En retour sur l'autre voie publique, est l'entrée de l'habitation disposée à l'étage, sur la boutique et le service ; et ce logis se divise en deux parts, dont l'une, au pan coupé, est affectée à une personne de la famille (ou autre) gardant la maison durant les absences périodiques du commerçant et de son personnel : d'où vient que l'une des pièces de ce logement réservé comprend une salle à manger précédant une chambre . à coucher, l'usage de la cuisine au rez-de-

ÉLÉVATION DES COMMUNS, SUR LA RUE, AVEC ENTRÉE DES VOITURES

chaussée, étant acquis à l'habitant de ces deux pièces d'étalage. La salle du rez-de-chaussée est propre au commerçant et aux siens. Sous un petit porche abritant la sortie sur cour (boutique) s'ouvre un cabinet w.-cl. commun sur fosse à tinette mobile. La construction comporte : caves en meulière, pignon mitoyen en moellon ; façades en brique rouge ou blanche (v. pl. 216), avec décor en briques vernissées vertes ; planchers fers I ; couverture en tuiles ; escalier fer et bois ; tout-à-l'égout ; fosse à fumier dans la cour.

MAISON DE COMMERCE

PAN COUPÉ — A SAINT-DENIS — FAÇADE PRINCIPALE

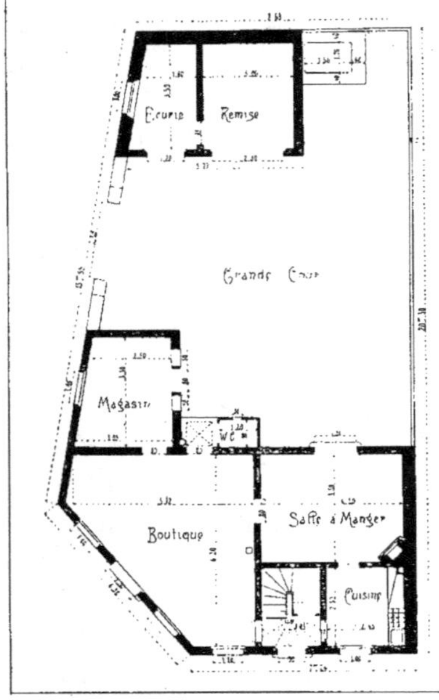

PLAN DU REZ-DE-CHAUSSÉE

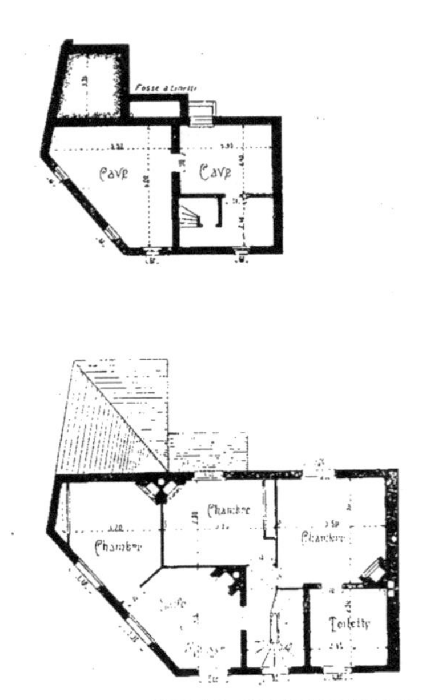

PLANS DE L'ÉTAGE ET DES CAVES

Détail de l'entrée et de l'annexe-magasin.

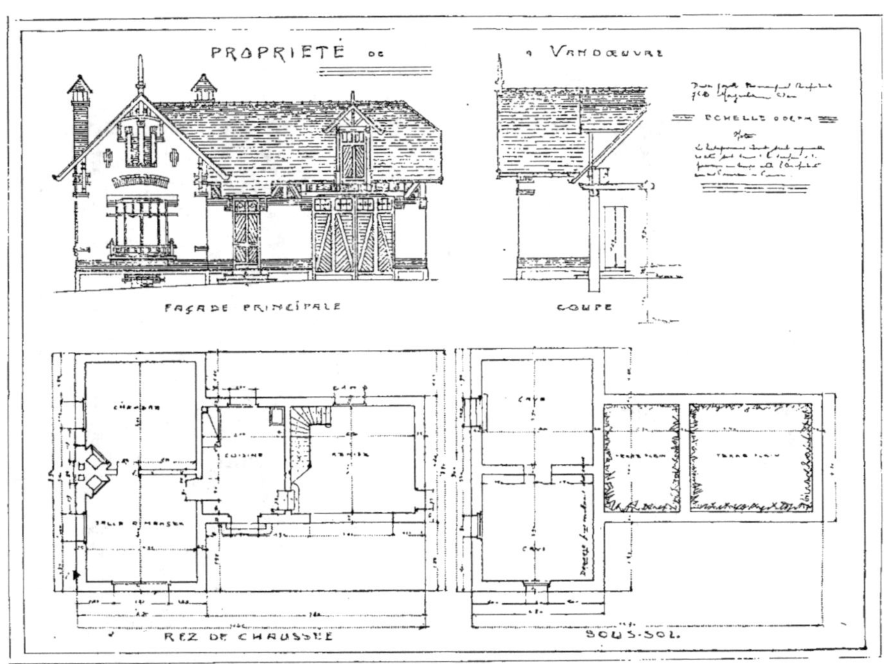

Maison d'Habitation et de Commerce
A VANDŒUVRE

PRIX DE REVIENT : 35.000 francs.

✖ ✖

Attenant, sous le même toit, à l'habitation dite « pied-à-terre », une remise à voitures s'ouvre en façade principale, à côté de la porte d'entrée de la cuisine servant, ici, de vestibule à cette demeure passagère et sans prétention. Le programme semble se rapprocher de celui d'un petit rendez-vous de chasse ou d'une maison de campagne pour un petit commerçant.

Avec une salle à manger fort claire, à vues diverses sur les environs, et une chambre à coucher, le rez-de-chaussée se trouve ainsi employé.

Un escalier donne accès, de la remise, à l'étage en comble.

A part un grenier, situé au-dessus de la remise, un couloir donne accès à deux mansardes à coucher, occupant l'espace situé au-dessus de la salle et de la chambre susdites. Les murs de cave et de fondation sont en moellon dur; ceux des parties en élévation sont en brique, dont parties apparentes (décor); le reste est enduit, au parement extérieur.

La dépense a été, ici, de *trente-cinq mille francs*.

MAISON DE COMMERCE, A LAISSAC (AVEYRON).

PETITE   MAISON D'INDUSTRIEL

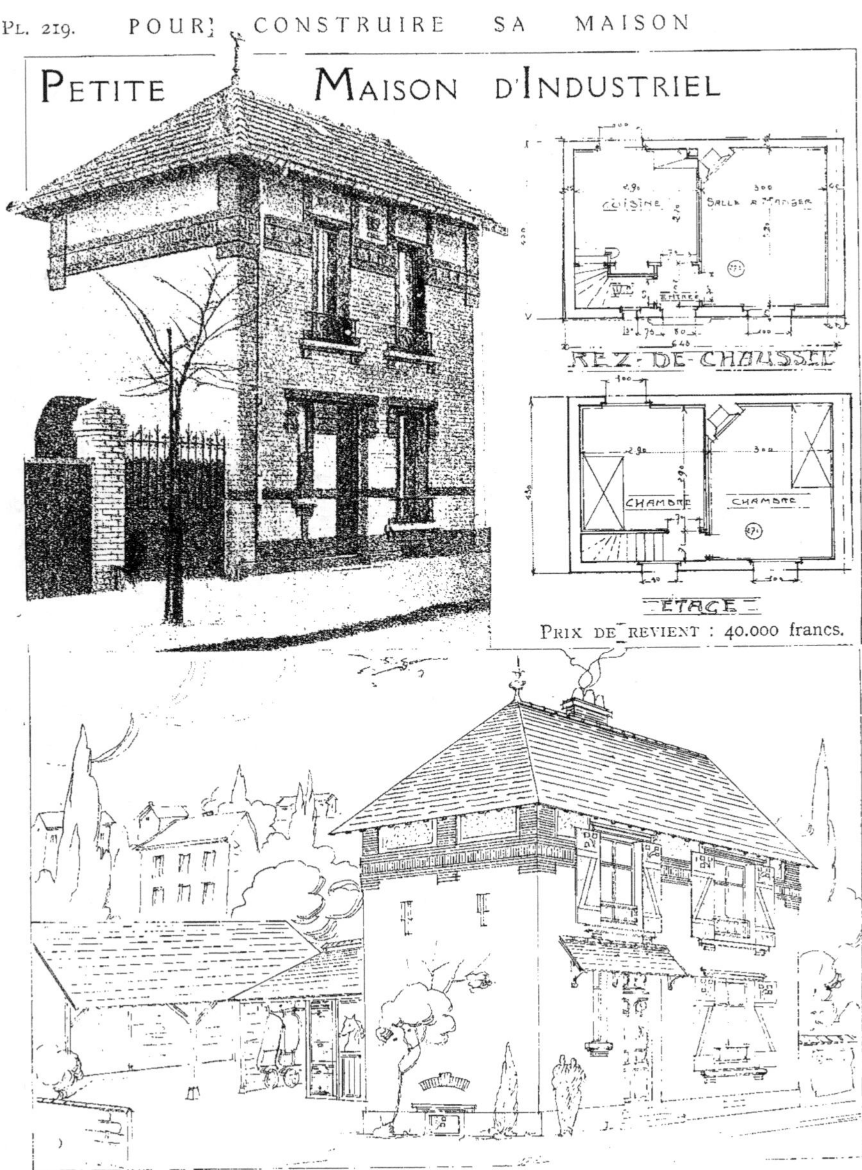

BUREAUX DES DOCKS DE JUVISY (S.-et-O.)

Prix de revient : 48.500 francs.

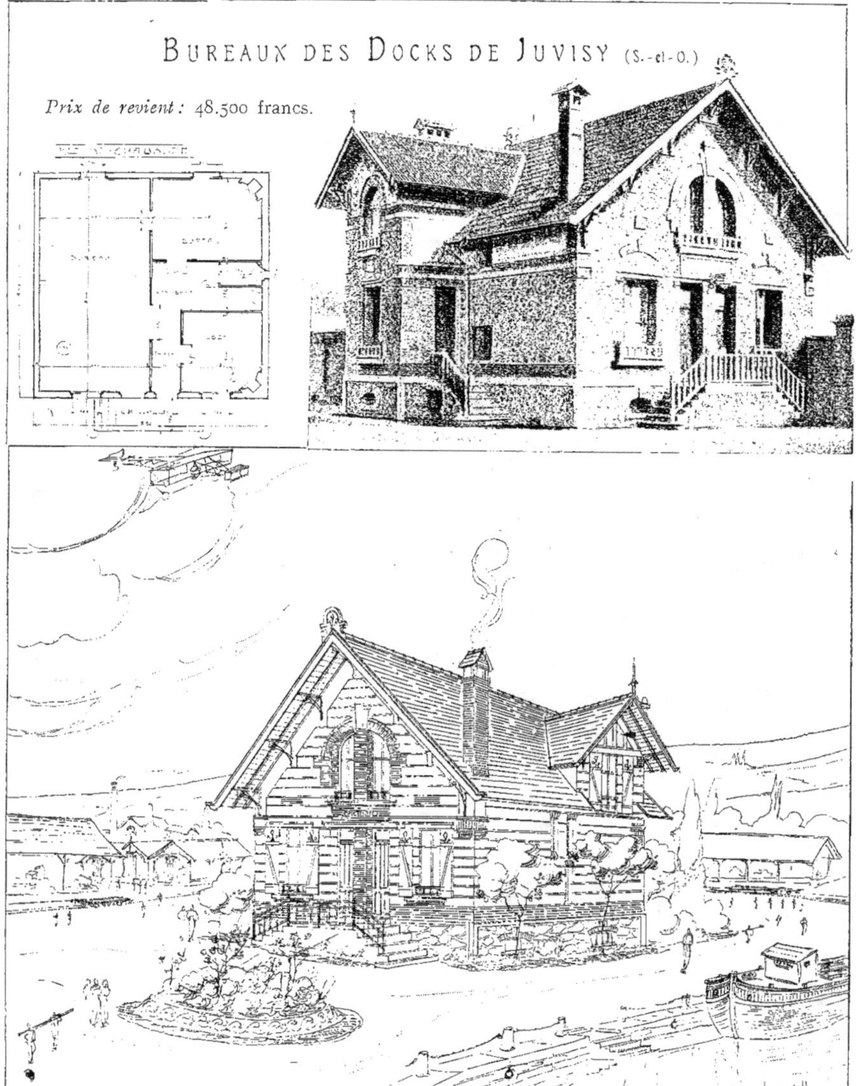

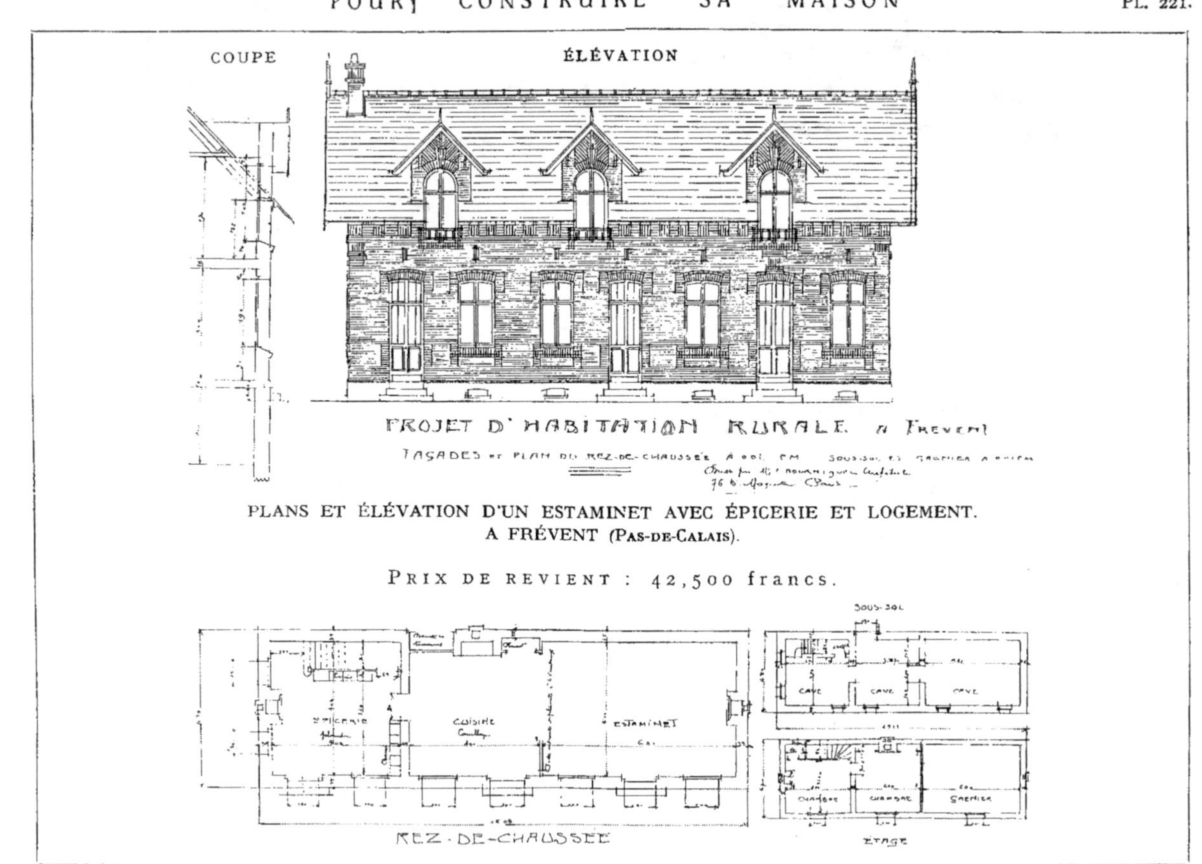

PLANS ET ÉLÉVATION D'UN ESTAMINET AVEC ÉPICERIE ET LOGEMENT.
A FRÉVENT (Pas-de-Calais).

PRIX DE REVIENT : 42,500 francs.

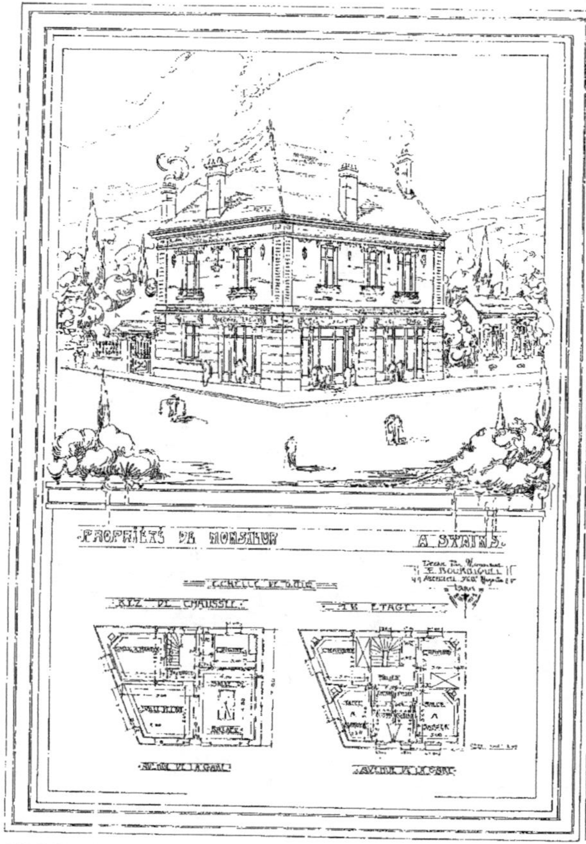

COMMERCE DE VINS ET PETIT HOTEL, près de la gare de Stains. — PETIT MAGASIN D'HABILLEMENT, à NANCY (MEURTHE-ET-MOSELLE.

POUR CONSTRUIRE SA MAISON

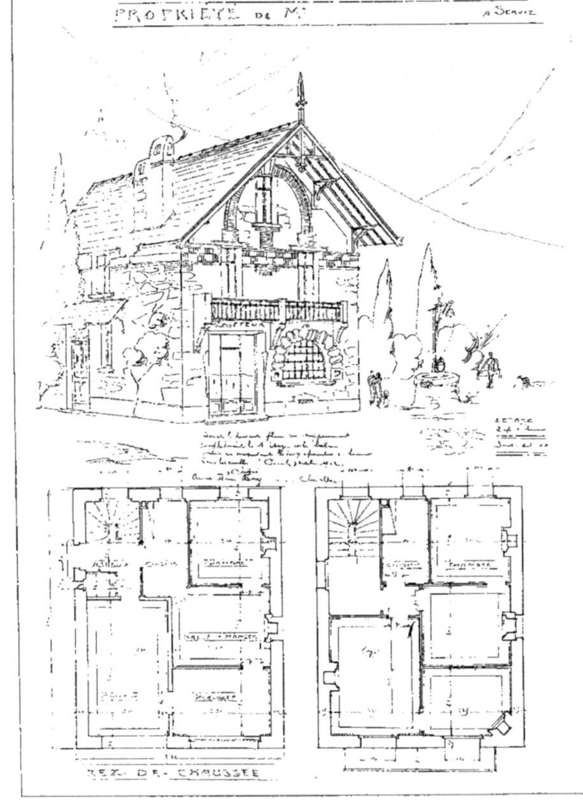

DEUX BOUTIQUES, avec maison d'habitation, pour coiffeur et horloger, à CHAMONIX.

MAISON EN BANLIEUE, DE LOUEUR D'AUTOS PARTICULIÈRES.

Les Maisons de Rapport

MAISON DE RAPPORT, A ARCUEIL, TRÈS ÉCONOMIQUE ET SALUBRE
POUR LOGEMENTS OUVRIERS

29

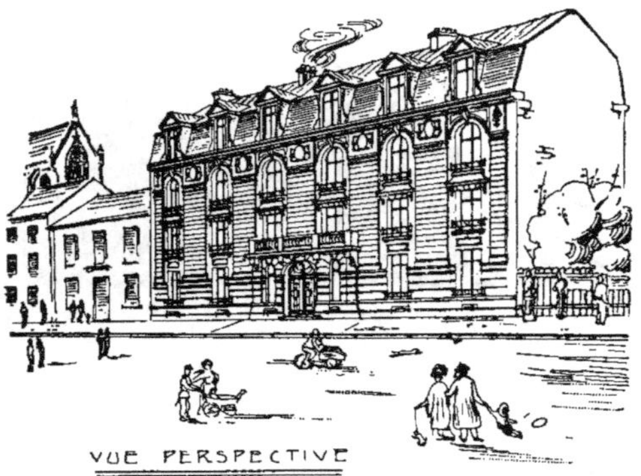

VUE PERSPECTIVE

SAVOIR rendre agréable à habiter un immeuble de rapport, le rendre pratique, varier, distribuer sa surface intelligemment pour répondre aux variétés de goût des futurs locataires ; enfin, marquer la façade de l'immeuble à destination bourgeoise d'un certain cachet de coquetterie et de solidité, voilà le moyen le plus propre pour un capitaliste de s'assurer un honnête revenu. Les moins exigeants parmi les chercheurs de logis tiennent compte des apparences au moins autant que des commodités. Partant de ce principe, une habitation sagement conçue, suivant le confort moderne et dont une ornementation de bon goût vient enrichir l'aspect, a toutes les chances de ne jamais manquer sa location. Le plan du rez-de-chaussée, pour satisfaire à certaines personnes préférant une immense salle à manger à une salle plus modeste et à un salon, nous montre que, sans varier beaucoup la distribution, il est facile de contenter toutes les exigences.

Le plan des étages, desservis par un large escalier central, conduit à deux beaux appartements largement éclairés tant par la rue que par la cour. Ces appartements, de même importance, sont commandés par une grande antichambre, sur laquelle toutes les pièces ont accès. Sur la rue, se trouvent les trois principales pièces : salon, salle à manger et chambre d'apparat ; sur la cour, les pièces secondaires : W.-C., cuisine et deux chambres ; la toilette-salle de bains est intercalée entre ces deux divisions de l'appartement. La construction de ce riche immeuble ne comporte que des matériaux de premier choix : meulière, roche et pierre de taille. Les terres de fouilles transportées aux décharges publiques. Les rigoles sont remplies en béton de cailloux, même au droit des portes de cave. Les murs de fondations jusqu'au niveau du sol sont en meulière lavée et purgée de toutes les parties terreuses. Le mur de façade est en pierre de taille demi-tendre, sauf la partie de soubassement qui est en pierre dure et la partie socle revêtue en dalle de 0,06 d'épaisseur.

PLAN DU REZ-DE-CHAUSSÉE

Tous les appuis et les seuils ainsi que les marches du vestibule d'entrée et la première marche du départ de l'escalier sont en pierre dure, « marque suivant la contrée ». Entrée et vestibule dallés en mosaïque. Revêtement décoratif du vestibule en imitation pierre. Les plafonds sont enduits au plâtre sur lattis chêne et reçoivent une décoration en staff. La charpente assemblée suivant besoin. Tous les murs sont chaînés au droit des planchers. La couverture est en ardoise pour le bris-Mansard et en zinc pour les lucarnes et la partie haute de la toiture.

Menuiserie intérieure en sapin, celle extérieure en chêne. Porte d'entrée en fer forgé. Peinture à l'huile impression deux couches.

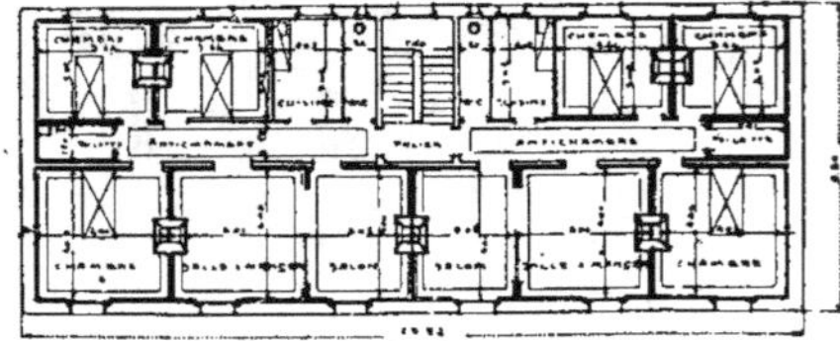

FAÇADE SUR LA RUE

PLAN DES ÉTAGES

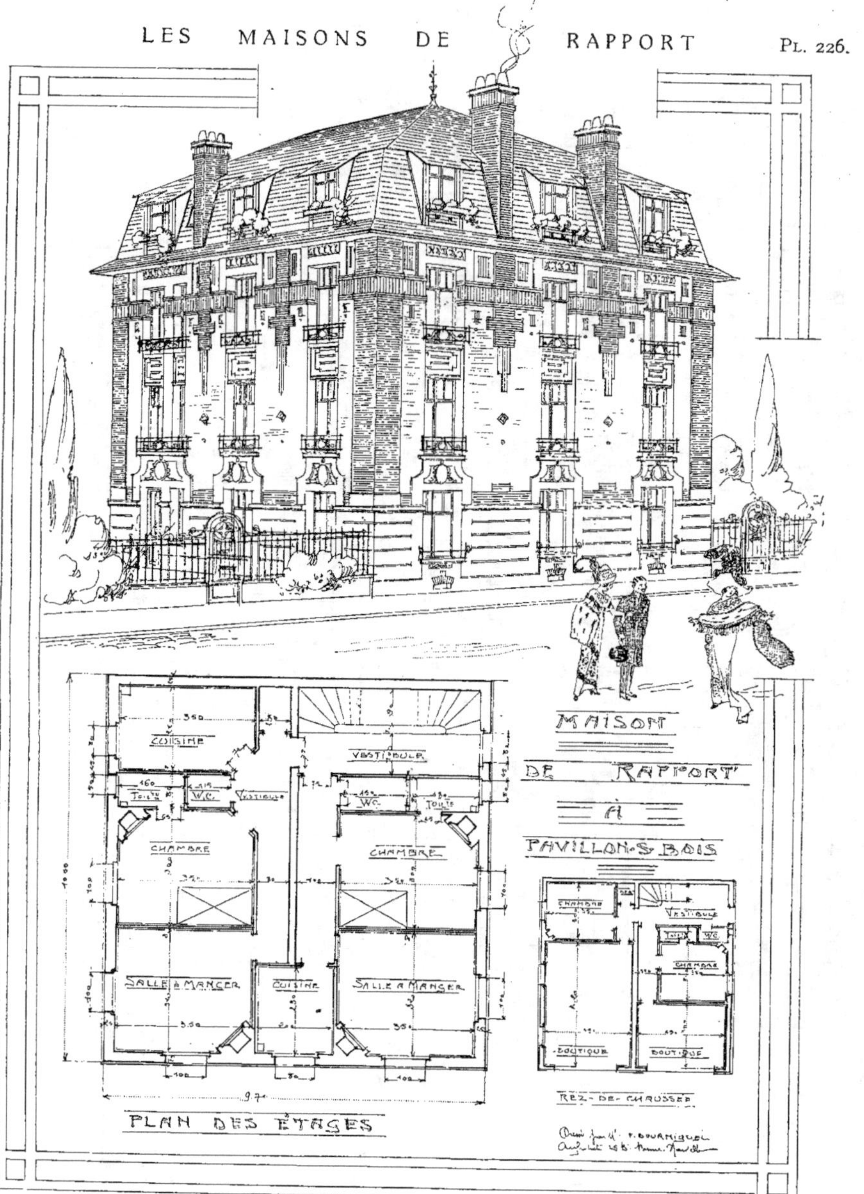
MAISON
DE RAPPORT
A
PAVILLONS BOIS
CUISINE
VESTIBULE
W.C.
VESTIBULE
CHAMBRE
CHAMBRE
SALLE A MANGER
CUISINE
SALLE A MANGER
CHAMBRE
VESTIBULE
W.C.
CHAMBRE
BOUTIQUE
BOUTIQUE
REZ-DE-CHAUSSÉE
PLAN DES ÉTAGES

POUR CONSTRUIRE SA MAISON
MAISON DE RAPPORT, AUX LILAS

FAÇADE PRINCIPALE

COUPE

MAISONS DE RAPPORT

de 5 étages.

AUX LILAS (Seine)

PRIX DE REVIENT :

650.000 francs.

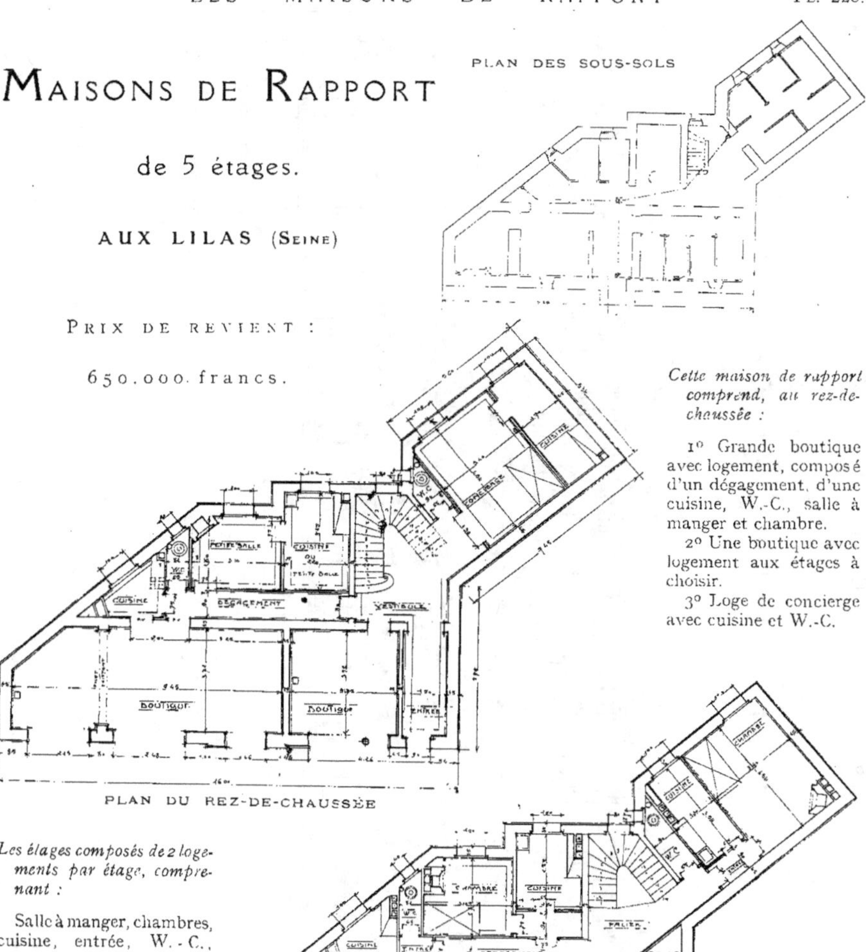

Cette maison de rapport comprend, au rez-de-chaussée :

1º Grande boutique avec logement, composé d'un dégagement, d'une cuisine, W.-C., salle à manger et chambre.

2º Une boutique avec logement aux étages à choisir.

3º Loge de concierge avec cuisine et W.-C.

Les étages composés de 2 logements par étage, comprenant :

Salle à manger, chambres, cuisine, entrée, W.-C., placards.

2 logements par étage, comprenant :

Entrée, cuisine, chambre, W.-C.

Pour chaque logement il est prévu une cave.

MAISONS DE RAPPORT

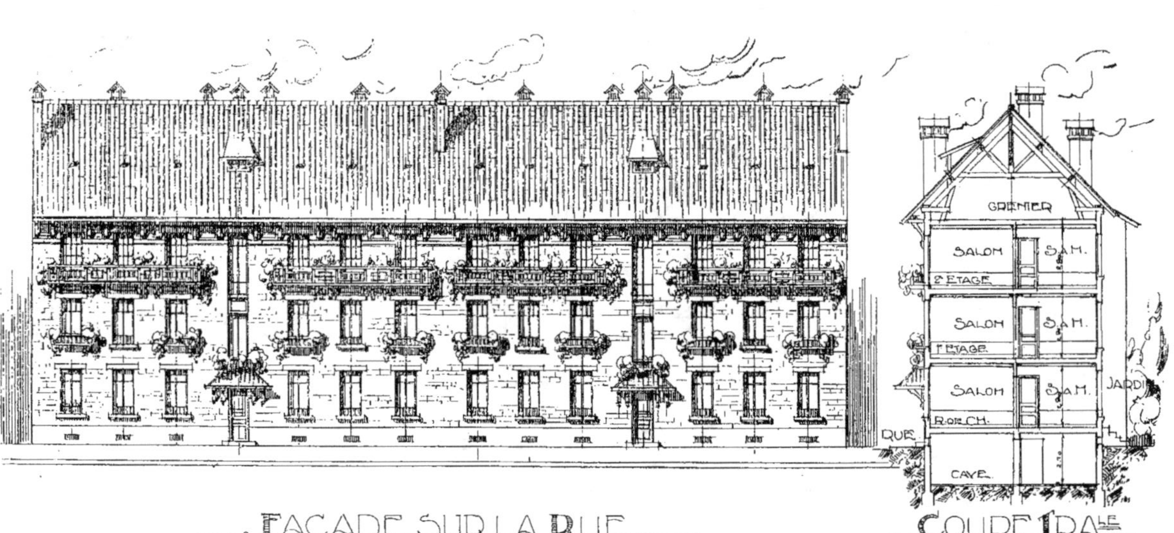

MAISON DE RAPPORT. — POUR CITÉ JARDIN EN PIERRE RECONSTITUÉE

Ce groupe très étudié, divisé en 4 parties, peut être prolongé à l'infini suivant la largeur du terrain à construire.

Chaque escalier dessert par étage 2 appartements composés chacun : dégagement, salon, salle à manger, 2 chambres, cuisine, salle de bains, W.-C., avec caves et jardin pour chaque appartement.

L'emploi de la Pierre Reconstituée, pour ces constructions de rapport, donne une économie de 25 0/0 sur les prix des matériaux courant : pierre, brique ou meulière, et permet d'obtenir un revenu rémunérateur au moment où la maison de rapport, par son prix de revient onéreux, est prohibitive. (Voir les plans à la planche 230.)

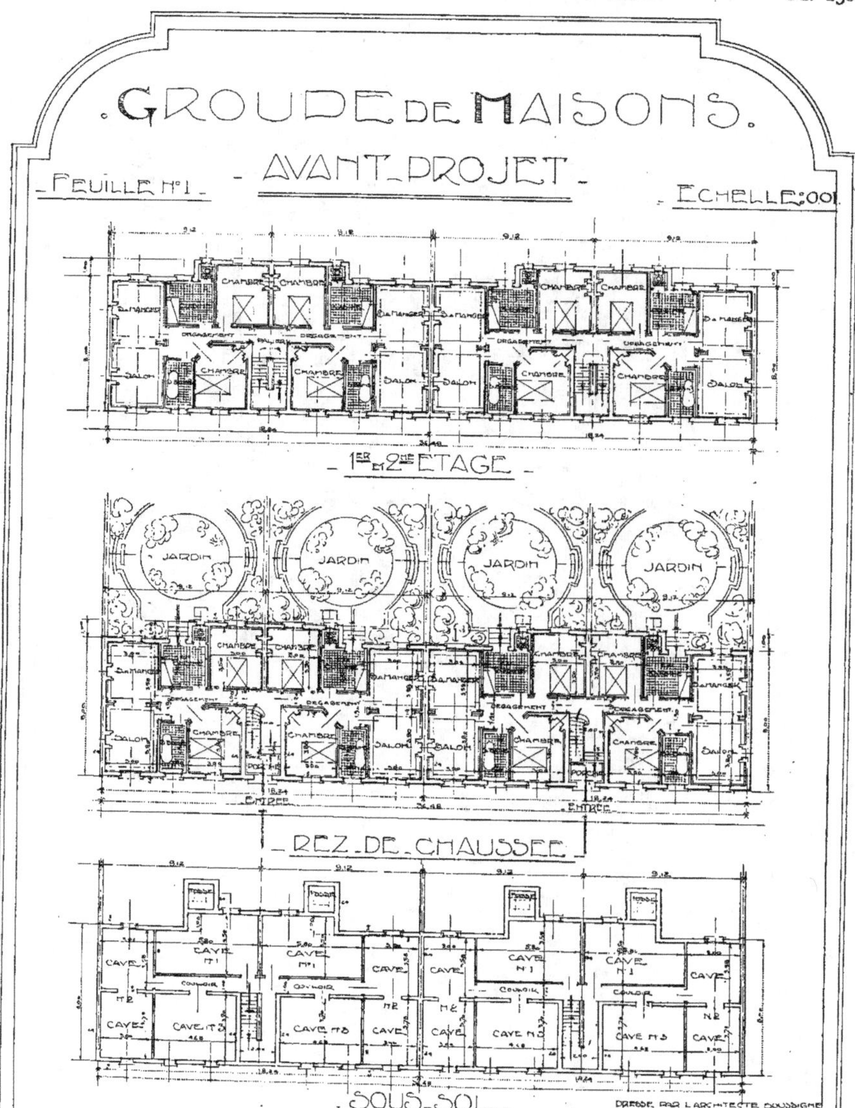
GROUDE DE MAISONS.
AVANT-PROJET
FEUILLE N°1
ECHELLE:0.01
1ER ET 2ME ETAGE
JARDIN
JARDIN
JARDIN
JARDIN
REZ-DE-CHAUSSÉE
SOUS-SOL
DRESSÉ PAR L'ARCHITECTE DOUSDIGNE
PARIS LE   1920

MAISON DE RAPPORT. — LOGEMENTS OUVRIERS. (Voir le plan Pl. 232.)

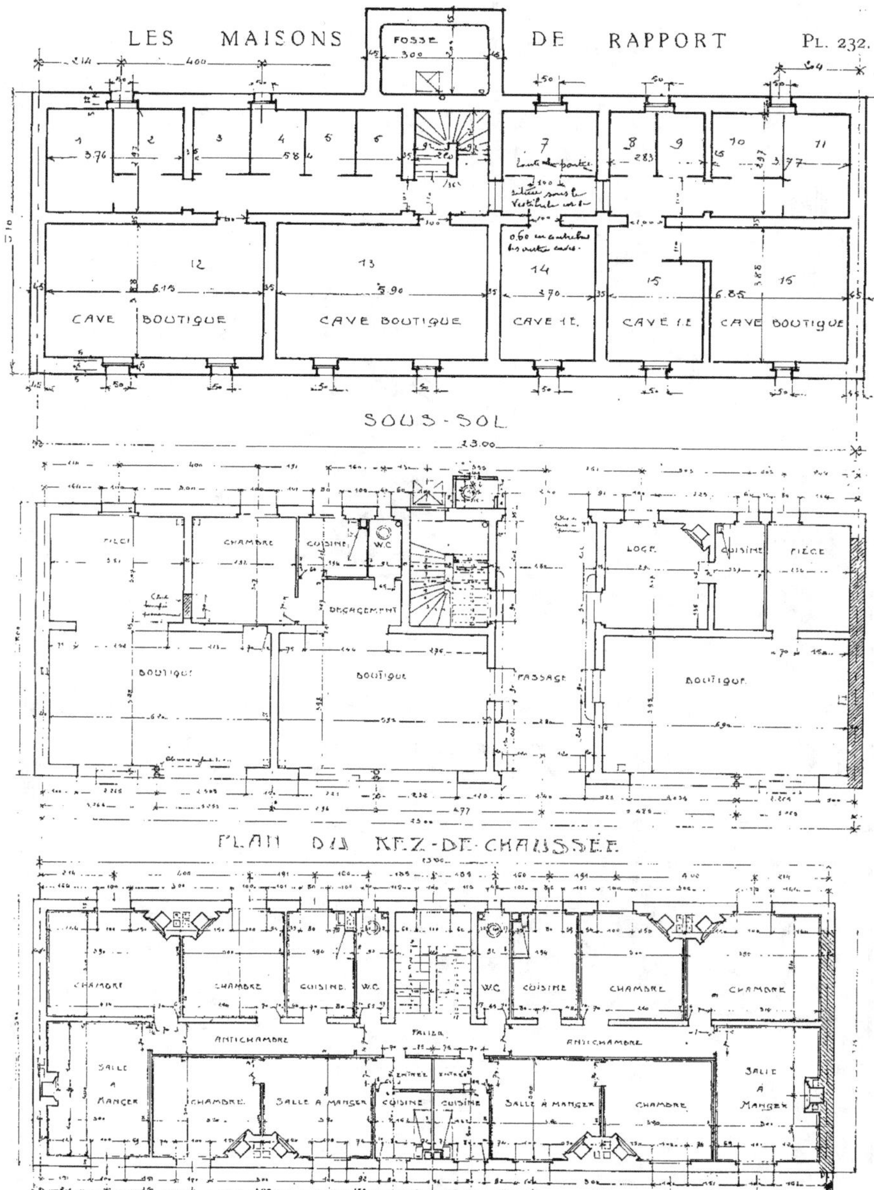

PLANS DES 1er, 2e ET 3e ÉTAGES DE LA MAISON DE RAPPORT DE CREIL. — (Pl. 231.)

30

MAISON OUVRIÈRE
à
GENNEVILLIERS (Seine)
PRIX DE REVIENT :
90.000 francs.
REZ-DE-CHAUSSÉE.

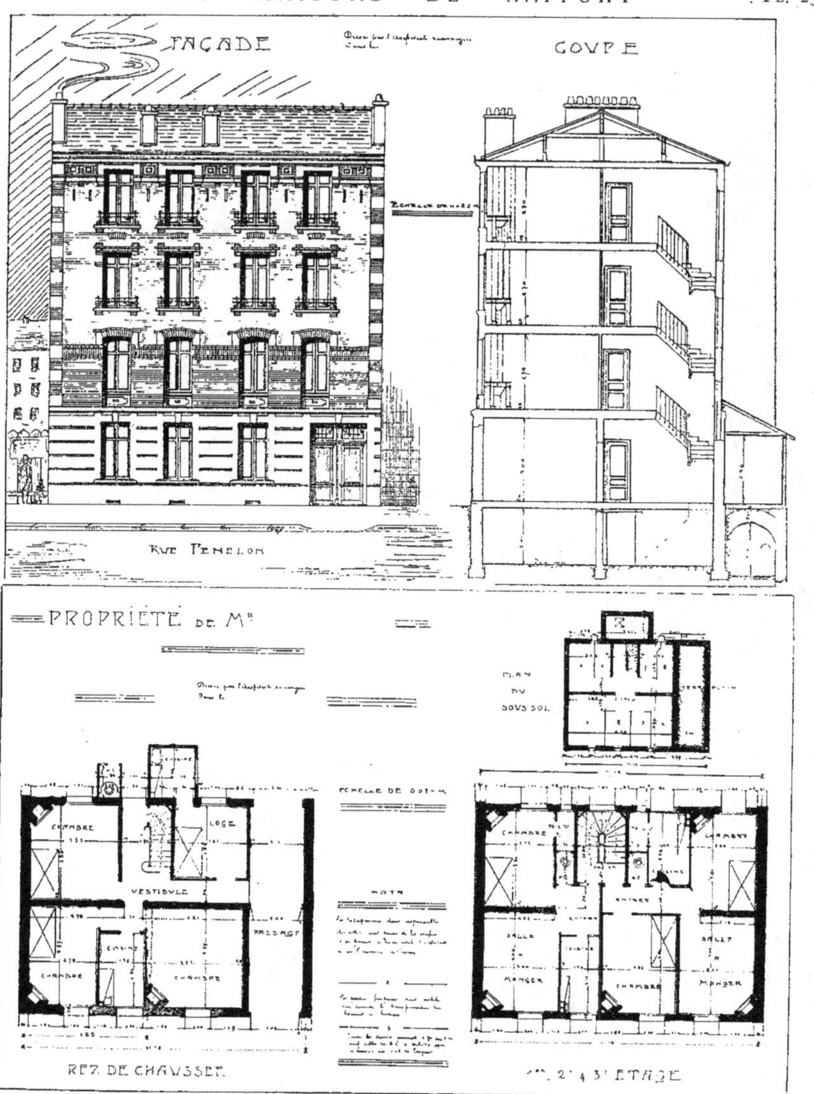

MAISON OUVRIÈRE, A PARIS. — *Prix de revient :* 280.000 francs.

MAISONS OUVRIÈRES, AUX LILAS (Seine). — *Prix de revient :* 96.000 francs.

MAISON DE RAPPORT, A PARIS

FAÇADE GÉOMÉTRALE DÉVELOPPÉE DE LA MAISON D'ARCUEIL. (Voir planche 224.)

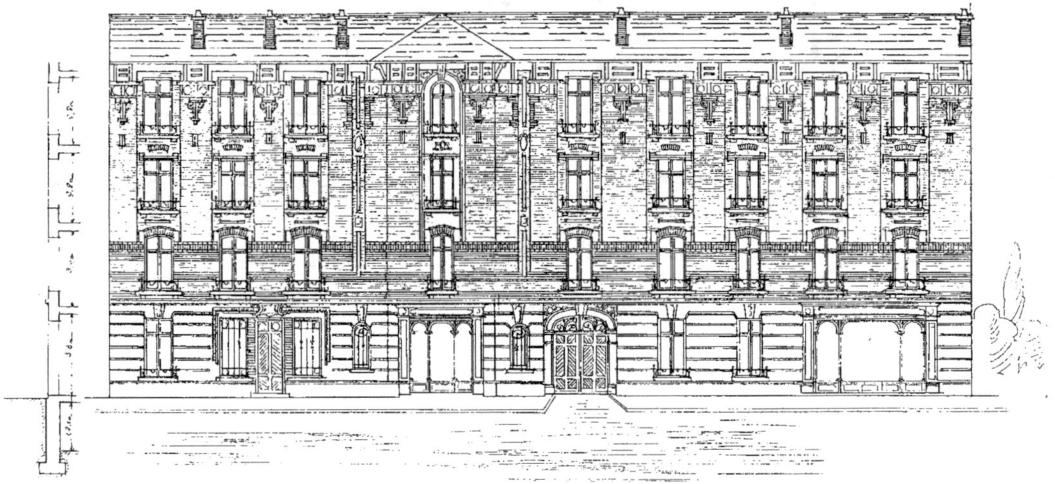

PLAN DU REZ-DE-CHAUSSÉE

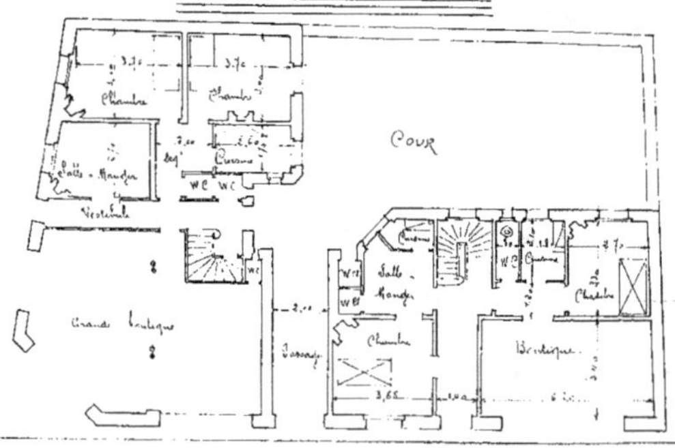

PLAN DES 1er 2e & 3e ÉTAGES

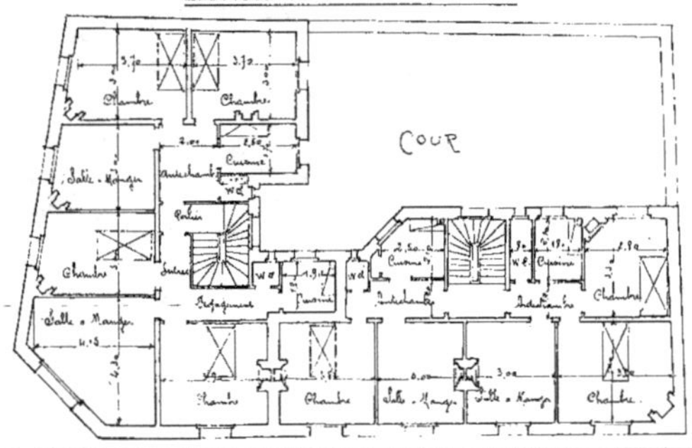

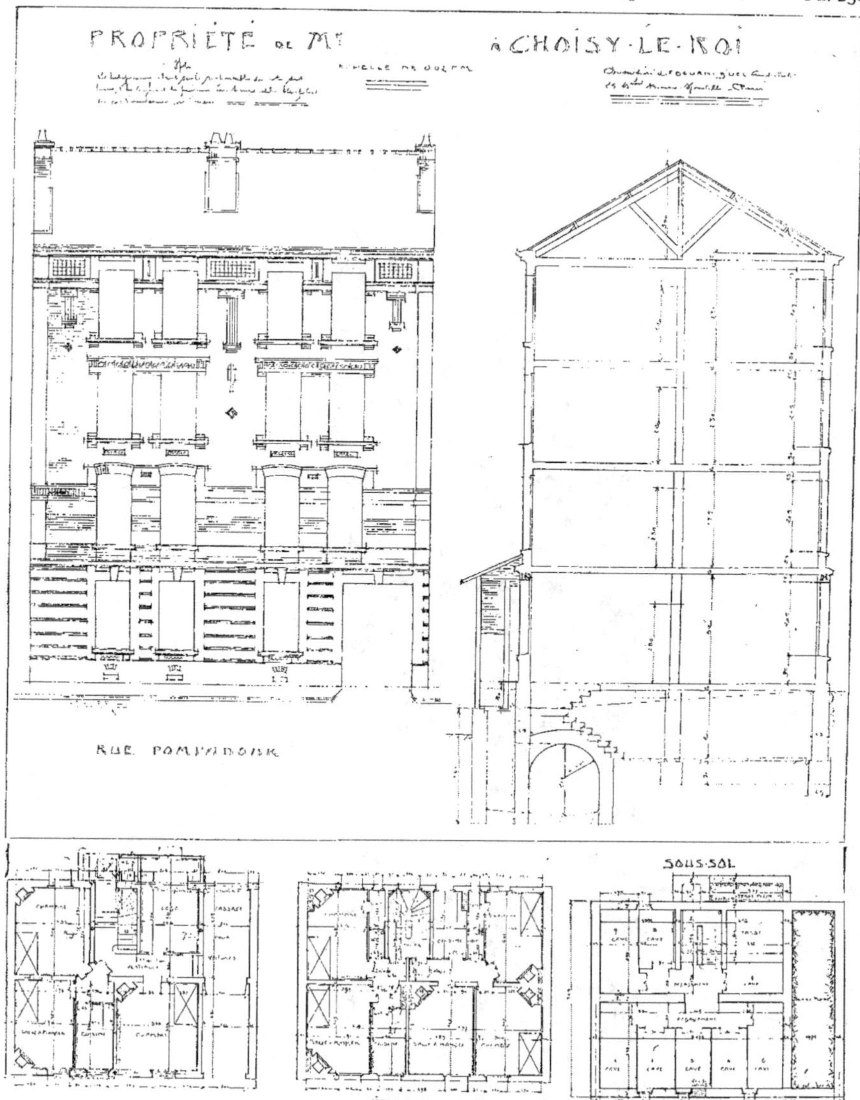
PROPRIÉTÉ DE M.
À CHOISY-LE-ROI
RUE POMPADOUR
SOUS-SOL
ÉTAGES 1er 2e 3e

LA CHARPENTE ET LES CLOTURES

ÉTUDE TRÈS DÉTAILLÉE D'UN ESCALIER

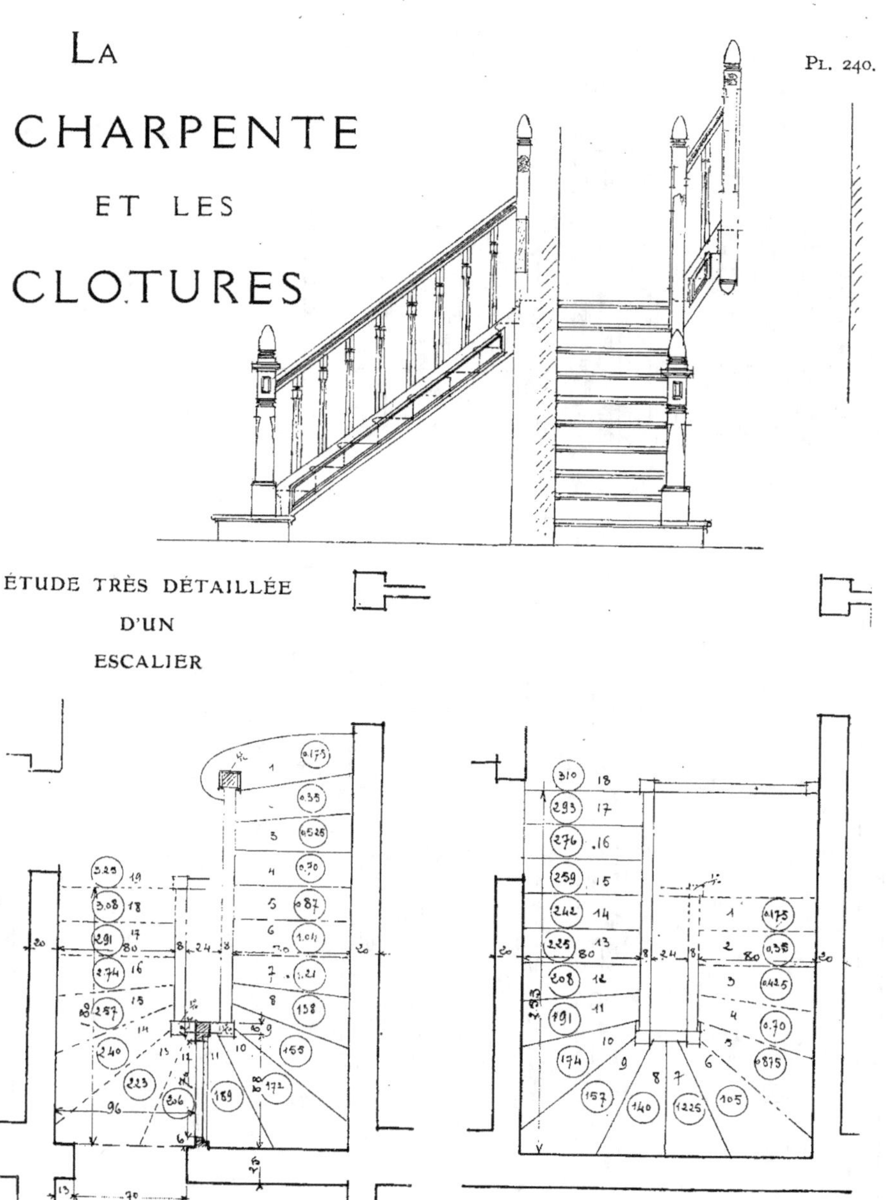

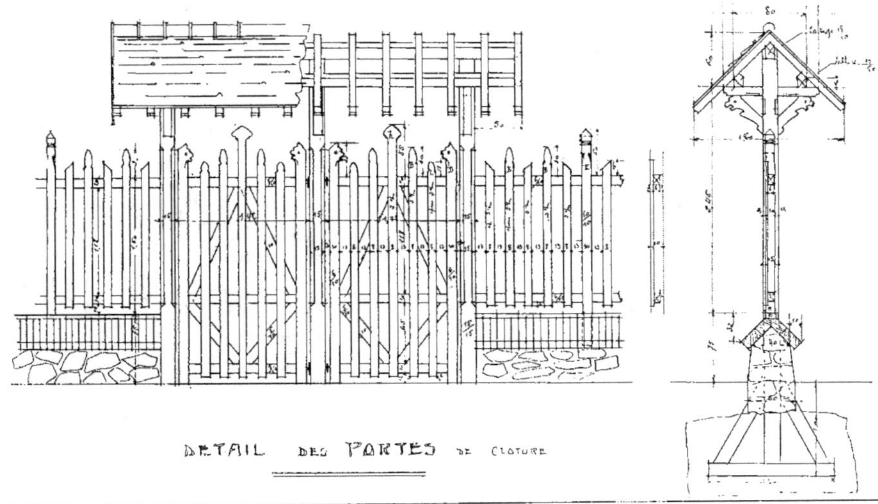

DÉTAIL DES PORTES DE CLÔTURE

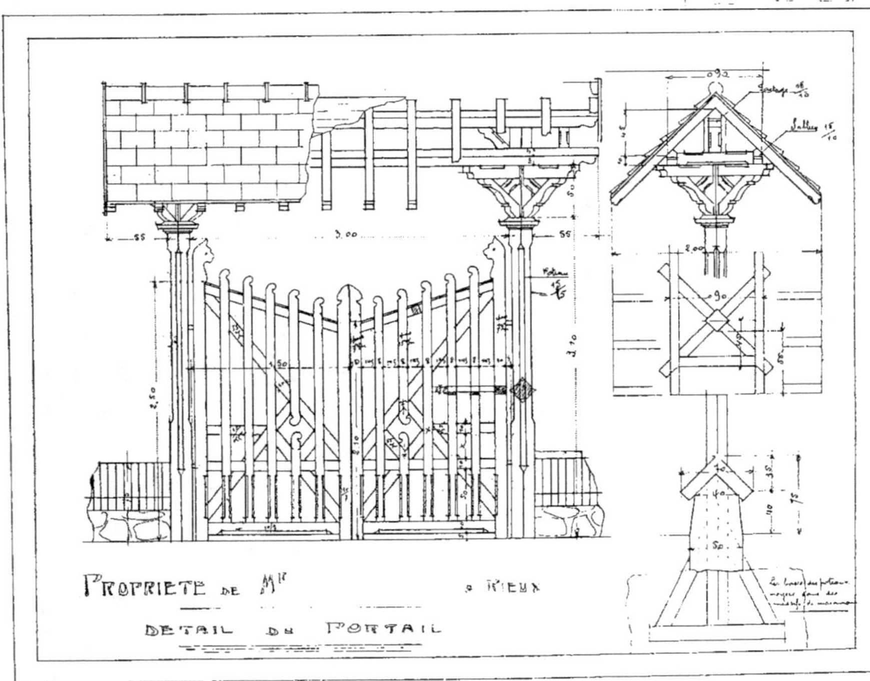

PROPRIÉTÉ DE M.ʳ   à RIEUX

DÉTAIL DU PORTAIL

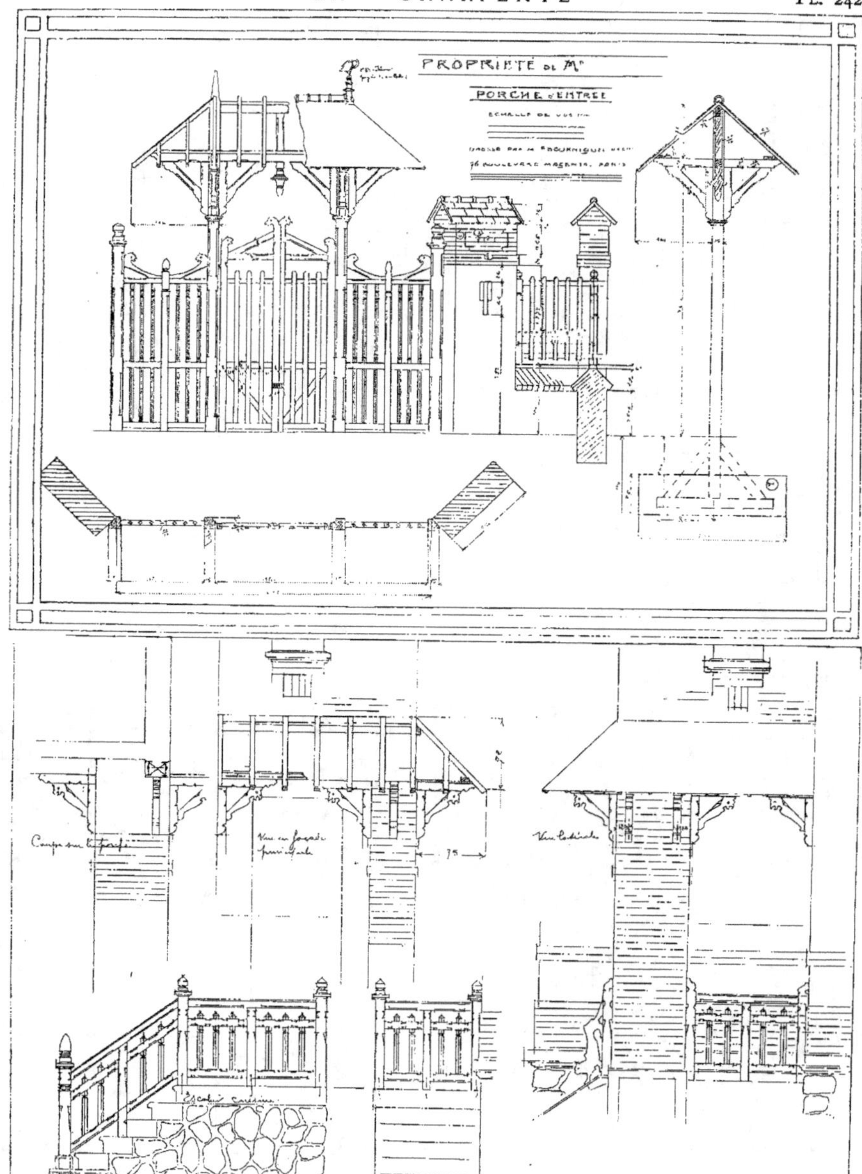

ÉTUDE D'UNE RAMPE DE PORCHE, AVEC AUVENT

LES

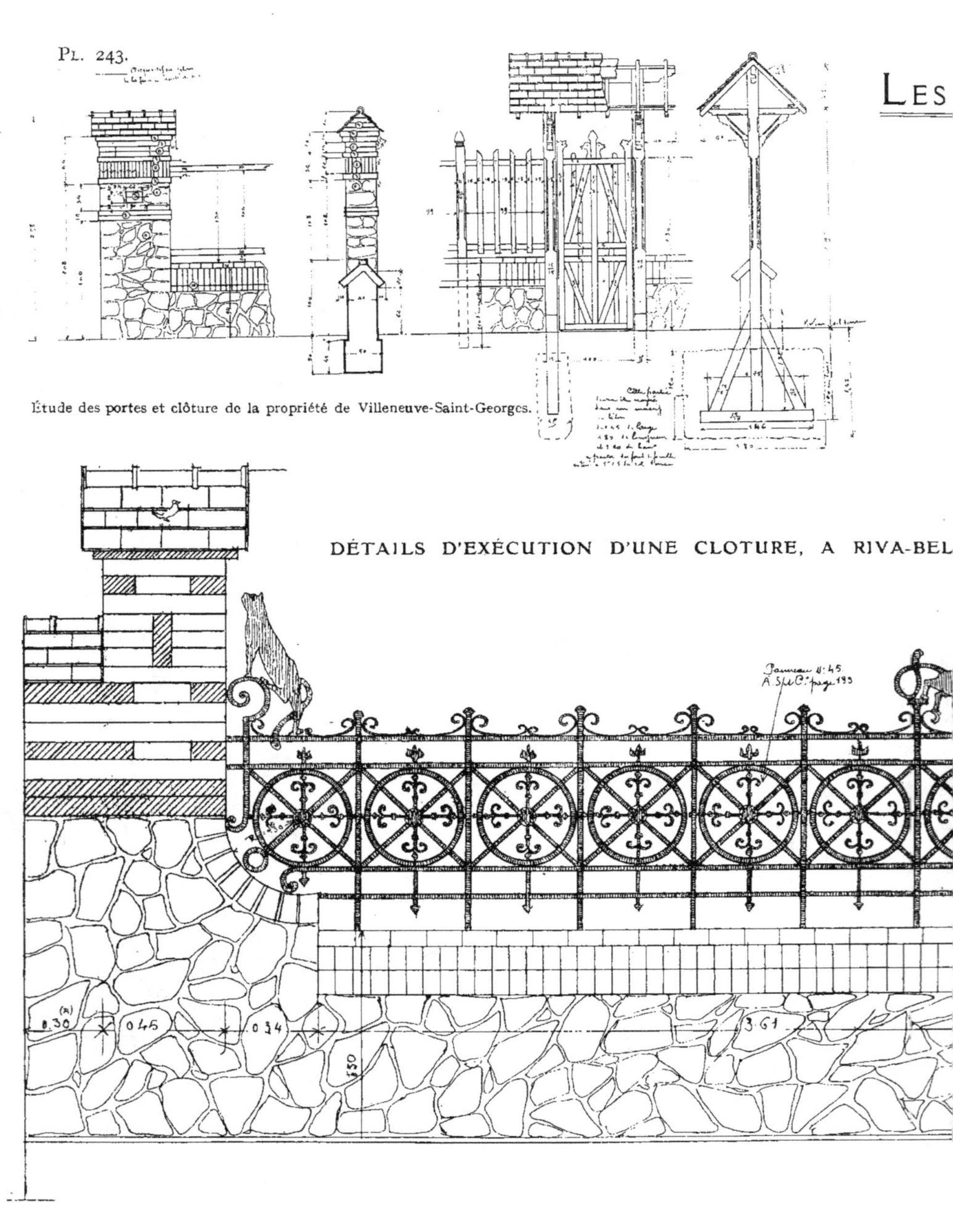

Étude des portes et clôture de la propriété de Villeneuve-Saint-Georges.

DÉTAILS D'EXÉCUTION D'UNE CLOTURE, A RIVA-BEL

Clôture avec grande porte d'entrée, porche et portillon.

Petite porte de service.

POUR CONSTRUIRE SA MAISON

ÉTUDE
d'un
PIGEONNIER
et d'un
POULAILLER

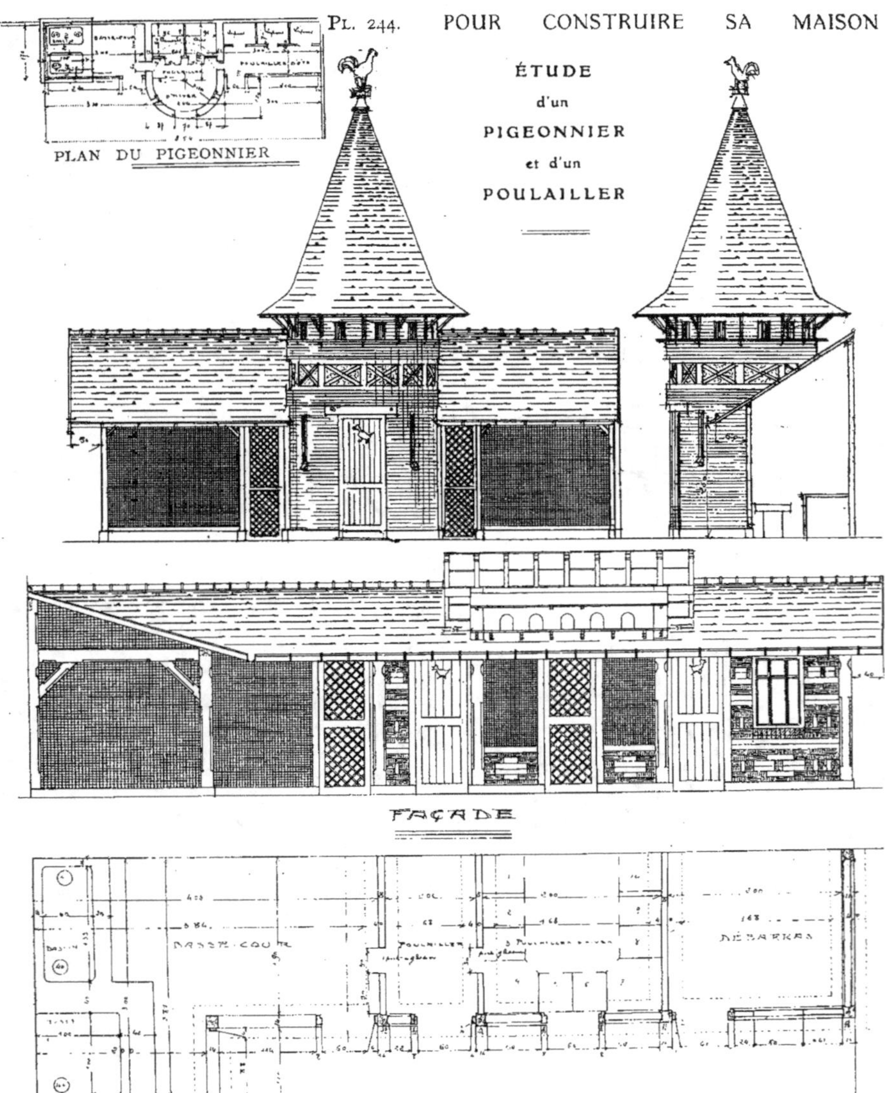

PLAN DU PIGEONNIER

FAÇADE

PLANS DU POULAILLER, AVEC ANNEXE

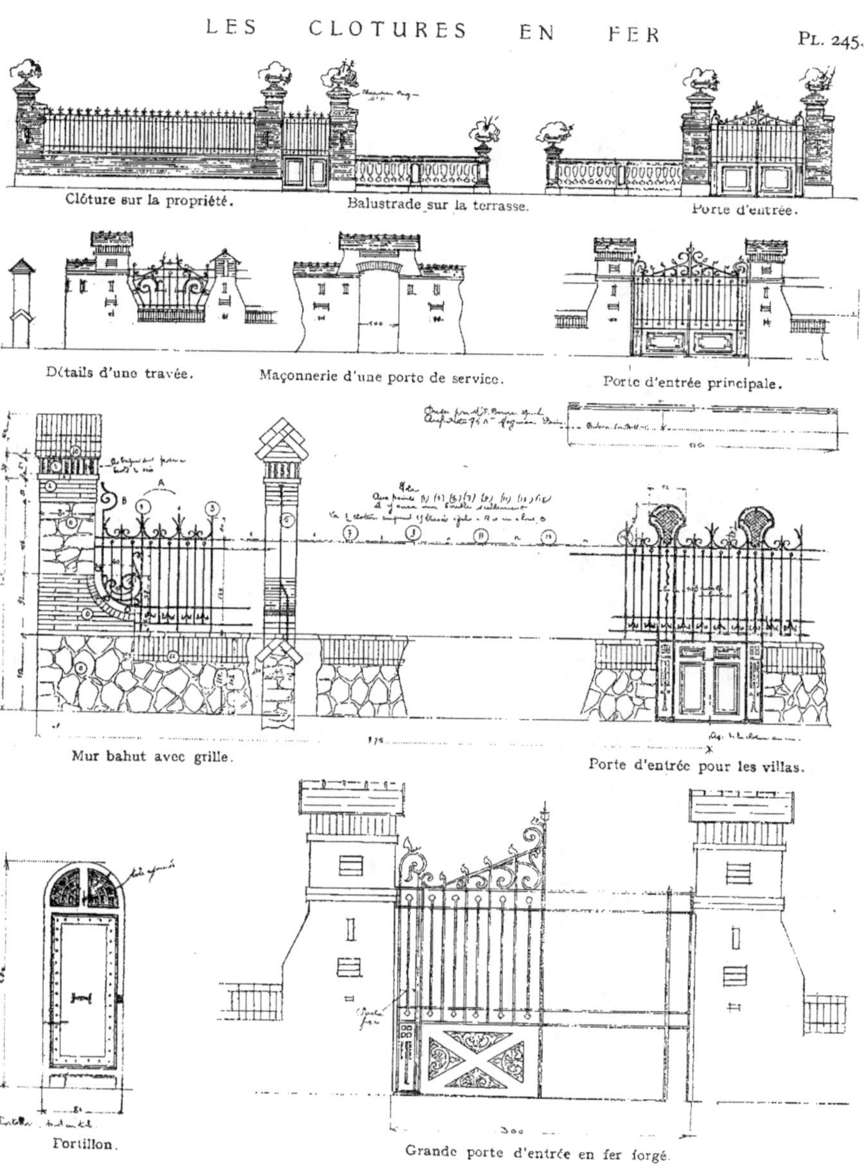

Clôture sur la propriété.

Balustrade sur la terrasse.

Porte d'entrée.

Détails d'une travée.

Maçonnerie d'une porte de service.

Porte d'entrée principale.

Mur bahut avec grille.

Porte d'entrée pour les villas.

Portillon.

Grande porte d'entrée en fer forgé.

PL. 246.

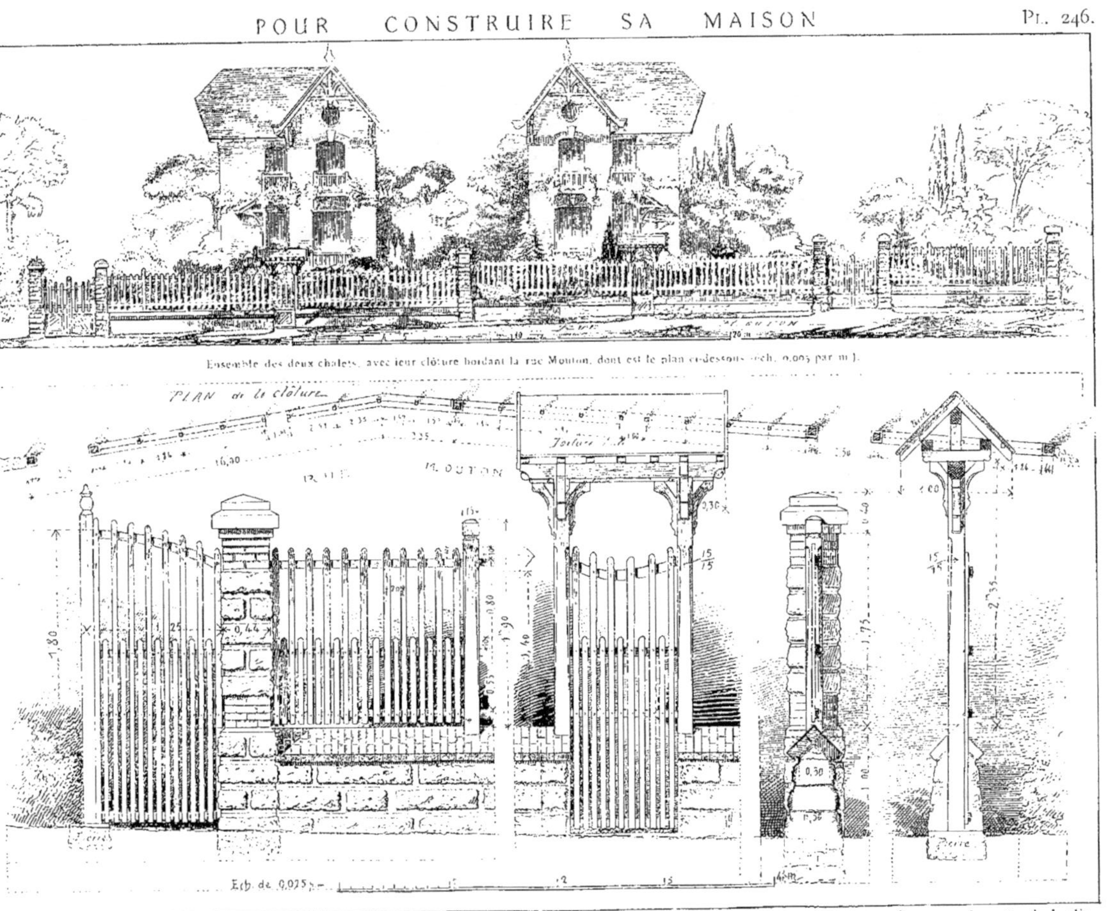

Détail du portail des voitures et de la clôture.   (Voir les planches 97, 98, 99, 100.)   Porte du jardin.   Coupe sur le bahut.   Coupe sur la porte du jardin.

LA CHARPENTE

ÉTUDE D'UN PORCHE

D'ENTRÉE

AVEC PASSERELLE

et

ESCALIER

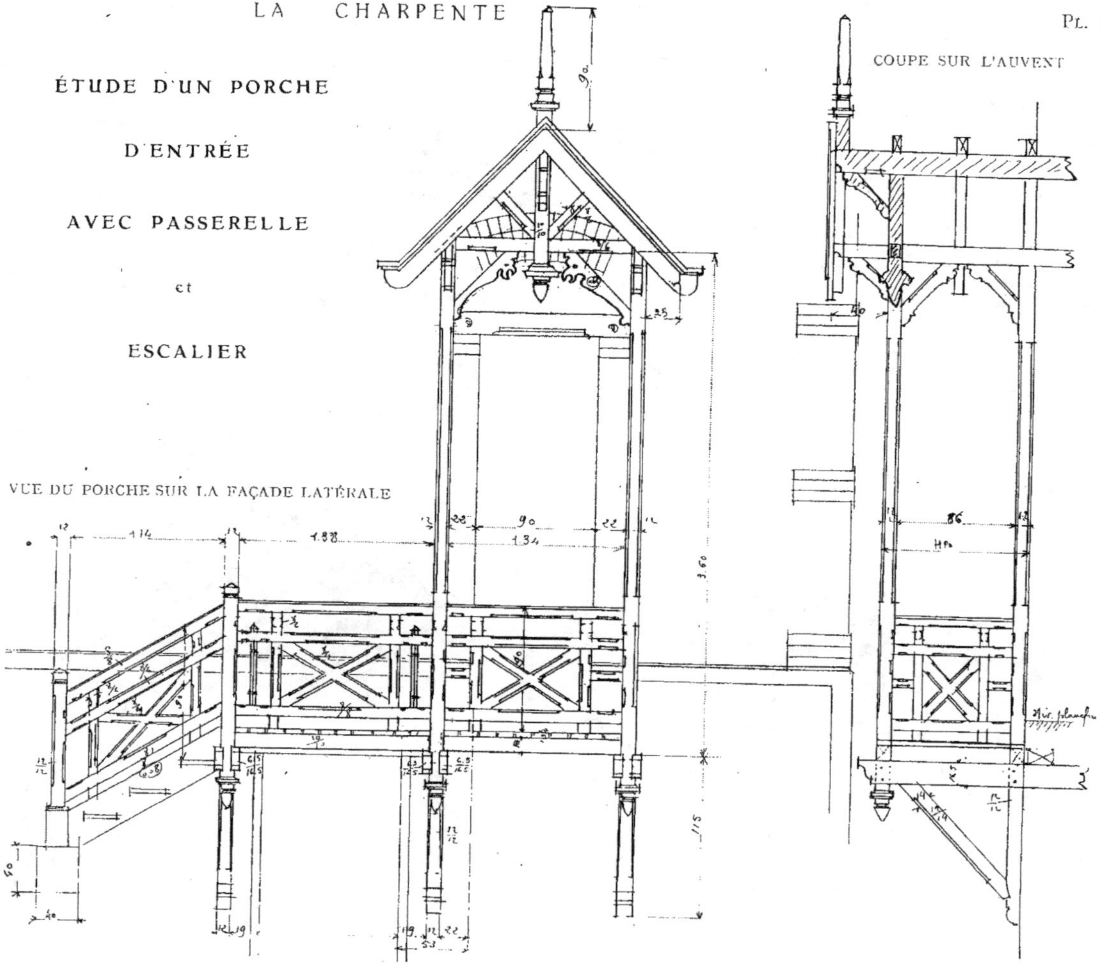

VUE DU PORCHE SUR LA FAÇADE LATÉRALE

COUPE SUR L'AUVENT

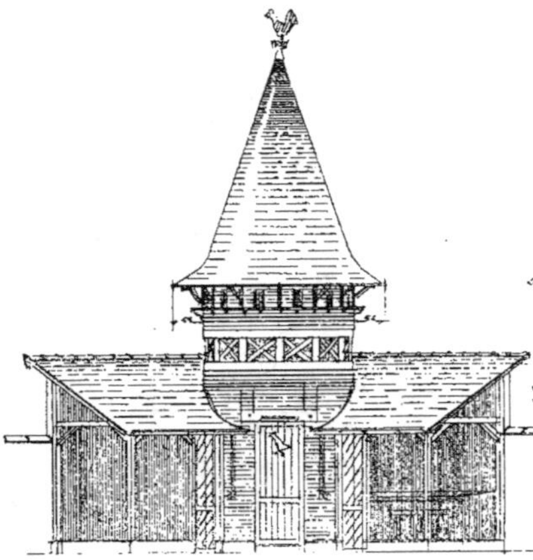

PLAN
D'ENSEMBLE

Vue d'ensemble du Pigeonnier. 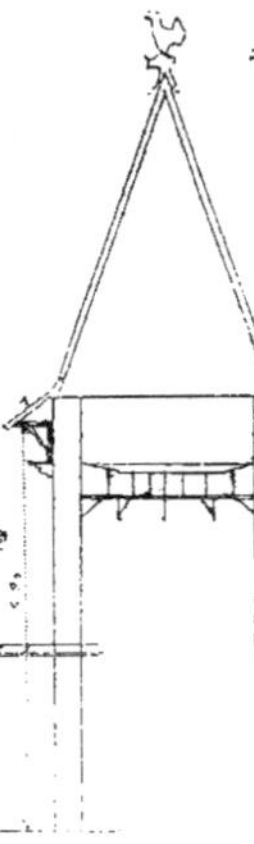   Coupe sur la Tourelle.    Plan de la Tourelle.

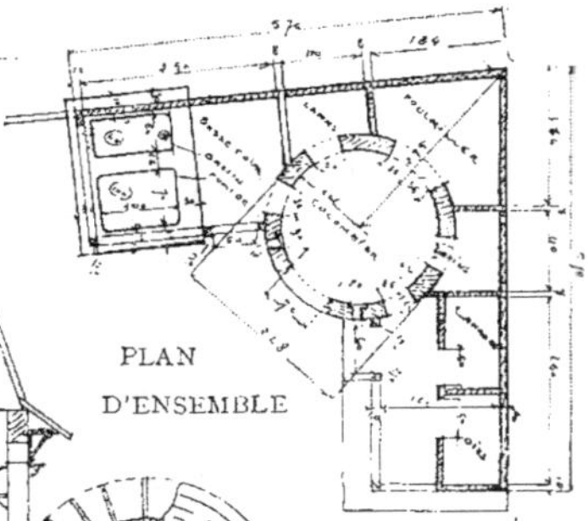

DÉPENDANCES de la PROPRIÉTÉ
de
ROSNY-SOUS-BOIS

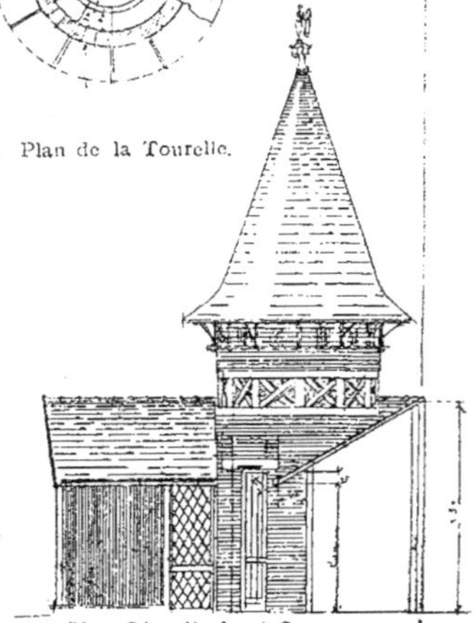

Vue Géométrale et Coupe.

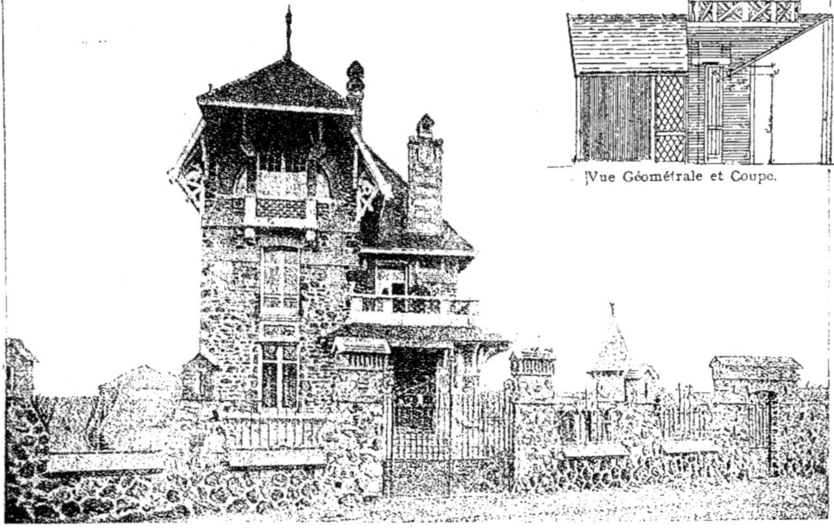

LA

Ferronnerie

et la serrurerie

D'art

FONTENAY LES ROSES

LES

Detail de la grille de la cloture

Echelle de 0.10 par metre

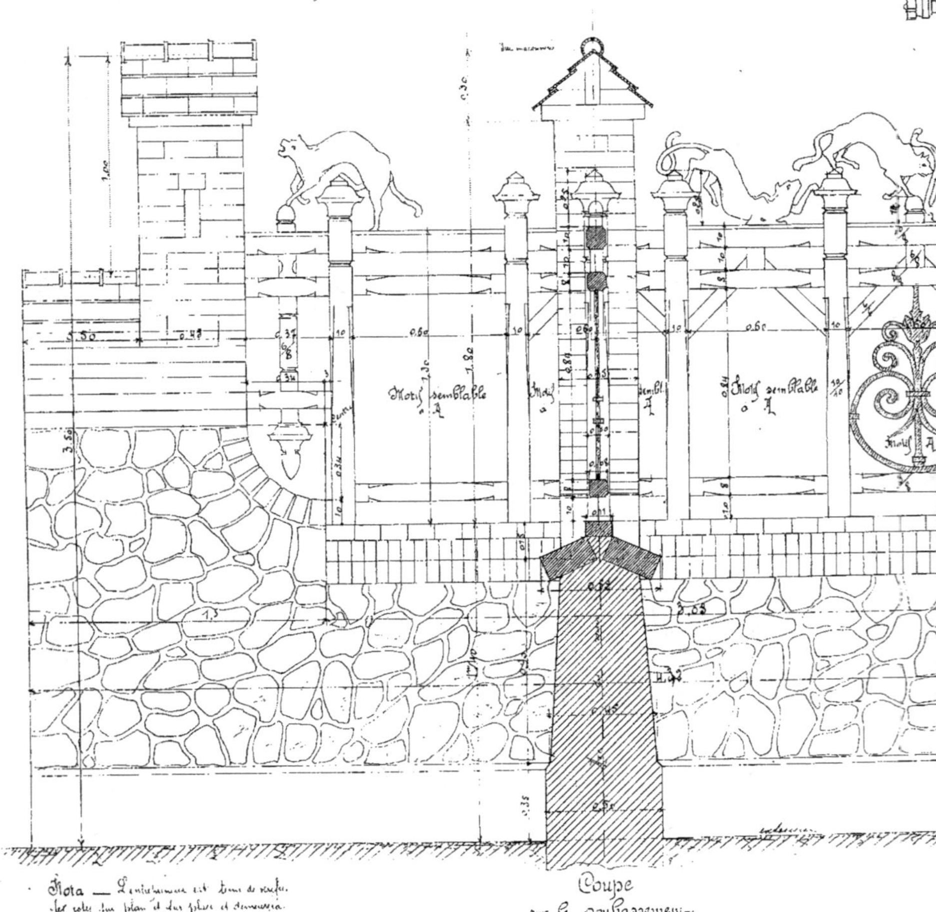

Coupe
sur le soubassement

Nota — L'entrepreneur est tenu de verifier les cotes du plan et des plus et demeurera entierement responsable des erreurs qui auraient pu echapper au dessinateur.
L'Architecte

Faitage

Motif semblable
à X

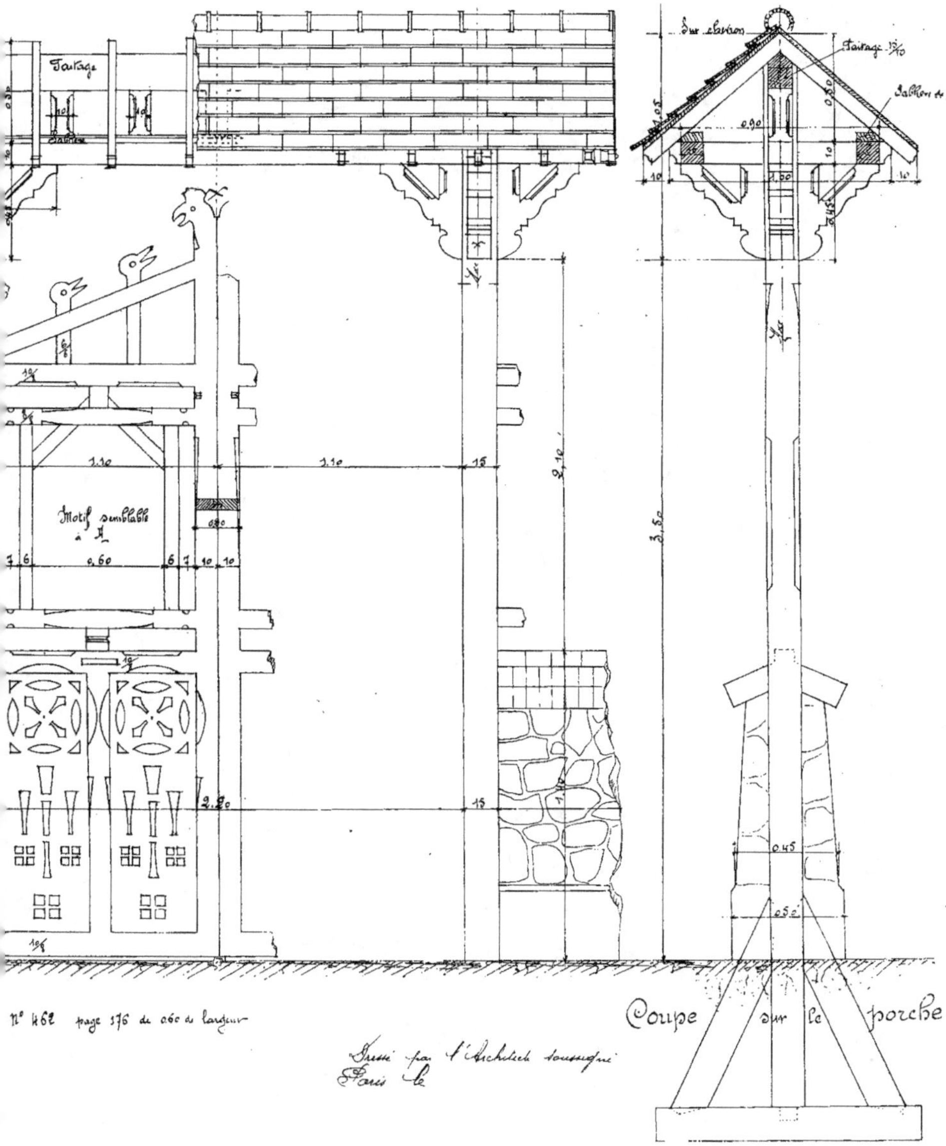

n° 462   page 176   de 0.60 de largeur

Dressé par l'Architecte soussigné
Paris le

Coupe sur le porche

LA FERRONNERIE D'ART

Voir les planches
Nos 188, 189, 190 et 191.

GRILLE D'HONNEUR
DE
L'HOTEL PARTICULIER
DE
TROYES

RAMPE
DE L'ESCALIER
INTÉRIEUR
DE L'HOTEL PARTICULIER
DE TROYES

PORTE PRINCIPALE ET GRILLE AVEC PILASTRES, DE L'HOTEL DE NEUILLY-PLAISANCE (Fer forgé. Voir les planches 179 à 186.)

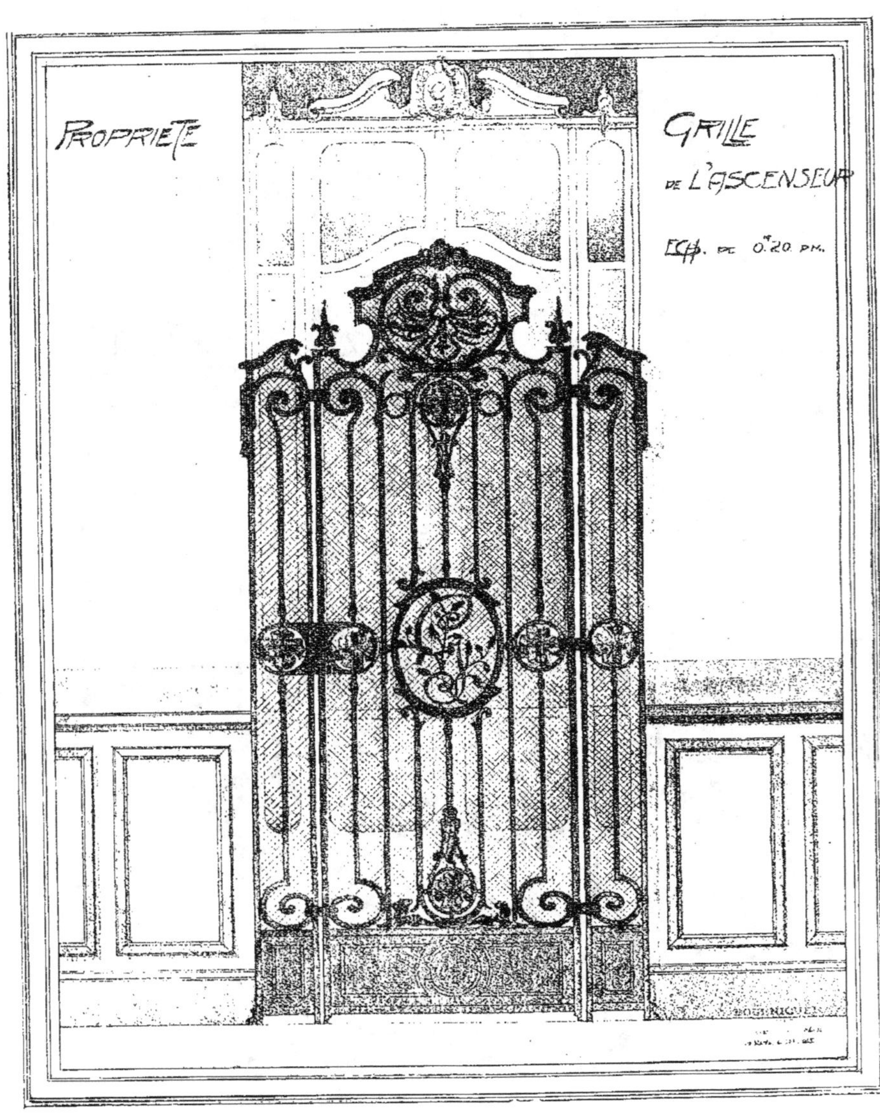
PROPRIETE
GRILLE
DE L'ASCENSEUR
ECH. DE 0.20 P.M.

Porte. — Balustrade. — Marquise et balcon en fer forgé de l'hôtel de Neuilly-Plaisance.

Motif de petite baie.

Une défense de soupirail.

DÉFENSE DE BAIE
d'escalier
en fer forgé.

DÉTAIL FER FORGÉ
Porte d'entrée
principale.

LA DÉCORATION

ET

LES

INTÉRIEURS

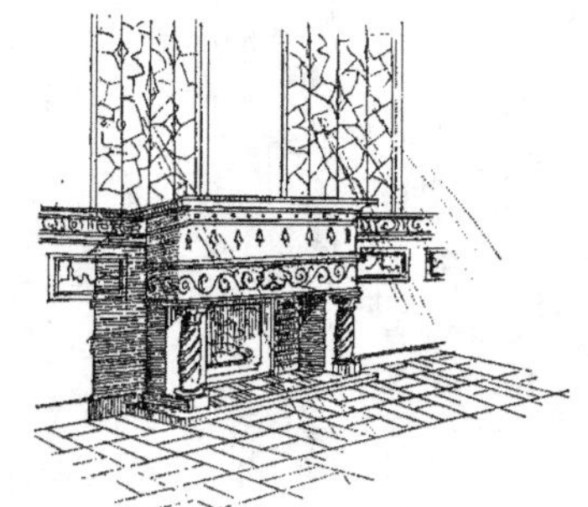

GRANDE BAIE ornée de 2 balustrades, donnant accès à la LOGGIA de la SALLE à MANGER.

HOTEL PARTICULIER, A TROYES (AUBE)

Porte sur VESTIBULE.   Vue de la SALLE à MANGER, face gauche.   Coupe sur la LOGGIA

Grande porte à 4 vantaux, donnant accès au salon attenant à la salle à manger.

LES 4 FACES DE LA SALLE A MANGER

Coupe sur la loggia   Panneaux décoratifs.   La cheminée.   Panneaux décoratifs.

Vue sur la cheminée de la salle à manger.

HOTEL PARTICULIER DE NEUILLY-PLAISANCE

Vue sur la cheminée du salon.

Vue sur la porte de la salle a manger.

VUES DU SALON ET DE LA SALLE A MANGER

Vue sur la porte du salon donnant accès aux vestibules.

VUE SUR LE SALON ET LA SALLE A MANGER DU VESTIBULE DE L'HOTEL PARTICULIER DE TROYES (AUBE)
Voir les planches n⁰ˢ 188, 189, 190, 191, 251, 257, 258.

L'HÔTEL PARTICULIER DE TROYES

LE VESTIBULE

Vue sur l'escalier.

Vue sur la porte d'entrée.

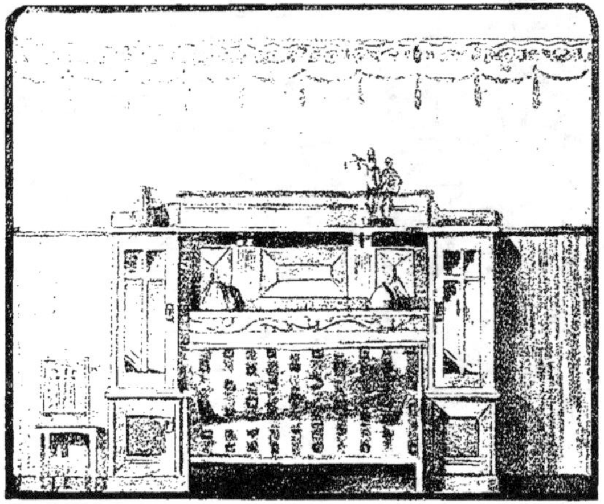

VUES

SUR LES

4 FACES

D'UN

BUREAU

MODERNE

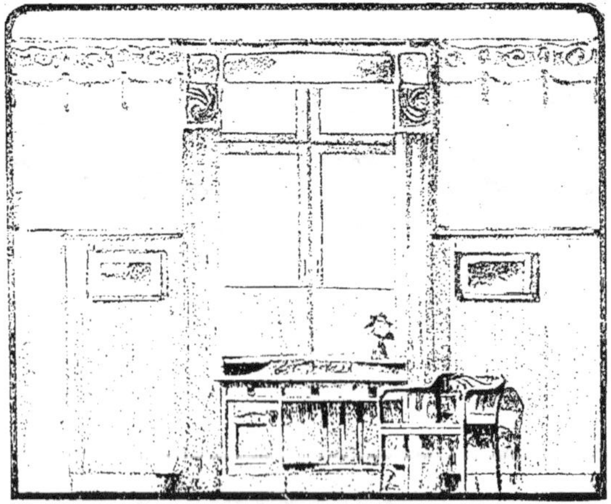

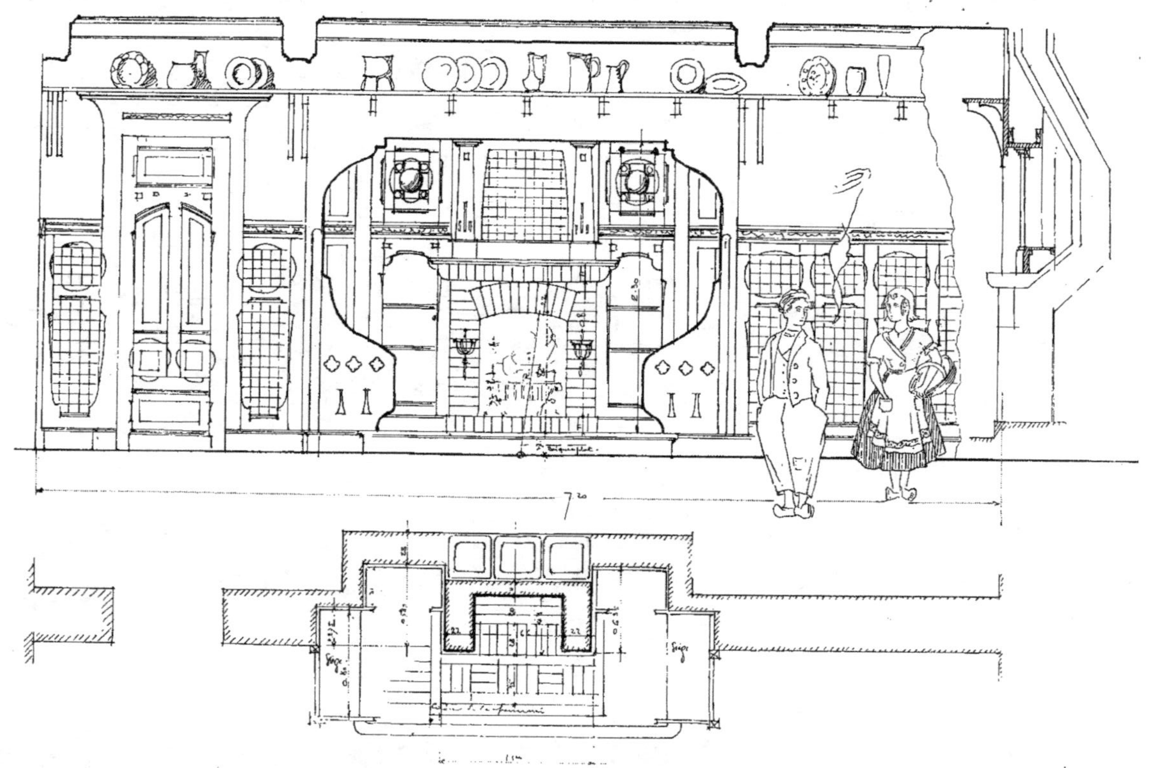

SALLE A MANGER. — STYLE FLAMAND

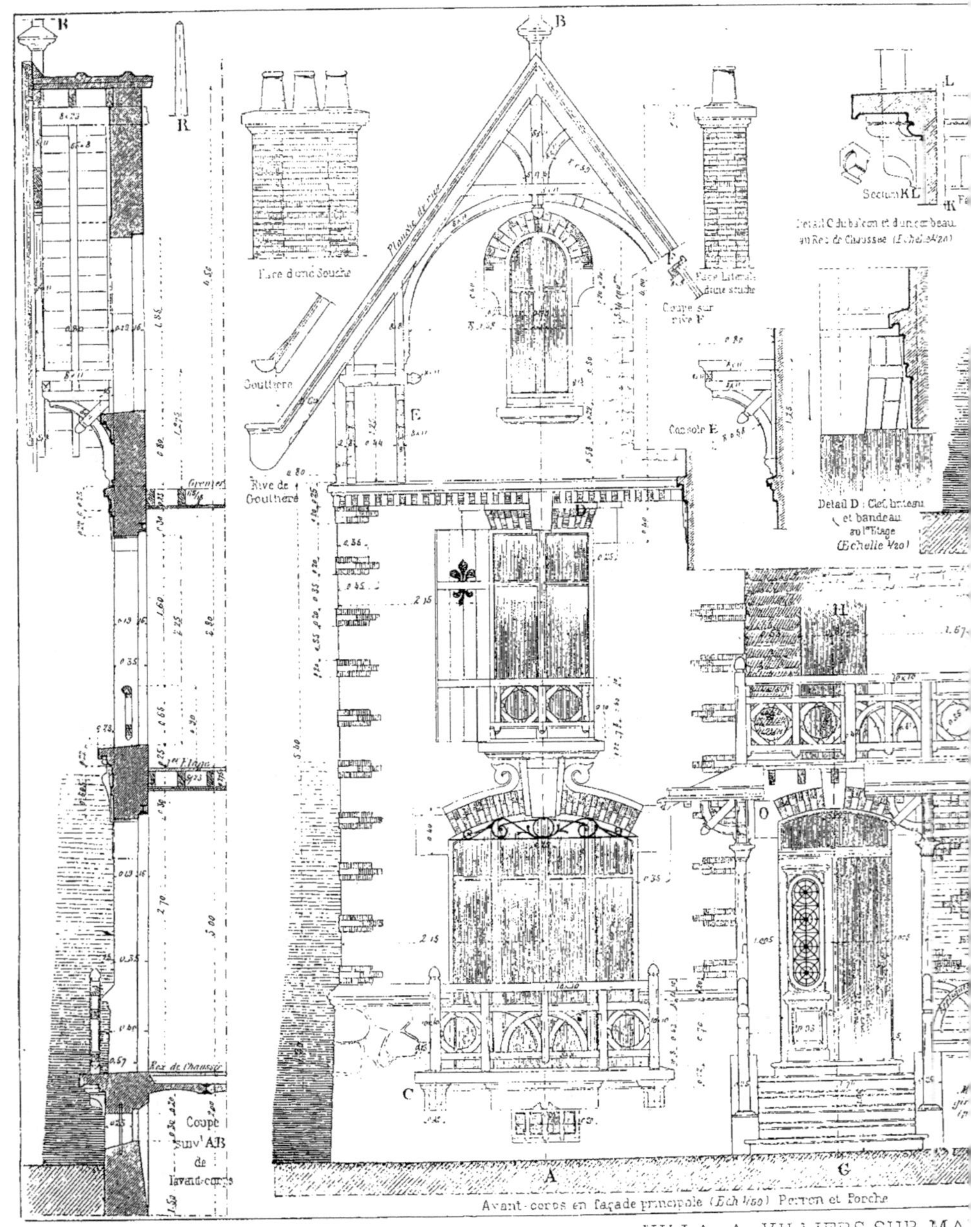

Avant-corps en façade principale (Ech. 1/50)   Perron et Porche

VILLA A VILLIERS-SUR-MA...

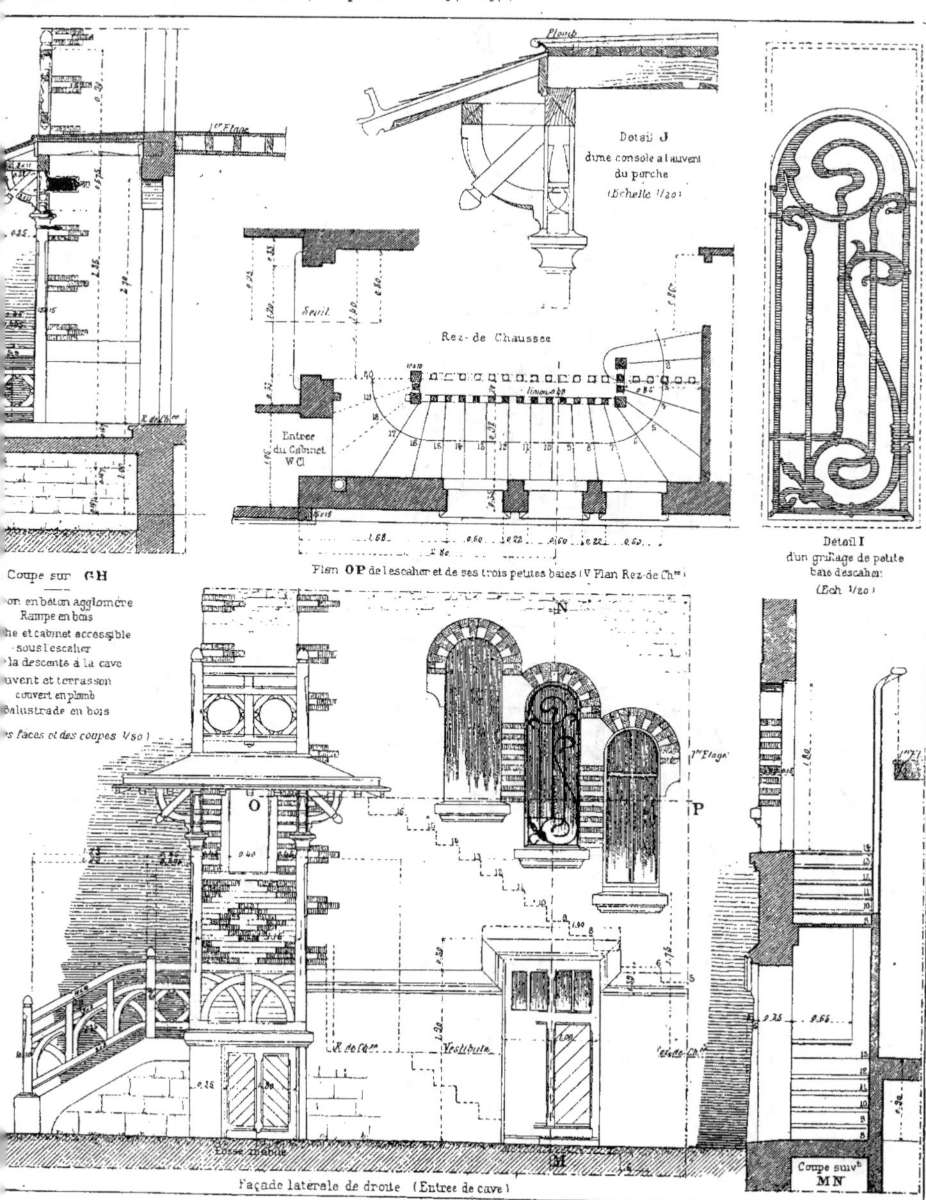
Plomb
Détail J
d'une console à l'auvent
du porche
(Échelle 1/20)
Rez-de-Chaussée
Seuil
limon sup
Entrée
du Cabinet
W Cl
Coupe sur GH
on en béton aggloméré
Rampe en bois
he et cabinet accessible
sous l'escalier
la descente à la cave
uvent et terrasson
couvert en plomb
balustrade en bois
s faces et des coupes 1/50)
Plan OP de l'escalier et de ses trois petites baies (V Plan Rez-de Chée)
Détail I
d'un grillage de petite
baie d'escalier
(Éch 1/20)
1er Étage
N
O
P
M
Vestibule
Façade latérale de droite (Entrée de cave)
Coupe suivᵗ MN

VUE D'INTÉRIEUR, AVEC CHEMINÉE RUSTIQUE ET PLAFOND A POUTRELLES (MODERNE.)

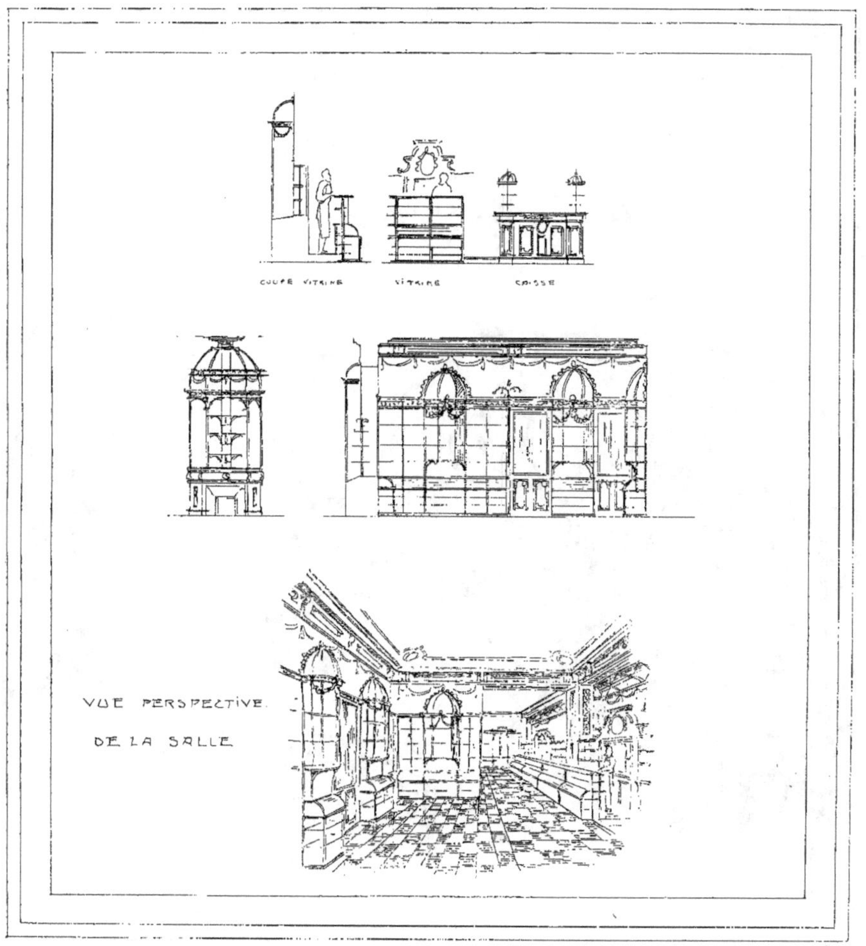

VUE INTÉRIEURE D'UN AGENCEMENT DE PHARMACIE

LA SALLE DE BILLARD DE L'HOTEL PARTICULIER DE NEUILLY-PLAISANCE

Les Détails d'Exécution

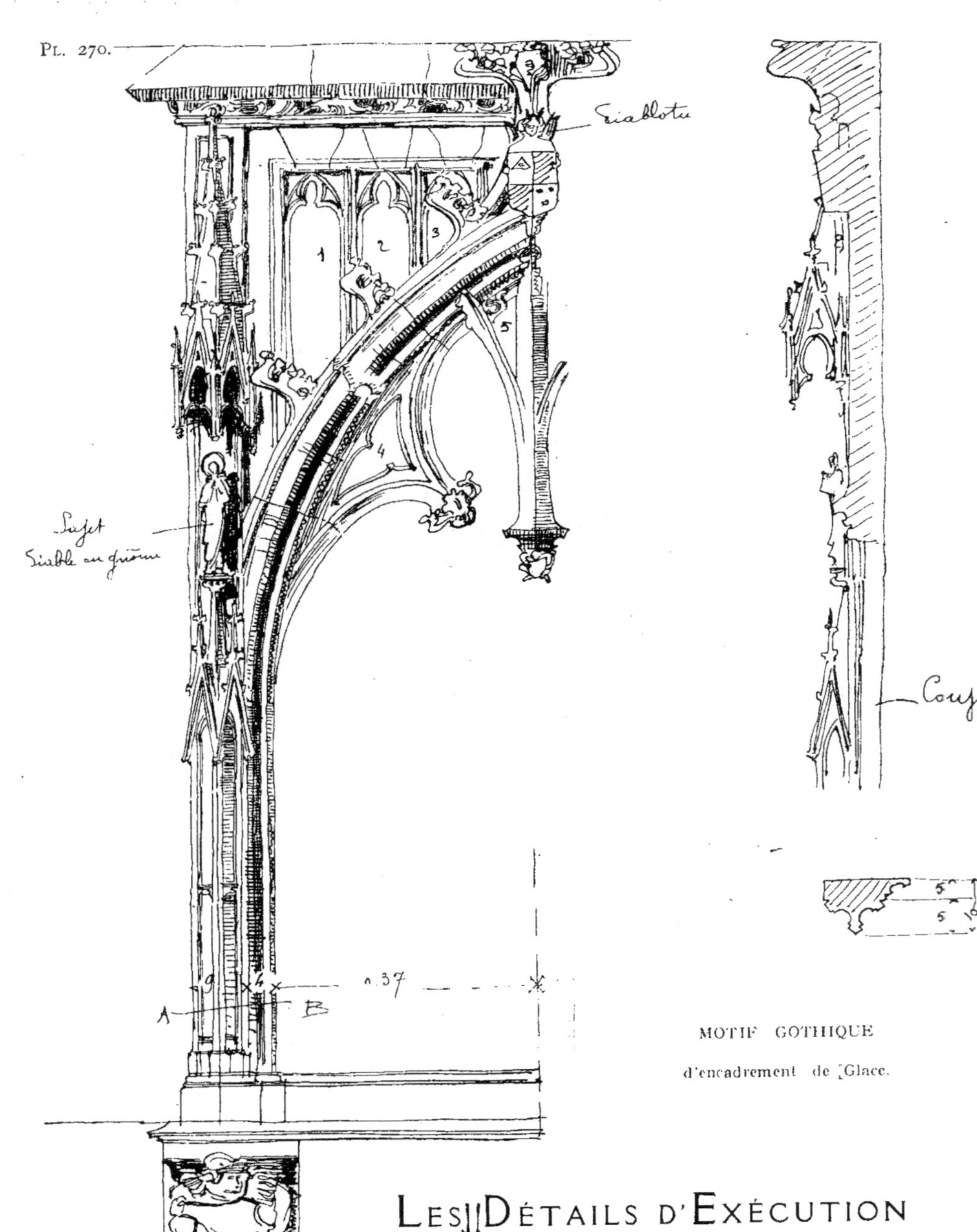

MOTIF GOTHIQUE

d'encadrement de Glace.

Les Détails d'Exécution

DÉTAILS DE LA FAÇADE PRINCIPALE (Voir aux planches n⁰ˢ 179 à 186.)

DÉTAILS D'EXÉCUTION A GRANDE ÉCHELLE DE 3 PETITS

DU ROND POINT DE POLANGIS (Voir les planches nos 193 à 199.)

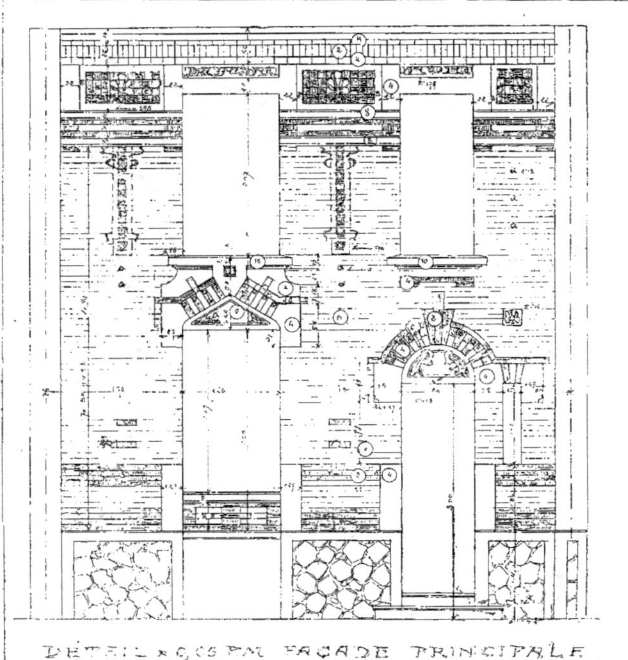

COUPE
sur
FAÇADE

DÉTAIL × 0,05 PM FAÇADE PRINCIPALE

DÉTAILS D'EXÉCUTION DE LA
MAISON BOURGEOISE DE VINCENNES (Voir pl. 69.)

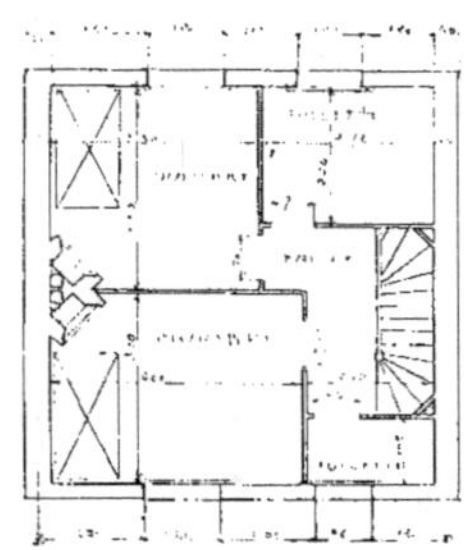

ÉTAGE

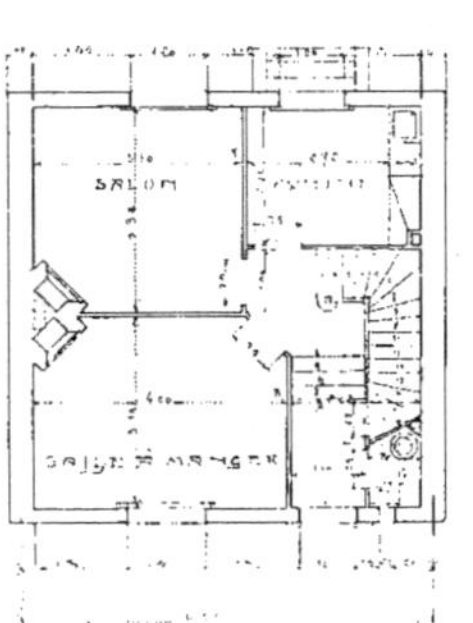

REZ-DE-CHAUSSÉE

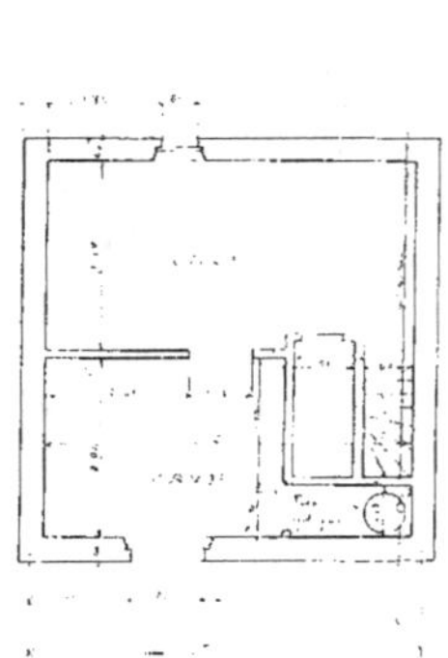

SOUS-SOL

FAÇADE RENAISSANCE

Les Détails d'Exécution

UNE CHEMINÉE
RENAISSANCE

FAÇADE RENAISSANCE

EN CONSTRUCTION

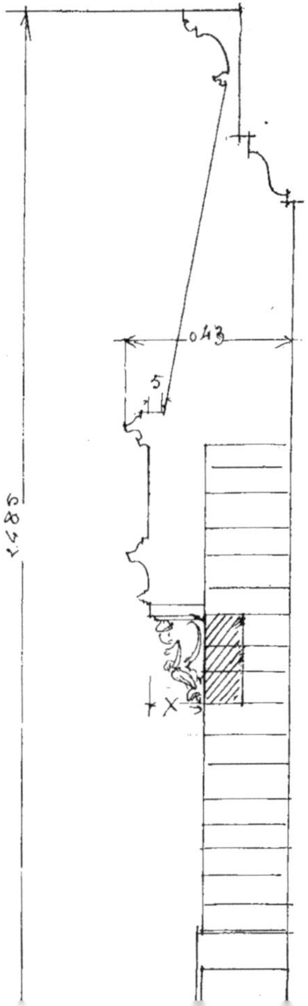

UN   VESTIBULE   EMPIRE

36

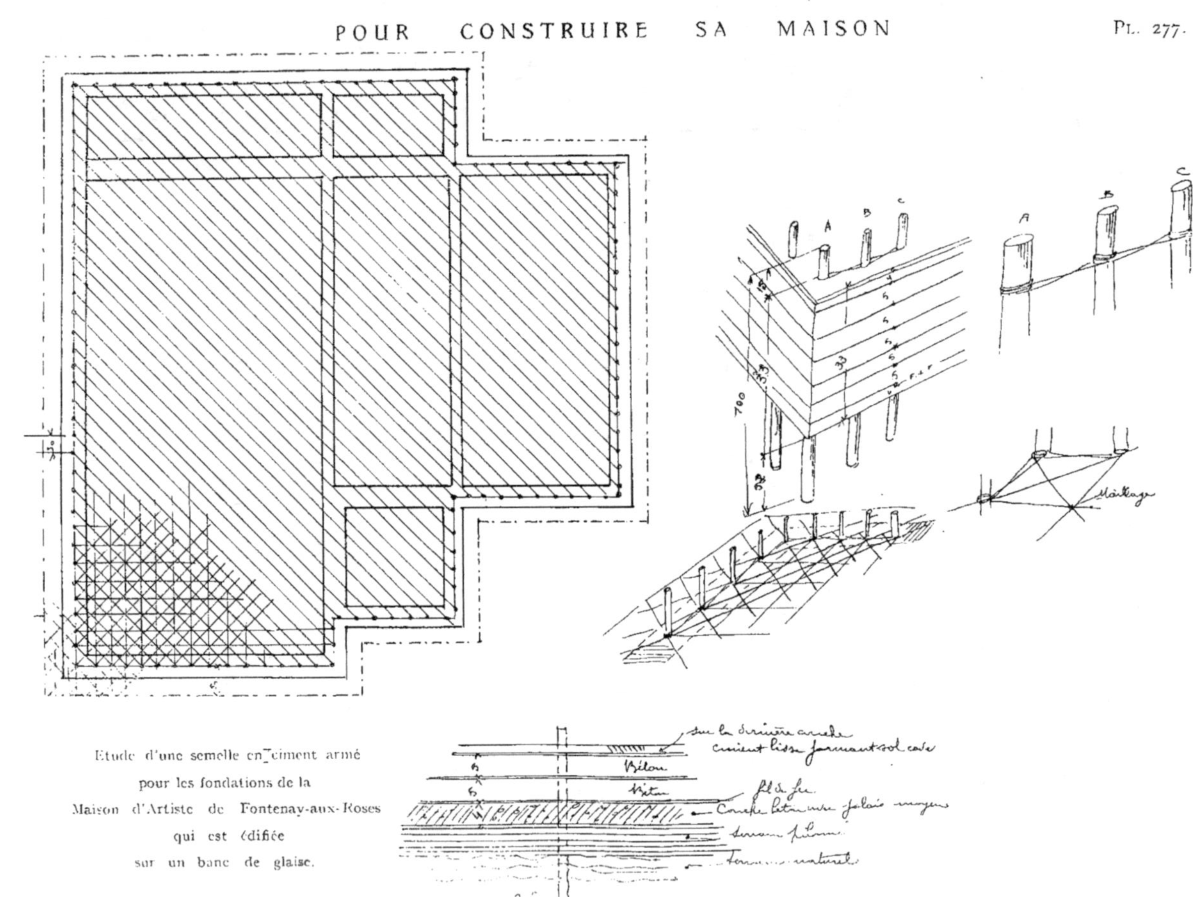

Étude d'une semelle en ciment armé

pour les fondations de la

Maison d'Artiste de Fontenay-aux-Roses

qui est édifiée

sur un banc de glaise.

FERME ÉCOLE

CANTONNEMENT A LA COTE D'IVOIRE

PRESBYTÈRE = SALLE DE CONFÉRENCES

ET DIVERS PROJETS

COMMUNS ET TERRASSE D'UNE GRANDE PROPRIÉTÉ, PRÈS D'ORLÉANS (Loiret)

AVANT-PROJET DE LA FERME MODÈLE DE PÉRIERS (Manche)

CETTE FERME, QUI A COUTÉ 135.000 FRANCS, COMPREND :

1. Bâtiment d'habitation du fermier.
2. Écurie et vacherie.

3. Porcherie.
4. Bâtiment porcelets et hangar-remise.

Nous présentons ici une petite ferme modèle qui est en même temps une ferme-école. Ces divers bâtiments ont été construits suivant les besoins d'une exploitation raisonnée, puisqu'elle sert à instruire de nombreux élèves. Le dispositif de plantation de ces diverses constructions a été inspiré des habitudes locales, habitudes établies par l'expérience, le genre de culture et d'élevage de la contrée (Manche).

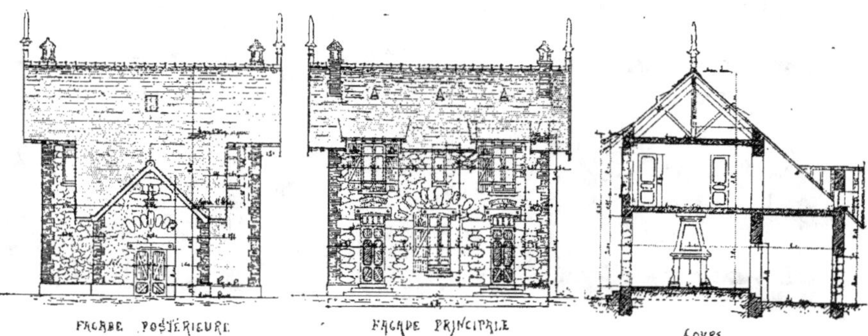

Les règles de l'hygiène moderne pour éviter la contagion des diverses maladies du bétail ont été scrupuleusement observées. A l'habitation du fermier, s'adjoint la baratterie, domaine de la fermière, une chambre à crèmes entièrement cimentée dont tous les angles sont arrondis de même que pour la baratterie. Les angles de tous les bâtiments quels qu'ils soient sont arrondis, le bétail pouvant se blesser sur les arêtes vives.

Deux chambres avec toilette et penderie sont réservées au fermier. Au rez-de-chaussée, une grande salle sert de salle à manger commune. Une cave en contre-bas de trois marches est accotée au bâtiment d'habitation. Une porcherie, isolée du bâtiment principal, se compose d'une salle commune où une vaste cheminée permet la préparation des aliments destinés aux porcs, une galerie centrale dessert les loges à porcs, les auges se trouvent le long de cette galerie. Une cour de service où s'écoulent les déjections diverses est entièrement pavée, comprend un bassin dont le trop-plein se déverse dans une fosse à purin. Au bout de l'allée centrale, existe la fumière en contre-haut de la fosse à purin.

REZ-DE-CHAUSSÉE

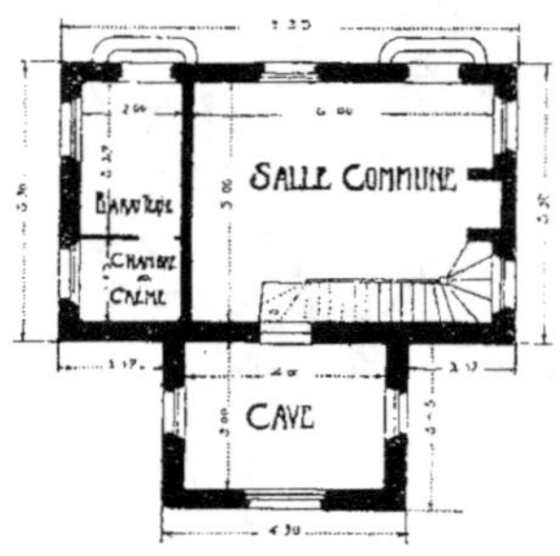

ÉTAGE

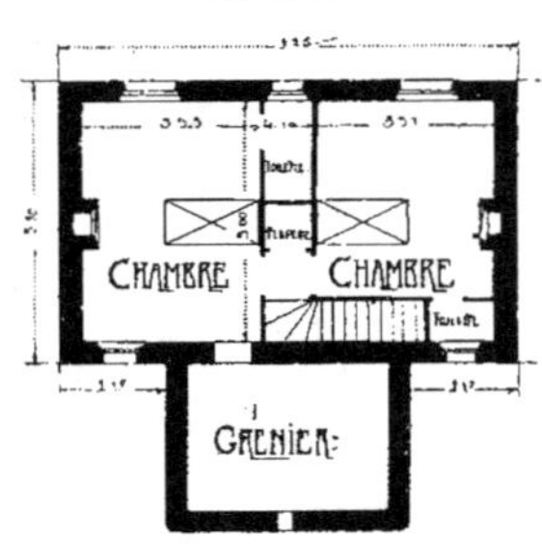

Sur toute la surface de ce bâtiment, des greniers sont destinés à recueillir le fourrage. Nous tenons à signaler que de vastes cheminées d'aération ventilent d'une manière parfaite cette porcherie.

Dans le bâtiment écurie-vacherie, les chevaux sont isolés des vaches par un gros mur.

L'écurie est destinée à recevoir quatre chevaux, la vacherie reçoit quatre vaches.

Des rigoles, derrière les animaux, donnent un écoulement aux urines. Le sol imperméable est incliné de 0^m,02 par mètre vers ces rigoles, et élevé de 0^m,20 au-dessus du sol extérieur. Dans la vacherie les auges en ciment sont placées à 0^m,50 au-dessus du sol et les râteliers sont verticaux.

L'écurie est éclairée par des soupiraux placés dans le haut près du plafond, les châssis de ces soupiraux s'ouvrent horizontalement sur trois charnières fixées dans le bois. De même que dans la porcherie, deux cheminées d'aération ventilent ce bâtiment. Au-dessus, grenier à fourrage et à avoine.

Le quatrième corps de bâtiment a été réservé d'une part comme remise couverte pour les instruments agricoles; une chambre sert d'atelier ou de remise à instruments tels que râteaux, pelles, binettes, etc., etc.

La seconde partie de ce bâtiment a été divisée en logettes à porcelets, mais selon le désir du fermier on peut également affecter cet endroit pour la bergerie.

Les greniers existent également sur ce corps de bâtiment.

ÉCURIE-VACHERIE

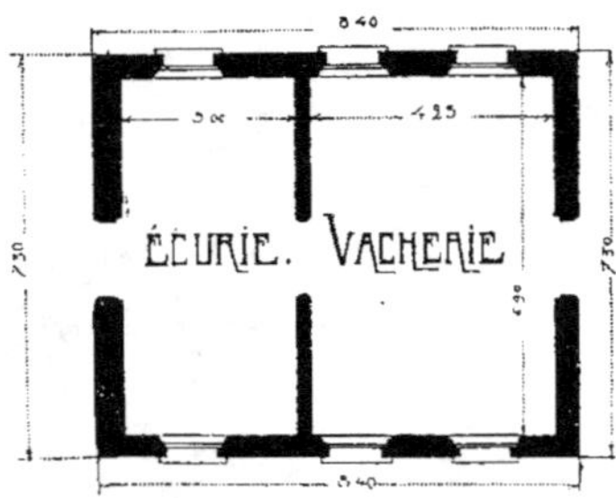

HANGAR & REMISE

PORCHERIE

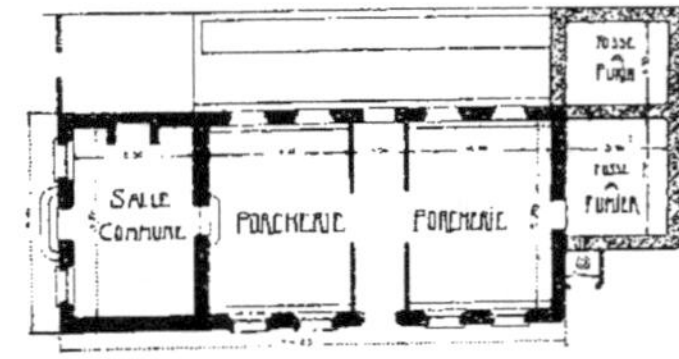

L'ensemble de ces diverses constructions, quoique traité simplement, présente une harmonie dont l'aspect frais et gracieux donne au visiteur l'impression d'un confort hygiénique qui laisse loin derrière lui les vieilles fermes aux murs délabrés et dans la cour centrale desquelles les émanations putrides des immondices jointes à la malpropreté des divers bâtiments suffisent à troubler la confiance du consommateur et de l'acquéreur des produits.

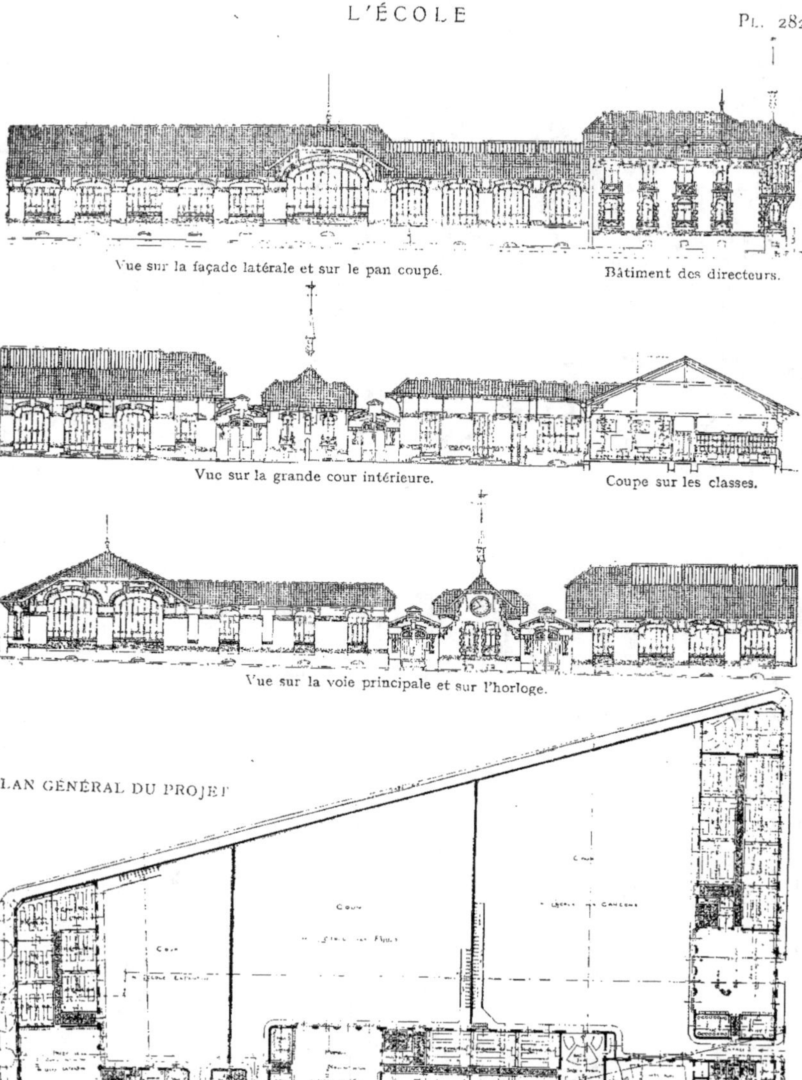

PROJET DE CONSTRUCTION D'ÉCOLE

REZ-DE-CHAUSSÉE 1er POSTE
VÉRANDAH
CH. CH. CH. CH.
VÉRANDAH
REZ-DE-CHAUSSÉE ET ÉTAGE 2e POSTE
VÉRANDAH
CH. CH. CH. CH.
VÉRANDAH
ÉCHELLE DE 0,005 P/M
E. BOURNIQUEL ARCHte PARIS

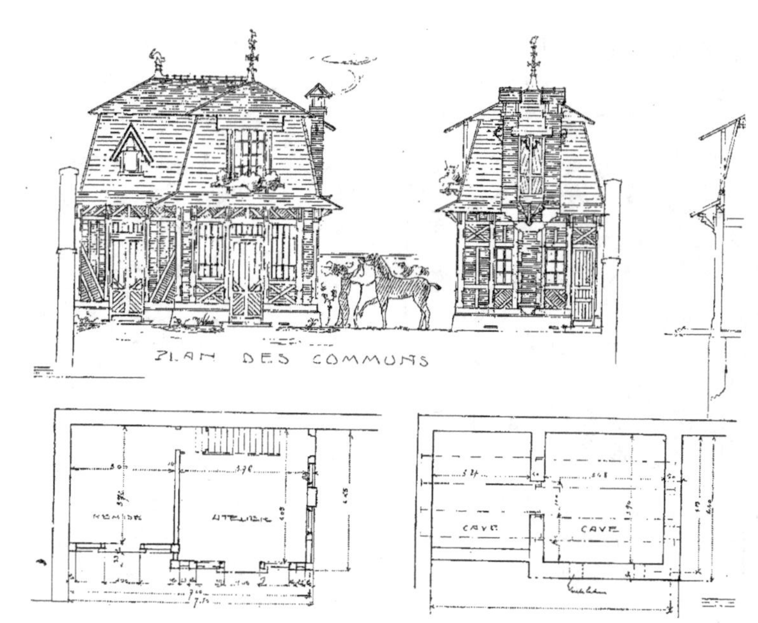

DÉPENDANCES DE L'HOTEL PARTICULIER DE TROYES
(Voir les Pl. 188-189-190-191-251-257-258-261-262.)

FAÇADE LATÉRALE DES COMMUNS

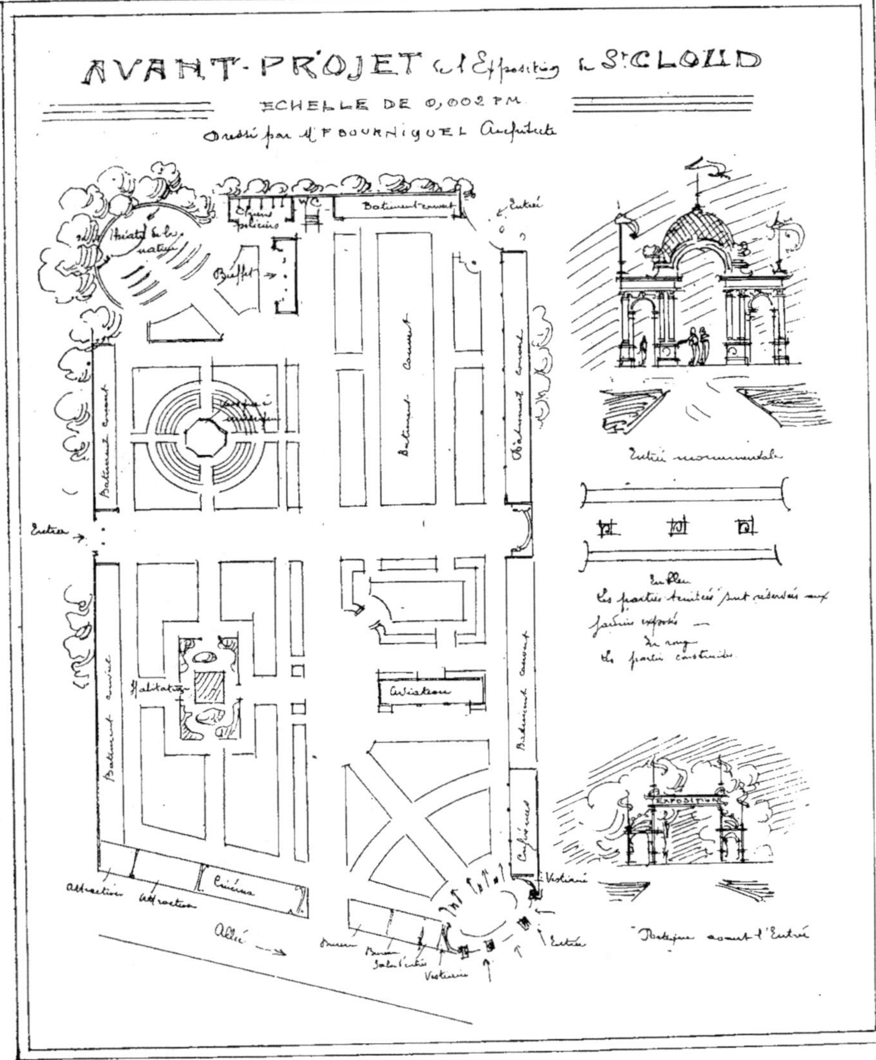
AVANT-PROJET d'Exposition à St CLOUD
ECHELLE DE 0,002 PM
Dressé par M. F BOURNIGUEL Architecte
Entrée monumentale
Portique avant l'Entrée

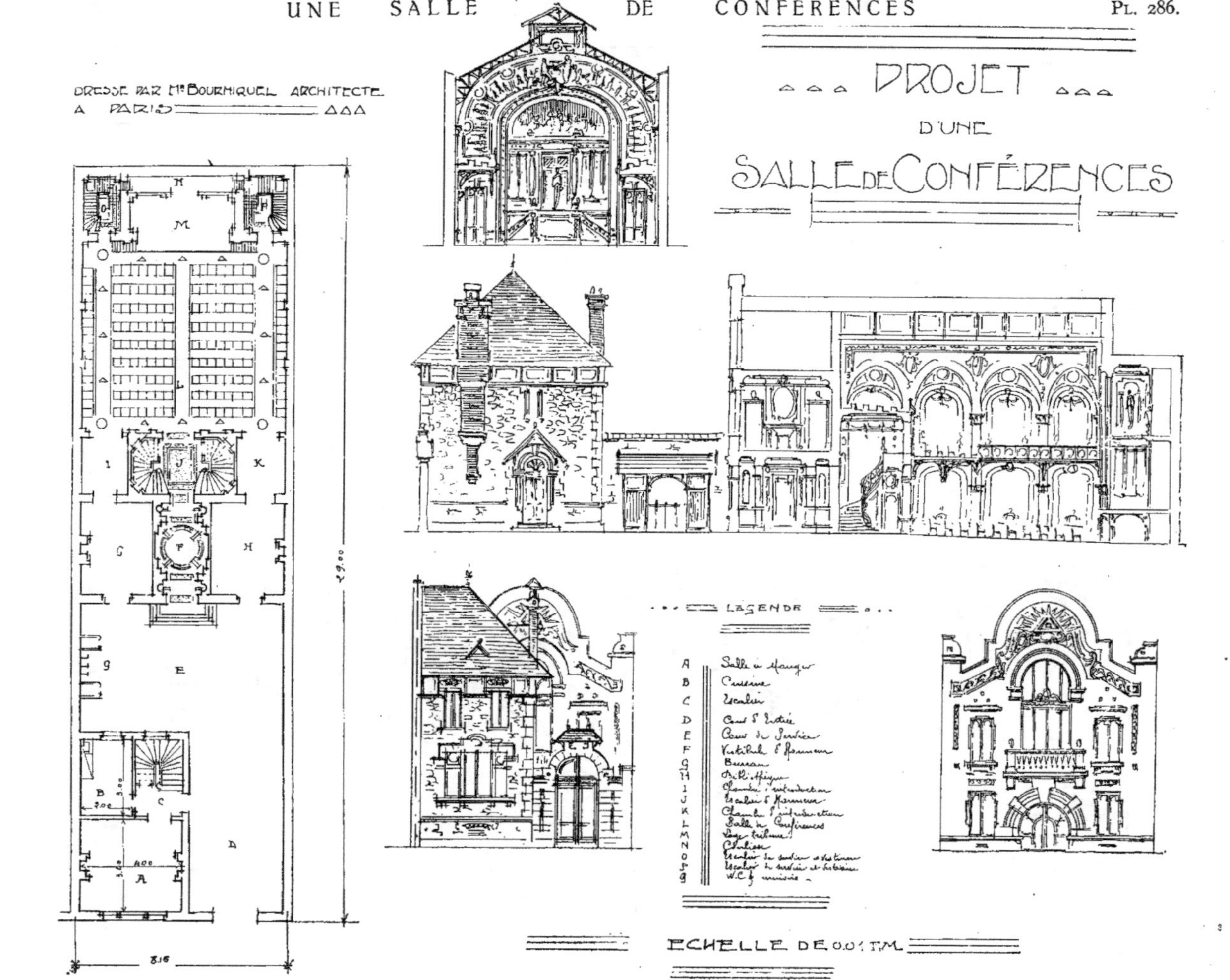

DRESSE PAR Mr BOURMIQUEL ARCHITECTE
A PARIS
PROJET
D'UNE
SALLE DE CONFÉRENCES
LÉGENDE
A Salle à manger
B Cuisine
C Escalier
D Cour d'Entrée
E Cour de Service
F Vestibule d'honneur
G Bureau
H Bibliothèque
I Chambre d'introduction
J Escalier d'honneur
K Chambre d'introduction
L Salle de Conférences
M Loge tribune
N Chaise
O Escalier de service et latrines
P Escalier de service et latrines
Q W.C. et urinoirs
ECHELLE DE 0.01 P.M.

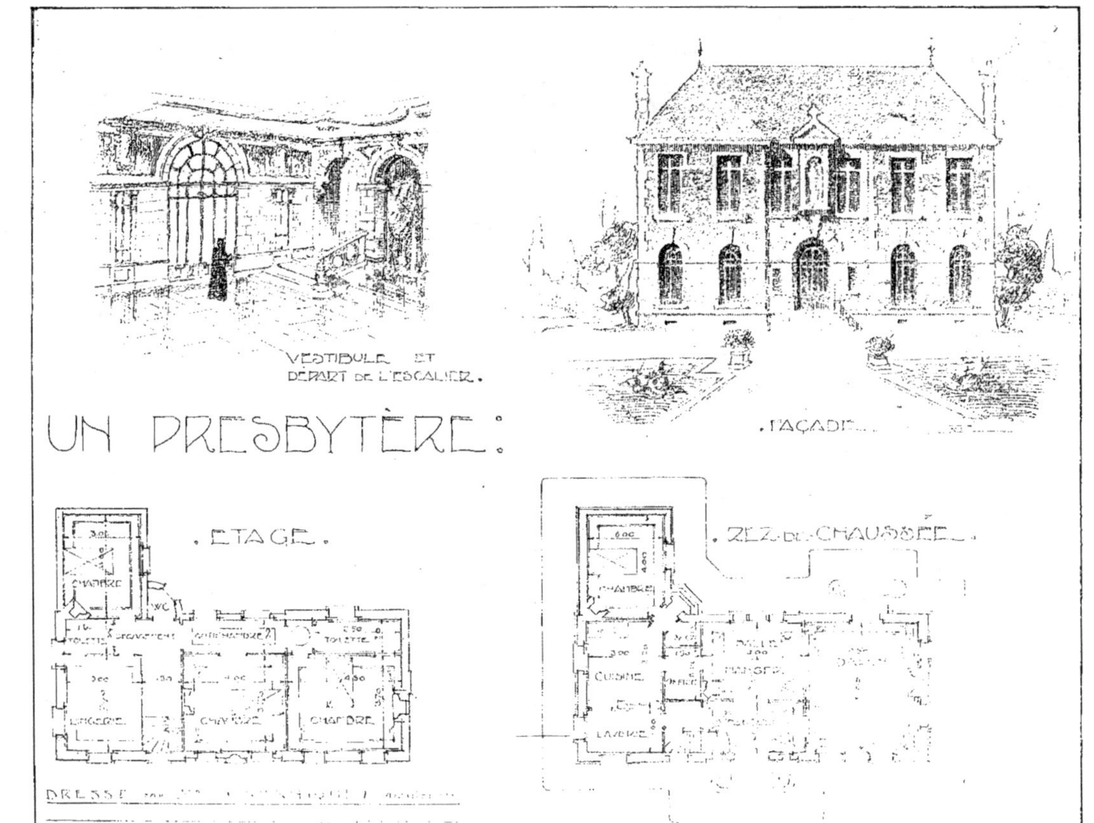
VESTIBULE ET
DEPART DE L'ESCALIER.
FAÇADE.
UN PRESBYTÈRE:
ETAGE.
REZ DE CHAUSSÉE.
CHAMBRE
WC
TOILETTE
LINGERIE
CHAMBRE
CHAMBRE
CHAMBRE
CUISINE
LAVERIE
DRESSÉ

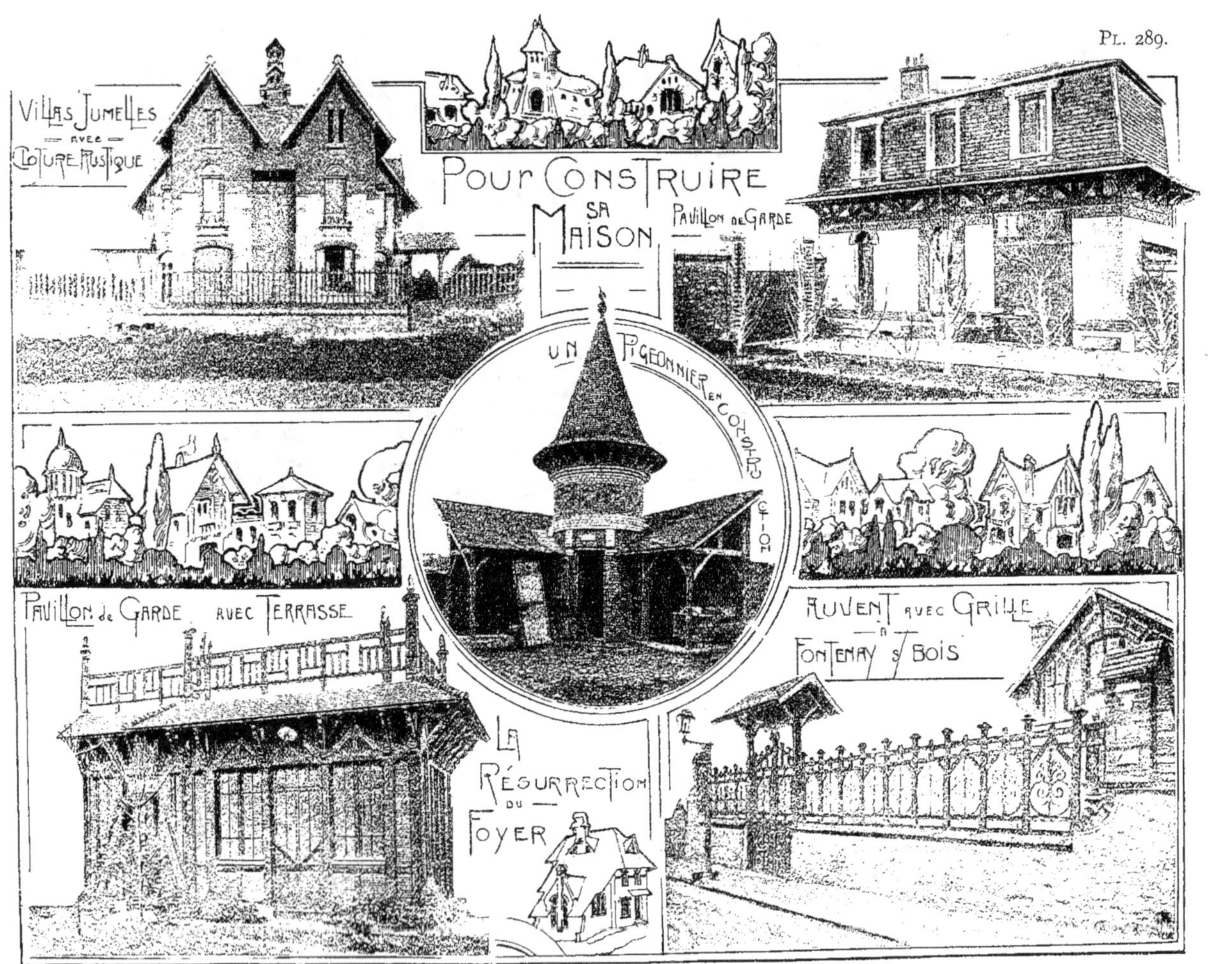
VILLAS JUMELLES
AVEC
CLOTURE RUSTIQUE
Pour Construire
SA
MAISON
PAVILLON DE GARDE
UN PIGEONNIER EN CONSTRUCTION
PAVILLON DE GARDE AVEC TERRASSE
AUVENT AVEC GRILLE
À
FONTENAY S/ BOIS
LA RÉSURRECTION DU FOYER

CHANTIERS EN COURS DE CONSTRUCTION

VUES PHOTOGRAPHIQUES

PRISES

PENDANT L'EXÉCUTION DES TRAVAUX

FONTENAY-SOUS-BOIS

VOIR LA CONSTRUCTION TERMINÉE

PL. 151

Vue de l'atelier de Broderie en Reconstruction, à Montbrehain (Aisne.)

Voir les plans à la Pierre Reconstituée. Pl. 12 et 15.

Vue sur la rue principale de Montbrehain (Aisne) à droite le type I. de la Pierre reconstituée.

VUE PHOTOGRAPHIQUE

DE L'HOTEL PARTICULIER

EN CONSTRUCTION

Voir Planches Nᵒˢ 188 à 191
et 251 257, 258, 261, 262, 284.

FAÇADE LONGITUDINALE

de la

PROPRIÉTÉ

de

FONTENAY-

SOUS-BOIS

en

CONSTRUCTION

CHANTIERS, A AULNAY-SOUS-BOIS (Seine-et-Oise)

LA BUISSONNIÈRE EN CONSTRUCTION. Vues sur le porche et l'avant-corps.

VUE SUR LA ROUTE   VUE SUR LE GARAGE ET LE POULAILLER

VUES DE LA BUISSONNIÈRE EN CONSTRUCTION

LA BUISSONNIÈRE (Voir les plans, planche nº 172.)

AULNAY-SOUS-BOIS   JOINVILLE-LE-PONT

VUE D'UN CHANTIER DE CONSTRUCTION EN PIERRE RECONSTITUÉE

TABLE DES MATIÈRES

Préface de l'Éditeur. VII à XIII
Préface de l'Auteur. IX, X, XI
Silhouettes Photographiques. . . . . XII à XIV

                                                            Planches.

La Pierre Reconstituée. 1 à 18
Les Maisonnettes . . . . 19 à 28
Les Petites Villas. 29 à 40
Les Maisons et Cités Ouvrières. . . . . 41 à 50
Les Villas . . . . 51 à 94
Les Maisons en Série. . . . . 95 à 118
Les Cottages, Maisons Rustiques, Manoirs, Rendez-vous de
    Chasse, Pavillons de Gardes. . . . . 119 à 140
Les Grandes Villas. 141 à 164
Les Maisons d'Artistes. . . . . 165 à 177
Les Hôtels Particuliers. . . . . 178 à 207
Hôtels de Voyageurs et Maisons de Commerce. . . . . 208 à 223
Les Maisons de Rapport. . . . . 224 à 239
La Charpente. 240, 241, 242, 244, 247, 248
Les Clôtures. 243, 245, 246, 250
La Ferronnerie et la Serrurerie. . . . 249, 251, 252, 253, 254, 255
La Décoration et les Intérieurs . . . . . . 256 à 264, 266, 267, 268
Les Détails d'exécution. . . . . 265, 269 à 277
Fermes. . . . . 278 à 281
École 282
Divers . . . . 283 à 289
Vues de Chantiers en Construction . . . . 290 à 300

IMPRIMERIE
CHARAIRE
A SCEAUX

IMPRIMERIE GROU

I-22